Christian Homburg

Übungsbuch Marketingmanagement

Christian Homburg

Übungsbuch
Marketingmanagement

Aufgaben und Lösungen

GABLER

Bibliografische Information der Deutschen Nationalbibliothek
Die Deutsche Nationalbibliothek verzeichnet diese Publikation in der
Deutschen Nationalbibliografie; detaillierte bibliografische Daten sind im Internet über
<http://dnb.d-nb.de> abrufbar.

Prof. Dr. Dr. h.c. mult. Christian Homburg ist Inhaber des Lehrstuhls für Allgemeine Betriebswirtschaftslehre und Marketing I und Direktor des Instituts für Marktorientierte Unternehmensführung (IMU) an der Universität Mannheim sowie Vorsitzender des Wissenschaftlichen Beirats von Homburg & Partner, Mannheim/München/Boston, einer international tätigen Unternehmensberatung.

1. Auflage 2011

Alle Rechte vorbehalten
© Gabler Verlag | Springer Fachmedien Wiesbaden GmbH 2011

Lektorat: Barbara Roscher | Jutta Hinrichsen

Gabler Verlag ist eine Marke von Springer Fachmedien.
Springer Fachmedien ist Teil der Fachverlagsgruppe Springer Science+Business Media.
www.gabler.de

Umschlaggestaltung: KünkelLopka Medienentwicklung, Heidelberg
Druck und buchbinderische Verarbeitung: Ten Brink, Meppel
Gedruckt auf säurefreiem und chlorfrei gebleichtem Papier
Printed in the Netherlands

ISBN 978-3-8349-2161-1

Inhaltsübersicht

1. Einleitung 1

Teil I: Theoretische Perspektive 9

2. Das Verhalten der Konsumenten 9

3. Das Kaufverhalten organisationaler Kunden 25

4. Das Verhalten der Unternehmen 31

5. Das Verhalten der Wettbewerber 39

Teil II: Informationsbezogene Perspektive 49

6. Grundlagen und Prozess der Marktforschung 49

7. Datenanalyse und -interpretation 57

Teil III: Strategische Perspektive 93

8. Grundlagen des strategischen Marketing 93

9. Analyse der strategischen Ausgangssituation 103

10. Formulierung, Bewertung und Auswahl von Marketingstrategien 113

Teil IV: Instrumentelle Perspektive 125

11. Produktpolitik 125

12. Preispolitik 151

13. Kommunikationspolitik 169

14. Vertriebspolitik 183

15. Integrative analytische Betrachtung des Marketingmix 201

16. Einsatz des Marketingmix im Kundenbeziehungsmanagement 211

Teil V: Institutionelle Perspektive 223

17. Dienstleistungsmarketing 223

18. Handelsmarketing 233

19. Business-to-Business-Marketing 241

20. Internationales Marketing 251

Teil VI: Implementationsbezogene Perspektive 263

21. Marketing- und Vertriebsorganisation 263

22. Informationssysteme in Marketing und Vertrieb 273

23. Marketing- und Vertriebscontrolling 279

24. Personalmanagement in Marketing- und Vertrieb 293

Teil VII: Führungsbezogene Perspektive 303

25. Marktorientierung der Unternehmenskultur und der Führungssysteme 303

26. Marktorientierung in verschiedenen Unternehmensbereichen 317

27. Gestaltung von Veränderungsprozessen zur Steigerung
der Marktorientierung 323

Inhaltsverzeichnis

1. Einleitung..1

   1.1 Aufgaben...2

      Aufgabe 1-1: Märkte als Bezugs- und Zielobjekte des Marketing –
                      Marktabgrenzung..2

      Aufgabe 1-2: Zum Verständnis des Marketingbegriffs –
                      Marketingverständnis 2

      Aufgabe 1-3: Die sieben Perspektiven des Marketing –
                      Teilbereiche des Marketingmix 2

   1.2 Lösungshinweise..3

      Lösungshinweise Aufgabe 1-1 3

      Lösungshinweise Aufgabe 1-2 4

      Lösungshinweise Aufgabe 1-3 5

Teil I: Theoretische Perspektive 9

2. Das Verhalten der Konsumenten 9

   2.1 Aufgaben...10

      Aufgabe 2-1: Zentrale Konstrukte zur Erklärung des Konsumenten-
                      verhaltens – Zentrale Konstrukte.......................................10

      Aufgabe 2-2: Zentrale Konstrukte zur Erklärung des Konsumenten-
                      verhaltens – Means-End-Analyse 10

      Aufgabe 2-3: Zentrale Konstrukte zur Erklärung des Konsumenten-
                      verhaltens – Arten des Involvement 12

      Aufgabe 2-4: Informationsverarbeitung –
                      Theoretische Erklärungsansätze des Konsumenten-
                      verhaltens..13

      Aufgabe 2-5: Informationsverarbeitung –
                      Lerntheoretische Ansätze..13

      Aufgabe 2-6: Kaufentscheidung –
                      Markov-Modell..14

      Aufgabe 2-7: Kaufentscheidung –
                      Markov-Modell..14

      Aufgabe 2-8: Kaufentscheidung –
                      Markov-Modell..15

   2.2 Lösungshinweise...17

      Lösungshinweise Aufgabe 2-1 17

      Lösungshinweise Aufgabe 2-2 17

      Lösungshinweise Aufgabe 2-3 18

      Lösungshinweise Aufgabe 2-4 19

      Lösungshinweise Aufgabe 2-5 19

Lösungshinweise Aufgabe 2-6 20
Lösungshinweise Aufgabe 2-7 21
Lösungshinweise Aufgabe 2-8 22

3. Das Kaufverhalten organisationaler Kunden 25

   3.1 Aufgaben 26
      Aufgabe 3-1: Phänomenbeschreibung –
                Charakteristika des organisationalen Kaufverhaltens 26
      Aufgabe 3-2: Phänomenbeschreibung –
                Akteure des Buying Centers 26
      Aufgabe 3-3: Zentrale Einflussgrößen –
                Buygrid-Modell 27

   3.2 Lösungshinweise 28
      Lösungshinweise Aufgabe 3-1 28
      Lösungshinweise Aufgabe 3-2 29
      Lösungshinweise Aufgabe 3-3 29

4. Das Verhalten der Unternehmen 31

   4.1 Aufgaben 32
      Aufgabe 4-1: Entscheidungstheorie –
                Entscheidungsregeln bei Ungewissheit 32
      Aufgabe 4-2: Entscheidungstheorie –
                Lineare Optimierung 33
      Aufgabe 4-3: Entscheidungstheorie –
                Vektoroptimierung 34

   4.2 Lösungshinweise 35
      Lösungshinweise Aufgabe 4-1 35
      Lösungshinweise Aufgabe 4-2 36
      Lösungshinweise Aufgabe 4-3 37

5. Das Verhalten der Wettbewerber 39

   5.1 Aufgaben 40
      Aufgabe 5-1: Industrieökonomische Erklärungsansätze –
                Perspektiven der Industrieökonomie 40
      Aufgabe 5-2: Industrieökonomische Erklärungsansätze –
                Beschreibung von Marktstrukturen 40
      Aufgabe 5-3: Spieltheoretische Erklärungsansätze –
                Strategiewahlverhalten 41

   5.2 Lösungshinweise 43
      Lösungshinweise Aufgabe 5-1 43

Lösungshinweise Aufgabe 5-2 43

Lösungshinweise Aufgabe 5-3 45

Teil II: Informationsbezogene Perspektive **49**

6. Grundlagen und Prozess der Marktforschung 49

    6.1   Aufgaben 50

        Aufgabe 6-1:   Grundlagen der Marktforschung –
                      Gütekriterien der Marktforschung 50

        Aufgabe 6-2:   Stichprobenauswahl –
                      Beurteilung von Marktforschungsergebnissen 50

        Aufgabe 6-3:   Gestaltung des Erhebungsinstrumentes –
                      Fragebogengestaltung 51

    6.2   Lösungshinweise 54

        Lösungshinweise Aufgabe 6-1 54

        Lösungshinweise Aufgabe 6-2 54

        Lösungshinweise Aufgabe 6-3 55

7. Datenanalyse und -interpretation 57

    7.1   Aufgaben 59

        Aufgabe 7-1:   Uni- und bivariate Verfahren – Ermittlung von
                      Häufigkeitsverteilungen und Verteilungsparametern 59

        Aufgabe 7-2:   Uni- und bivariate Verfahren –
                      Korrelationsanalyse und bivariate Regressionsanalyse 60

        Aufgabe 7-3:   Uni- und bivariate Verfahren –
                      Bivariate Regressionsanalyse 61

        Aufgabe 7-4:   Uni- und bivariate Verfahren –
                      Mittelwerttest 62

        Aufgabe 7-5:   Uni- und bivariate Verfahren –
                      χ^2-Unabhängigkeitstest 63

        Aufgabe 7-6:   Multivariate Verfahren –
                      Anwendung multivariater Analyseverfahren 63

        Aufgabe 7-7:   Multivariate Verfahren –
                      Faktorenanalyse 65

        Aufgabe 7-8:   Multivariate Verfahren –
                      Clusteranalyse 68

        Aufgabe 7-9:   Multivariate Verfahren –
                      Multiple Regressionsanalyse 69

        Aufgabe 7-10: Multivariate Verfahren –
                      Kausalanalyse 71

    7.2   Lösungshinweise 74

        Lösungshinweise Aufgabe 7-1 74

Lösungshinweise Aufgabe 7-2 76
Lösungshinweise Aufgabe 7-3 79
Lösungshinweise Aufgabe 7-4 80
Lösungshinweise Aufgabe 7-5 81
Lösungshinweise Aufgabe 7-6 82
Lösungshinweise Aufgabe 7-7 83
Lösungshinweise Aufgabe 7-8 84
Lösungshinweise Aufgabe 7-9 89
Lösungshinweise Aufgabe 7-10 91

Teil III: Strategische Perspektive **93**

8. Grundlagen des strategischen Marketing 93

   8.1   Aufgaben 94
         Aufgabe 8-1:   Grundlagen der strategischen Erfolgsfaktorenforschung –
                     PIMS-Projekt 94
         Aufgabe 8-2:   Grundlagen der strategischen Erfolgsfaktorenforschung –
                     Erfahrungskurvenmodell 95
         Aufgabe 8-3:   Grundlagen der strategischen Erfolgsfaktorenforschung –
                     Lebenszyklusmodell 96

   8.2   Lösungshinweise 98
         Lösungshinweise Aufgabe 8-1 98
         Lösungshinweise Aufgabe 8-2 99
         Lösungshinweise Aufgabe 8-3 100

9. Analyse der strategischen Ausgangssituation 103

   9.1   Aufgaben 104
         Aufgabe 9-1:   Marktanalyse –
                     Fünf-Kräfte-Modell der Wettbewerbsintensität ... 104
         Aufgabe 9-2:   Marktanalyse –
                     Modell der strategischen Gruppen 106
         Aufgabe 9-3:   Unternehmensanalyse –
                     SWOT-Analyse 106

   9.2   Lösungshinweise 108
         Lösungshinweise Aufgabe 9-1 108
         Lösungshinweise Aufgabe 9-2 109
         Lösungshinweise Aufgabe 9-3 111

10. Formulierung, Bewertung und Auswahl von Marketingstrategien 113

10.1 Aufgaben...114
    Aufgabe 10-1: Unterstützende Konzepte für die Formulierung von Marke-
                   tingstrategien – Marktwachstums/Marktanteils-Portfolio....114
    Aufgabe 10-2: Unterstützende Konzepte für die Formulierung von Marke-
                   tingstrategien – Marktwachstums/Marktanteils-Portfolio....114
    Aufgabe 10-3: Bewertung und Auswahl von Marketingstrategien –
                   Entscheidungsregeln zur Auswahl von Marketing-
                   strategien...116

10.2 Lösungshinweise..118
    Lösungshinweise Aufgabe 10-1 118
    Lösungshinweise Aufgabe 10-2 120
    Lösungshinweise Aufgabe 10-3 122

Teil IV: Instrumentelle Perspektive **125**

11. Produktpolitik 125

11.1 Aufgaben...126
    Aufgabe 11-1: Innovationsmanagement –
                   Conjoint-Analyse...126
    Aufgabe 11-2: Innovationsmanagement –
                   ASSESSOR-Modell..127
    Aufgabe 11-3: Innovationsmanagement –
                   Scoringmodelle, ASSESSOR-Modell
                   und Investitionsrechnung...129
    Aufgabe 11-4: Innovationsmanagement –
                   Investitionsrechnung..131
    Aufgabe 11-5: Innovationsmanagement –
                   Bass-Modell...132
    Aufgabe 11-6: Innovationsmanagement –
                   Netzplantechnik 133
    Aufgabe 11-7: Innovationsmanagement –
                   Netzplantechnik 133
    Aufgabe 11-8: Management etablierter Produkte –
                   Komplexitätskostenanalyse 134

11.2 Lösungshinweise..135
    Lösungshinweise Aufgabe 11-1 135
    Lösungshinweise Aufgabe 11-2 137
    Lösungshinweise Aufgabe 11-3 141
    Lösungshinweise Aufgabe 11-4 143
    Lösungshinweise Aufgabe 11-5 144
    Lösungshinweise Aufgabe 11-6 147
    Lösungshinweise Aufgabe 11-7 148

        Lösungshinweise Aufgabe 11-8 149

12. Preispolitik 151

    12.1 Aufgaben 152
        Aufgabe 12-1: Theoretische Grundlagen der Preispolitik –
                       Lineare Preis-Absatz-Funktion 152
        Aufgabe 12-2: Theoretische Grundlagen der Preispolitik –
                       Lineare Preis-Absatz-Funktion 152
        Aufgabe 12-3: Theoretische Grundlagen der Preispolitik –
                       Multiplikative Preis-Absatz-Funktion 153
        Aufgabe 12-4: Theoretische Grundlagen der Preispolitik –
                       Gutenberg-Modell 153
        Aufgabe 12-5: Theoretische Grundlagen der Preispolitik –
                       Dynamische Preis-Absatz-Funktion 154
        Aufgabe 12-6: Ansatzpunkte zur Preisbestimmung –
                       Preisdifferenzierung 155
        Aufgabe 12-7: Ansatzpunkte zur Preisbestimmung –
                       Preisbündelung 156
        Aufgabe 12-8: Ansatzpunkte zur Preisbestimmung –
                       Sonderpreisaktionen 156

    12.2 Lösungshinweise 158
        Lösungshinweise Aufgabe 12-1 158
        Lösungshinweise Aufgabe 12-2 159
        Lösungshinweise Aufgabe 12-3 160
        Lösungshinweise Aufgabe 12-4 162
        Lösungshinweise Aufgabe 12-5 163
        Lösungshinweise Aufgabe 12-6 164
        Lösungshinweise Aufgabe 12-7 165
        Lösungshinweise Aufgabe 12-8 166

13. Kommunikationspolitik 169

    13.1 Aufgaben 170
        Aufgabe 13-1: Grundlagen der Kommunikationspolitik –
                       Prozess der Kommunikationspolitik 170
        Aufgabe 13-2: Budgetierung und Budgetallokation –
                       Werbewirkungsfunktionen 170
        Aufgabe 13-3: Budgetierung und Budgetallokation –
                       Intramedienverteilung 171
        Aufgabe 13-4: Budgetierung und Budgetallokation –
                       Intermedienverteilung 172
        Aufgabe 13-5: Gestaltung der Kommunikationsmaßnahmen –
                       Gestaltung der Kommunikationsinstrumente 172

Aufgabe 13-6: Gestaltung der Kommunikationsmaßnahmen –
               Gestaltung des Kommunikationsauftritts............................172
Aufgabe 13-7: Gestaltung der Kommunikationsmaßnahmen –
               Gestaltung des Kommunikationsauftritts............................173
Aufgabe 13-8: Kontrolle der Kommunikationswirkung –
               Pretests..174

13.2 Lösungshinweise...175
     Lösungshinweise Aufgabe 13-1 175
     Lösungshinweise Aufgabe 13-2 176
     Lösungshinweise Aufgabe 13-3 177
     Lösungshinweise Aufgabe 13-4 178
     Lösungshinweise Aufgabe 13-5 179
     Lösungshinweise Aufgabe 13-6 180
     Lösungshinweise Aufgabe 13-7 180
     Lösungshinweise Aufgabe 13-8 181

14. Vertriebspolitik 183

14.1 Aufgaben...184
     Aufgabe 14-1: Gestaltung des Vertriebssystems –
                    Auswahl der Vertriebsorgane 184
     Aufgabe 14-2: Gestaltung des Vertriebssystems –
                    Gestaltung der Vertriebswege.....................................185
     Aufgabe 14-3: Gestaltung des Vertriebssystems –
                    Gestaltung der Vertriebswege.....................................185
     Aufgabe 14-4: Gestaltung der Beziehungen zu Vertriebspartnern und
                    Key Accounts – Kooperation.......................................185
     Aufgabe 14-5: Gestaltung der Verkaufsaktivitäten –
                    Persönlicher Verkauf 186
     Aufgabe 14-6: Vertriebslogistik –
                    Lagerhaltungspolitik 186
     Aufgabe 14-7: Vertriebslogistik –
                    Lagerhaltungspolitik 187
     Aufgabe 14-8: Vertriebslogistik –
                    Lagerhaltungspolitik 188

14.2 Lösungshinweise...189
     Lösungshinweise Aufgabe 14-1 189
     Lösungshinweise Aufgabe 14-2 189
     Lösungshinweise Aufgabe 14-3 190
     Lösungshinweise Aufgabe 14-4 193
     Lösungshinweise Aufgabe 14-5 193
     Lösungshinweise Aufgabe 14-6 194
     Lösungshinweise Aufgabe 14-7 195
     Lösungshinweise Aufgabe 14-8 197

15. Integrative analytische Betrachtung des Marketingmix 201

  15.1 Aufgaben...202
    Aufgabe 15-1: Interaktionseffekte im Marketingmix –
                  Analyse von Interaktionseffekten 202
    Aufgabe 15-2: Interaktionseffekte im Marketingmix –
                  Analyse von Ausstrahlungseffekten 202
    Aufgabe 15-3: Ansätze zur Optimierung des Marketingmix –
                  Dorfman-Steiner-Theorem..203

  15.2 Lösungshinweise...204
    Lösungshinweise Aufgabe 15-1 204
    Lösungshinweise Aufgabe 15-2 207
    Lösungshinweise Aufgabe 15-3 208

16. Einsatz des Marketingmix im Kundenbeziehungsmanagement.............................211

  16.1 Aufgaben...212
    Aufgabe 16-1: Beschwerdemanagement als Instrument des Kunden-
                  beziehungsmanagements – Probleme im Beschwerde-
                  prozess 212
    Aufgabe 16-2: Cross-Selling als Instrument des Kundenbeziehungs-
                  managements – Identifikation von Cross-Selling-
                  Potenzialen..212
    Aufgabe 16-3: Kundenrückgewinnung als Instrument des Kunden-
                  beziehungsmanagements – Kundenrückgewinnung 215

  16.2 Lösungshinweise...217
    Lösungshinweise Aufgabe 16-1 217
    Lösungshinweise Aufgabe 16-2 218
    Lösungshinweise Aufgabe 16-3 220

Teil V: Institutionelle Perspektive **223**

17. Dienstleistungsmarketing...223

  17.1 Aufgaben...224
    Aufgabe 17-1: Dienstleistungsqualität –
                  Messung der Dienstleistungsqualität 224
    Aufgabe 17-2: Dienstleistungsqualität –
                  Analyse und Beeinflussung der Dienstleistungsqualität......225
    Aufgabe 17-3: Instrumentelle Besonderheiten des Dienstleistungs-
                  marketing – Klassische Komponenten des Marketingmix...226

  17.2 Lösungshinweise...228
    Lösungshinweise Aufgabe 17-1 228
    Lösungshinweise Aufgabe 17-2 229

Lösungshinweise Aufgabe 17-3 231

18. Handelsmarketing 233

    18.1 Aufgaben...234
        Aufgabe 18-1: Grundlagen des Handelsmarketing –
                       Funktionen des Handels..234
        Aufgabe 18-2: Instrumentelle Besonderheiten des Handelsmarketing –
                       Profilmethode zur Standortanalyse.....................................235
        Aufgabe 18-3: Instrumentelle Besonderheiten des Handelsmarketing –
                       Anziehungskraft von Einzelhandelsstandorten....................236

    18.2 Lösungshinweise...237
        Lösungshinweise Aufgabe 18-1 237
        Lösungshinweise Aufgabe 18-2 238
        Lösungshinweise Aufgabe 18-3 238

19. Business-to-Business-Marketing...241

    19.1 Aufgaben...242
        Aufgabe 19-1: Grundlagen des Business-to-Business-Marketing –
                       Besonderheiten im Business-to-Business-Marketing 242
        Aufgabe 19-2: Grundlagen des Business-to-Business-Marketing –
                       Geschäftstypen im Business-to-Business-Marketing...........243
        Aufgabe 19-3: Instrumentelle Besonderheiten –
                       Marketingmix im Business-to-Business-Marketing 245

    19.2 Lösungshinweise...247
        Lösungshinweise Aufgabe 19-1 247
        Lösungshinweise Aufgabe 19-2 247
        Lösungshinweise Aufgabe 19-3 249

20. Internationales Marketing 251

    20.1 Aufgaben...252
        Aufgabe 20-1: Besonderheiten der internationalen Marketingstrategie –
                       Selektion und Priorisierung von Ländermärkten 252
        Aufgabe 20-2: Besonderheiten der internationalen Marketingstrategie –
                       Gestaltung der internationalen Markterschließung..............253
        Aufgabe 20-3: Besonderheiten der internationalen Marketingstrategie –
                       Länderübergreifende Standardisierung des Marketingmix ..255

    20.2 Lösungshinweise...257
        Lösungshinweise Aufgabe 20-1 257
        Lösungshinweise Aufgabe 20-2 259
        Lösungshinweise Aufgabe 20-3 260

Teil VI: Implementationsbezogene Perspektive **263**

21. Marketing- und Vertriebsorganisation 263

   21.1 Aufgaben..264
      Aufgabe 21-1: Aspekte der Spezialisierung –
                     Spezialisierung des Marketing- und Vertriebsbereichs........264
      Aufgabe 21-2: Aspekte der Spezialisierung –
                     Kombination von Spezialisierungsarten 265
      Aufgabe 21-3: Aspekte der Koordination –
                     Schnittstellenmanagement 267

   21.2 Lösungshinweise...269
      Lösungshinweise Aufgabe 21-1 269
      Lösungshinweise Aufgabe 21-2 271
      Lösungshinweise Aufgabe 21-3 271

22. Informationssysteme in Marketing und Vertrieb 273

   22.1 Aufgaben..274
      Aufgabe 22-1: Grundlagen –
                     Kundenbezogene Informationen.......................................274
      Aufgabe 22-2: Komponenten von Informationssystemen in Marketing
                     und Vertrieb – Data Warehouse.......................................275
      Aufgabe 22-3: Komponenten von Informationssystemen in Marketing
                     und Vertrieb – Komponenten zur Unterstützung von
                     Vertriebsprozessen..275

   22.2 Lösungshinweise...276
      Lösungshinweise Aufgabe 22-1 276
      Lösungshinweise Aufgabe 22-2 277
      Lösungshinweise Aufgabe 22-3 278

23. Marketing- und Vertriebscontrolling 279

   23.1 Aufgaben..280
      Aufgabe 23-1: Zentrale Analyseinstrumente des Marketing- und Vertriebs-
                     controlling – Kundenbezogene Portfolio-Analyse..............280
      Aufgabe 23-2: Zentrale Analyseinstrumente des Marketing- und Vertriebs-
                     controlling – Kundenbezogene Rentabilitätsbetrachtung 282
      Aufgabe 23-3: Zentrale Analyseinstrumente des Marketing- und Vertriebs-
                     controlling – Customer Lifetime Value 283

   23.2 Lösungshinweise...285
      Lösungshinweise Aufgabe 23-1 285
      Lösungshinweise Aufgabe 23-2 288
      Lösungshinweise Aufgabe 23-3 290

24. Personalmanagement in Marketing und Vertrieb..293

   24.1 Aufgaben...294
      Aufgabe 24-1: Personalwesen in Marketing und Vertrieb –
                Balanced Scorecard zur Personalbeurteilung.....................294
      Aufgabe 24-2: Personalwesen in Marketing und Vertrieb –
                Gestaltung von Vergütungssystemen...................................295
      Aufgabe 24-3: Personalführung in Marketing und Vertrieb –
                Gestaltung des Führungsverhaltens 296

   24.2 Lösungshinweise..298
      Lösungshinweise Aufgabe 24-1 298
      Lösungshinweise Aufgabe 24-2 301
      Lösungshinweise Aufgabe 24-3 302

Teil VII: Führungsbezogene Perspektive..303

25. Marktorientierung der Unternehmenskultur und der Führungssysteme...................303

   25.1 Aufgaben...304
      Aufgabe 25-1: Kundenorientierung der Unternehmenskultur –
                Dimensionsorientierte Ansätze der Unternehmenskultur 304
      Aufgabe 25-2: Kundenorientierung der Unternehmenskultur –
                Ebenen der Unternehmenskultur 306
      Aufgabe 25-3: Kundenorientierung der Führungssysteme –
                Kundenorientierung des Organisationssystems 309

   25.2 Lösungshinweise..311
      Lösungshinweise Aufgabe 25-1 311
      Lösungshinweise Aufgabe 25-2 312
      Lösungshinweise Aufgabe 25-3 314

26. Marktorientierung in verschiedenen Unternehmensbereichen...............................317

   26.1 Aufgaben...318
      Aufgabe 26-1: Marktorientierung in Forschung und Entwicklung –
                Interne und externe Kundenorientierung von F&E.............318
      Aufgabe 26-2: Marktorientierung in Forschung und Entwicklung –
                Spannungsfelder zwischen F&E und Marketing/Vertrieb ...318
      Aufgabe 26-3: Marktorientierung im Personalbereich –
                Interne und externe Kundenorientierung im Personal-
                bereich 319

   26.2 Lösungshinweise..320
      Lösungshinweise Aufgabe 26-1 320
      Lösungshinweise Aufgabe 26-2 321
      Lösungshinweise Aufgabe 26-3 322

27. Gestaltung von Veränderungsprozessen zur Steigerung der Marktorientierung......323

    27.1 Aufgaben..324
        Aufgabe 27-1: Instrumente des Change Managements 324
        Aufgabe 27-2: Phasenmodell des Change Managements auf
                     organisationaler Ebene..324
        Aufgabe 27-3: Phasenmodell des Change Managements auf
                     individueller Ebene..324

    27.2 Lösungshinweise...325
        Lösungshinweise Aufgabe 27-1 325
        Lösungshinweise Aufgabe 27-2 326
        Lösungshinweise Aufgabe 27-3 326

Stichwortverzeichnis...329

Heranführung an das Buch

Zielgruppe des Buches

Dieses Übungsbuch richtet sich insbesondere an Studenten, die sich durch die intensive Lektüre der beiden Lehrbücher „Grundlagen des Marketingmanagements" oder „Marketingmanagement" fundiertes Marketingwissen angeeignet haben und dieses anhand ausgewählter Aufgaben festigen und vertiefen möchten. Alle Aufgaben werden mit einer ausführlichen Musterlösung beantwortet, so dass das eigene Wissen jederzeit überprüfbar ist und leicht ergänzt werden kann.

Darüber hinaus bietet das Buch einen reichhaltigen Fundus an Aufgaben, die sich in der akademischen Marketingausbildung bewährt haben und unterstützt damit Dozenten bei der Gestaltung von Lehrveranstaltungen wie Übungen und Tutorien.

Aufbau des Buches

Das Übungsbuch orientiert sich an den sieben Perspektiven des Marketing, die sich jeweils auf unterschiedliche Aspekte des Marketing beziehen und die Grundlage für die Struktur des Buches darstellen. Damit lehnt sich das vorliegende Übungsbuch in seinem Aufbau eng an das bewährte Konzept der beiden Lehrbücher „Grundlagen des Marketingmanagements" und „Marketingmanagement" an. Jedes Kapitel umfasst ausgewählte Aufgaben mit ausführlichen Lösungshinweisen.

Handhabung des Buches

Die Aufgaben in den einzelnen Kapiteln bauen inhaltlich nicht aufeinander auf. Daher ist es nicht erforderlich, die Aufgaben kapitelweise in einer vorgegebenen Reihenfolge zu bearbeiten.

Darüber hinaus sind sämtliche Lösungshinweise mit Literaturangaben versehen, die zur Bearbeitung der Aufgaben wertvolle Hinweise liefern. Dabei finden die folgenden Abkürzungen Verwendung:

- GMM: Homburg, Christian, Krohmer, Harley (2009), „Grundlagen des Marketingmanagements", Wiesbaden.

- MM: Homburg, Christian, Krohmer, Harley (2009), „Marketingmanagment", Wiesbaden.

Um das Auffinden von Aufgaben und Lösungshinweisen und damit die Handhabung des Übungsbuches zu erleitern, ist jede Aufgabe sowie jeder Lösungshinweis mit einem eindeutigen Symbol gekennzeichnet:

 Aufgabe

 Lösung

Über den Autor

Prof. Dr. Dr. h.c. mult. Christian Homburg ist Inhaber des Lehrstuhls für Allgemeine Betriebswirtschaftslehre und Marketing I und Direktor des Instituts für Marktorientierte Unternehmensführung (IMU) an der Universität Mannheim sowie Vorsitzender des Wissenschaftlichen Beirats von Homburg & Partner, Mannheim/München/Boston, einer international tätigen Unternehmensberatung.

1. Einleitung

1.1   **Aufgaben** 2

Aufgabe 1-1: Märkte als Bezugs- und Zielobjekte des Marketing –
Marktabgrenzung 2

Aufgabe 1-2: Zum Verständnis des Marketingbegriffs –
Marketingverständnis 2

Aufgabe 1-3: Die sieben Perspektiven des Marketing –
Teilbereiche des Marketingmix 2

1.2   **Lösungshinweise** 3

Lösungshinweise zur Aufgabe 1-1 3

Lösungshinweise zur Aufgabe 1-2 4

Lösungshinweise zur Aufgabe 1-3 5

1.1   Aufgaben

Aufgabe 1-1:
MÄRKTE ALS BEZUGS- UND ZIELOBJEKTE DES MARKETING – MARKTABGRENZUNG

a) Was ist ein Markt und welche Marktakteure lassen sich grundsätzlich unterscheiden?

b) Warum ist es für ein Unternehmen wichtig, den relevante Markt abzugrenzen und nach welchen Kriterien kann eine Abgrenzung des relevanten Marktes erfolgen?

Aufgabe 1-2:
ZUM VERSTÄNDNIS DES MARKETINGBEGRIFFS – MARKETINGVERSTÄNDNIS

a) Zeigen Sie die historische Entwicklung des Marketingbegriffs auf.

b) Gehen Sie auf die verschiedenen Facetten des Marketingbegriffs ein.

Aufgabe 1-3:
DIE SIEBEN PERSPEKTIVEN DES MARKETING – TEILBEREICHE DES MARKETINGMIX

a) Was wird unter dem Begriff Marketingmix verstanden?

b) Nennen Sie die vier Komponenten des Marketingmix und erläutern Sie jeweils den dazugehörenden Aufgabenbereich und mögliche daraus resultierende Fragestellungen.

1.2   Lösungshinweise

> **Lösungshinweise zur Aufgabe 1-1:**
> MÄRKTE ALS BEZUGS- UND ZIELOBJEKTE DES MARKETING – MARKTABGRENZUNG
> (GMM: Abschnitt 1.1; MM: Abschnitt 1.1)

a) Ein **Markt** bezeichnet den realen oder virtuellen Ort des Zusammentreffens eines Angebots an Produkten mit der Nachfrage nach diesen Produkten, durch das sich Preise bilden. Dabei lassen sich grundsätzlich die folgenden **Marktakteure** unterscheiden:

- **Nachfrager:** Nachfrager treten als Käufer auf dem Markt auf. Aus Sicht eines Unternehmens sind Nachfrager Kunden, wenn sie die Produkte des Unternehmens kaufen bzw. bereits einmal gekauft haben. Eine für das Marketing wichtige Differenzierung ist die Unterteilung von Nachfragern in private Verbraucher (Konsumenten) und organisationale Abnehmer (z.B. Firmenkunden oder Institutionen der öffentlichen Hand).

- **Anbieter:** Anbieter konkurrieren auf dem Markt mit ihren Produkten (physischen Produkten und Dienstleistungen) um die Gunst der Nachfrager. Ein einzelner Anbieter muss hierbei sowohl auf die bereits auf dem Markt aktiven anderen Anbieter (aktuelle Wettbewerber) als auch auf mögliche zukünftige Anbieter (potenzielle Wettbewerber) achten.

- **Vertriebspartner:** Beim Vertrieb ihrer Produkte an die Nachfrager kooperieren Anbieter oftmals mit Vertriebspartnern. Hierbei kann es sich z.B. um Handelsunternehmen oder auch Makler handeln. Vertriebspartner spielen im Marktgeschehen und insbesondere für den Erfolg eines Anbieters eine wichtige Rolle.

- **Staatliche Einrichtungen:** Staatliche Einrichtungen greifen (neben einer möglichen Rolle als Nachfrager bzw. Anbieter von Produkten) regulierend als Akteure in das Marktgeschehen ein. So erlässt der Staat rechtliche Gebote und Verbote und sorgt für deren Einhaltung.

- **Interessenvertretungen:** Weitere Akteure, deren Handeln das Marktgeschehen beeinflusst. Hierzu zählen beispielsweise Wirtschaftsverbände und Verbrauchervereinigungen.

b) Als **relevanter Markt** eines Anbieters wird derjenige Markt bezeichnet, auf dem der Anbieter tätig sein möchte. Damit das Marketing weiß, auf welchen Markt (und damit verbunden auf welche Kunden und Wettbewerber) sich die Marketingstrategie und -aktivitäten beziehen sollen, ist eine **Abgrenzung des relevanten Marktes** erforderlich.

Bei der Abgrenzung des relevanten Marktes können folgende Objekte als **Abgrenzungskriterien** herangezogen werden:

- **Anbieter** (z.B. Lebensmittelmarkt: Alle Unternehmen, die Lebensmittel herstellen bzw. vertreiben.)

- **Produkte** (z.B. Markt für Freizeitaktivitäten: Alle Produkte/Dienstleistungen, die mit der Freizeitgestaltung in Verbindung stehen.)

- **Nachfrager** (z.B. Markt der vermögenden Privatkunden: Alle Nachfrager, die ein überdurchschnittliches Vermögen haben.)

- **Bedürfnisse** (z.B. Markt für Mobilität: Alle Bedürfnisse der Fortbewegung wie „Zug fahren", „Fliegen", „Sportwagen fahren", „Rad fahren" etc.)

Dabei sollte die Abgrenzung des relevanten Marktes in erster Linie über die Objektkategorien Nachfrager und Bedürfnisse erfolgen.

Lösungshinweise zur Aufgabe 1-2:
ZUM VERSTÄNDNIS DES MARKETINGBEGRIFFS – MARKETINGVERSTÄNDNIS
(GMM: Abschnitt 1.2; MM: Abschnitt 1.2)

a) Die **Entwicklung des Verständnisses des Marketingbegriffs** im Zeitablauf lässt sich anhand folgender Abbildung veranschaulichen:

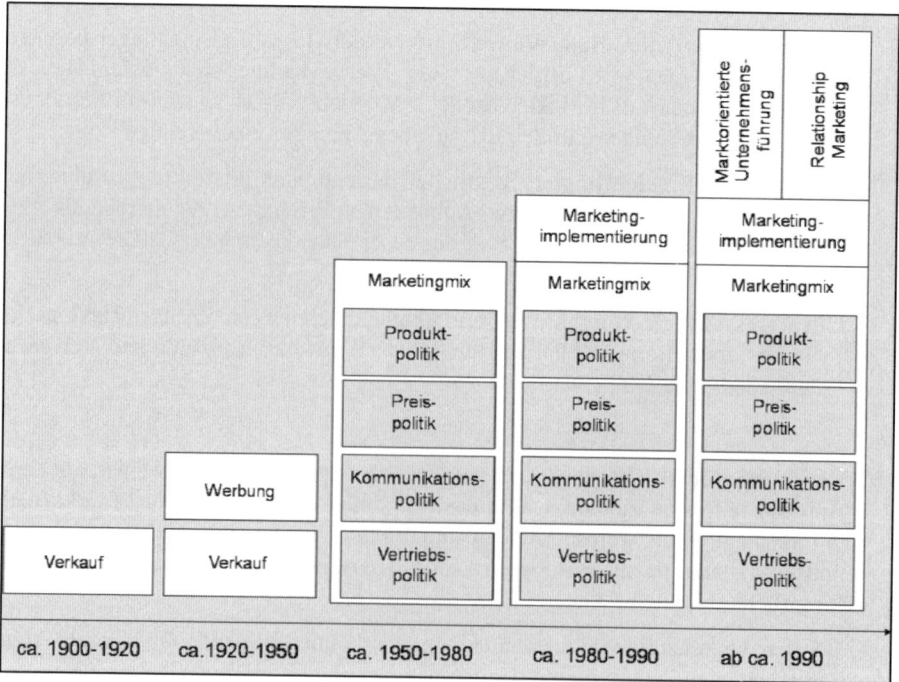

b) **Facetten des Marketingbegriffs:**

- Unternehmensexterne Facette:

  – Marketing als Konzeption und Durchführung marktbezogener Aktivitäten eines Anbieters gegenüber (potenziellen) Nachfragern seiner Produkte.

  – Diese marktbezogenen Aktivitäten beinhalten die systematische Informationsgewinnung über Marktgegebenheiten sowie die Gestaltung des Marketingmix.

- Unternehmensinterne Facette:

  – Marketing als Schaffung der Voraussetzungen im Unternehmen für die Durchführung der marktbezogenen Aktivitäten.

  – Dies schließt insbesondere die Führung des gesamten Unternehmens nach der Leitidee der Marktorientierung ein.

Sowohl die externen als auch die internen Ansatzpunkte des Marketing zielen auf eine optimale Gestaltung von Kundenbeziehungen im Sinne der Unternehmensziele ab.

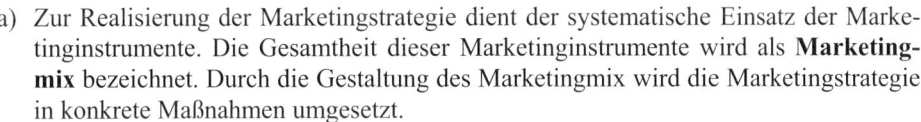

Lösungshinweise zur Aufgabe 1-3:
DIE SIEBEN PERSPEKTIVEN DES MARKETING – TEILBEREICHE DES MARKETINGMIX
(GMM: Abschnitt 1.3; MM: Abschnitt 1.3)

a) Zur Realisierung der Marketingstrategie dient der systematische Einsatz der Marketinginstrumente. Die Gesamtheit dieser Marketinginstrumente wird als **Marketingmix** bezeichnet. Durch die Gestaltung des Marketingmix wird die Marketingstrategie in konkrete Maßnahmen umgesetzt.

b) **Komponenten des Marketingmix:**

- Produktpolitik:

  – Innovationsmanagement: Wie lassen sich neue Produktideen generieren? Welche neuen Produkte sollen eingeführt werden? Wann sollen die neuen Produkte eingeführt werden?

  – Management etablierter Produkte: Wie viele verschiedene Varianten eines Produktes sollen angeboten werden? Wie können bestehende Produkte verbessert werden? Welche Produkte müssen aus dem Sortiment eliminiert werden?

  – Markenmanagement: Sollen alle Produkte unter derselben Marke vertrieben werden? Soll die Marke im Premiumsegment positioniert werden? Welche Maßnahmen müssen ergriffen werden, um den Markenwert zu steigern?

- Preispolitik:

  – Preisbestimmung: Wie sollen die Preise für die Produkte festgelegt werden? Sollen die Produkte im Paket zu einem Bündelpreis angeboten werden?

  – Preisänderungen: Wie werden die Kunden auf eine Preiserhöhung reagieren? Welche langfristigen Auswirkungen hat eine Sonderpreisaktion?

  – Preisdifferenzierung: Sollen die Produkte für verschiedene Kundengruppen zu unterschiedlichen Preisen angeboten werden? Sollen die Produkte in verschiedenen Ländern zu unterschiedlichen Preisen angeboten werden?

  – Gestaltung des Rabatt- und Bonussystems: Sollen den Kunden Rabatte gewährt werden? Welche Rabatte sollen den Kunden gewährt werden?

  – Preisdurchsetzung: Wie lassen sich preisbezogene Verhaltensweisen von Mitarbeitern beeinflussen? Wie lassen sich die gesetzten Preise im Handel durchsetzen?

- Kommunikationspolitik:

  – Budgetierung und Budgetallokation: Wie lässt sich die Höhe des Kommunikationsbudgets bestimmen? Wie soll das Kommunikationsbudget auf die verschiedenen Kommunikationsmedien verteilt werden? Wie sollen die zeitlichen Abstände zwischen den einzelnen Schaltungen gesetzt werden?

  – Auswahl der Kommunikationsinstrumente: Welche Kommunikationsmedien sollen im Rahmen der Werbeaktivitäten zur Anwendung kommen? Welche Kommunikationsmedien sind für die Ansprache bestimmter Zielgruppen am besten geeignet? Wie hoch sind die Kosten, die zur Erreichung von 1.000 Kontakten mittels eines bestimmten Kommunikationsmediums notwendig sind?

  – Gestaltung der Kommunikationsinstrumente: Wie sollte eine Werbemaßnahme gestaltet werden, um bei der Zielgruppe bestimmte Reaktionen herbeizuführen? Wie lässt sich die Aufnahme der Werbebotschaft bei der Zielgruppe sicherstellen? Wie lässt sich eine integrierte Ansprache der Kunden gewährleisten?

- Vertriebspolitik:

  – Gestaltung des Vertriebssystems: Wer soll die Verkaufsaktivitäten durchführen? Wie sollen die Vertriebsorgane zu Vertriebswegen kombiniert werden? Welche Kanäle sollen beim Vertrieb der Produkte genutzt werden?

  – Gestaltung der Beziehungen zu Vertriebspartnern und Key Accounts: Welche Form der Kooperation soll mit Vertriebspartnern angestrebt werden? Wie sollen die vertraglichen Beziehungen zu den Vertriebspartnern gestaltet werden? Wie lassen sich mögliche Konflikte mit Vertriebspartnern bewältigen?

– Gestaltung der Verkaufsaktivitäten: Wie lässt sich der Kontakt zum Kunden gestalten? Welche Verkaufstechniken sollen gegenüber dem Kunden angewandt werden?

– Vertriebslogistik: Wie lässt sich die Verfügbarkeit der Produkte bei den Kunden sicherstellen? Welche Standorte kommen für die Fertigwarenlager in Frage? Wie häufig sollen die Produkte bestellt werden?

2.   Das Verhalten der Konsumenten

2.1   **Aufgaben**..**10**

Aufgabe 2-1: Zentrale Konstrukte zur Erklärung des Konsumentenverhaltens – Zentrale Konstrukte..10

Aufgabe 2-2: Zentrale Konstrukte zur Erklärung des Konsumentenverhaltens – Means-End-Analyse..10

Aufgabe 2-3: Zentrale Konstrukte zur Erklärung des Konsumentenverhaltens – Arten des Involvement 12

Aufgabe 2-4: Informationsverarbeitung –
Theoretische Erklärungsansätze des Konsumenten-
verhaltens..13

Aufgabe 2-5: Informationsverarbeitung –
Lerntheoretische Ansätze 13

Aufgabe 2-6: Kaufentscheidung –
Markov-Modell..14

Aufgabe 2-7: Kaufentscheidung –
Markov-Modell..14

Aufgabe 2-8: Kaufentscheidung –
Markov-Modell..15

2.2   **Lösungshinweise**..**17**

Lösungshinweise zur Aufgabe 2-1 17

Lösungshinweise zur Aufgabe 2-2 17

Lösungshinweise zur Aufgabe 2-3 18

Lösungshinweise zur Aufgabe 2-4 19

Lösungshinweise zur Aufgabe 2-5 19

Lösungshinweise zur Aufgabe 2-6 20

Lösungshinweise zur Aufgabe 2-7 21

Lösungshinweise zur Aufgabe 2-8 22

2.1 Aufgaben

Aufgabe 2-1:
ZENTRALE KONSTRUKTE ZUR ERKLÄRUNG DES KONSUMENTENVERHALTENS –
ZENTRALE KONSTRUKTE

Welche(s) Konzept(e) bzw. Konstrukt(e) des Konsumentenverhaltens finden in der TV-Kampagne von „Beck's", aus der die folgenden Bilder entnommen wurden, Anwendung? Nennen und beschreiben Sie das (die) Konzept(e) bzw. Konstrukt(e).

- emotionale Erlebnisvermittlung
- zielt auf Selbstverwirklichungs-
  bedürfnisse ab

→ Emotion
  ↳ Empfinden

Aufgabe 2-2:
ZENTRALE KONSTRUKTE ZUR ERKLÄRUNG DES KONSUMENTENVERHALTENS –
MEANS-END-ANALYSE

Ein großes deutsches Automobilunternehmen bittet Sie um die Teilnahme an einer Means-End-Analyse zur Bedeutung einzelner Ausstattungsmerkmale des Minivans „Valeatis". Es wurde bereits eine explorative Studie durchgeführt, anhand derer die für den „Valeatis" relevanten Produkteigenschaften, Nutzenkomponenten und Bedürfnisse identifiziert wurden. Diese sind in nachfolgender Tabelle dargestellt:

Produkteigenschaften	Nutzenkomponenten	Bedürfnisse
• Außendesign	• Komfort	• Ästhetik
• Innendesign	• Kraft	• Soziale Anerkennung
• Automatikgetriebe	• Sportlicher Ausdruck	• Lebensfreude
• Klimaanlage	• Höhere Sicherheit	• Selbstwertgefühl
• Geringer Verbrauch	• Entspannung	• Jugendlichkeit
• Hi-Fi-Anlage	• Spaß	• Erfolg
• Motorleistung	• Langlebigkeit	• Nicht auffallen
• Seitenaufprallschutz	• Prestigegewinn	• Gesundheit
• Verarbeitung	• Zugehörigkeit	• Sicherheit
• Glasschiebedach	• Kosten sparen	• Zufriedenheit
• Alu-Felgen	• Benutzerfreundlichkeit	• Selbstverwirklichung
• Airbag		
• Integrierte Kindersitze		
• Ledersitze		
• Moderater Preis		

Bitte stellen Sie auf Basis der Tabelle eine Ihren Bedürfnissen entsprechende Means-End-Kette auf, indem Sie sich selbst folgende Fragen stellen:

1. Welche der angegebenen Produkteigenschaften sind besonders wichtig für mich? (Wählen Sie maximal sechs Produkteigenschaften aus und fügen Sie unter Umständen eine Eigenschaft hinzu, die Ihnen besonders wichtig ist, bisher aber nicht aufgeführt ist.)

2. Warum sind diese für mich wichtig? Welchen Nutzen haben diese Produkteigenschaften für mich?

3. Welche meiner Bedürfnisse werden durch diese Nutzenkomponenten befriedigt?

Bitte visualisieren Sie Ihre Überlegungen in folgendem Schema:

	Bedürfnisse						
End							
	Nutzen-komponenten						
Means	Produkt-eigenschaften						

Aufgabe 2-3:

ZENTRALE KONSTRUKTE ZUR ERKLÄRUNG DES KONSUMENTENVERHALTENS –
ARTEN DES INVOLVEMENT

Ordnen Sie den folgenden Szenarien Ihnen bekannte Formen von Involvement zu:

a) Wie jeden Monat kaufen Sie am Kiosk das Magazin „Stereo Hi-Fi Total", in dem die neuesten Entwicklungen auf dem Gebiet der Unterhaltungselektronik vorgestellt werden. Sie planen seit längerer Zeit, neue Lautsprecher-Boxen zu kaufen. Sie haben trotz langer Suche noch nicht das ideale Modell gefunden. Gleich nach Dienstschluss machen Sie sich deshalb an die Arbeit, die Testberichte zu lesen und mit denen früherer Ausgaben zu vergleichen. *kognitiv*

b) Sie sind Besitzer eines Radio-Weckers. Eines Morgens stellen Sie fest, dass dieser defekt ist. Sie benötigen schnellen Ersatz. Gleich nach Dienstschluss gehen Sie in ein großes Warenhaus und kaufen ein Modell für 19,95 EUR, das gut zu Ihrem Nachttisch passt. Technische Details sind für Sie nicht wichtig. *emotional*

c) Seit Jahren sind Sie ein glühender Verehrer einer finnischen Sängerin. Als Sie hören, dass die Sängerin in einem Monat ein Konzert in Ihrer Heimatstadt gibt, machen Sie sich sofort auf den Weg in die Innenstadt. An der Konzertkasse erhalten Sie die Information, dass der Vorverkauf am nächsten Montag um 8 Uhr morgens startet. Gott

sei Dank haben Sie noch einen halben Tag Resturlaub, um als erster am Schalter zu
stehen. Bis dahin stimmen Sie sich das ganze Wochenende lang mit ihren CDs ein.

↳ LoU - I
↳ impulsive, viel Emotion

Aufgabe 2-4:
INFORMATIONSVERARBEITUNG – THEORETISCHE ERKLÄRUNGSANSÄTZE DES KONSUM-
ENTENVERHALTENS

Mit welchen theoretischen Konzepten der verhaltenswissenschaftlichen Entscheidungs-
forschung können folgende Szenarien erklärt werden?

a) Sie sind Besitzer eines Mehrfamilienhauses. Seit Jahren lassen Sie kleinere Reparatu-
ren am Gebäude vom gleichen Installateur durchführen. Dieser war in Notfällen
schnell verfügbar und zeigte sich auch am Wochenende kulant bezüglich der Berechnung der Anfahrt. Dafür erfolgte die Bezahlung nach BAT (= bar auf Tatze). Eines
Tages macht der Installateur Sie darauf aufmerksam, dass er auf Anweisung seines
Chefs in Zukunft die Anfahrt ohne Ausnahme berechnen werde, und außerdem die
Bezahlung per Überweisung zu erfolgen habe. Sie zeigen sich sehr verärgert, schließlich hatten Sie sich an seine Kulanz gewöhnt. Sie begeben sich auf die Suche nach
einem anderen Anbieter.

b) Sie sind auf großer Einkaufstour. Schließlich ist noch einmal Schlussverkauf in Ihrem Lieblingsschuhladen. Sie finden drei echte Schnäppchen, die Sie unbedingt haben möchten. An der Kasse fragt Sie die Kassiererin: „Möchten Sie bar zahlen oder
lieber mit Karte?" Sie zögern kurz und entscheiden sich für Kartenzahlung. So können Sie sich erst einmal über die drei Paar Schuhe freuen, bevor am Monatsende die
Abrechnung in Ihrem Briefkasten liegt.

Aufgabe 2-5:
INFORMATIONSVERARBEITUNG – LERNTHEORETISCHE ANSÄTZE

Ordnen Sie folgende Szenarien Ihnen bekannten Konzepten der Lerntheorie zu:

a) Sie sind mit der Entwicklung eines Marketingkonzepts für das Deodorant „Active
Woman" beauftragt. Nach intensiven Überlegungen entwickeln Sie folgenden Vorschlag: Die bekannte Schwimmerin Dorit von Weidenfeld soll als Werbepartnerin
unter Vertrag genommen werden und auf ihrem Trainingsanzug für „Active Woman"
werben. Sie sind sich sicher, dass Frau von Weidenfeld bei den nächsten Olympi-
schen Spielen eine Goldmedaille gewinnen wird. *→ Lernen am Modell*

b) Die Geschäftsführung lehnt Ihre Idee ab. Sie werden gebeten, eine klassische Werbe-
kampagne durchzuführen, die „Active Woman" vor allem mit Erfolg in Verbindung
bringt. Nach einigen Tagen haben Sie folgende Idee ausgearbeitet: Eine erfolgreiche

Geschäftsfrau verabredet sich nach einem langen Tag im Büro, den sie dank „Active Woman" problemlos gemeistert hat, mit einem attraktiven Mann. Es wird angedeutet, dass die beiden sich dank „Active Woman" näherkommen. Ohne „Active Woman" wäre die Geschäftsfrau dem attraktiven Mann nicht begegnet.

└▷ instrumentelle Kond.

Aufgabe 2-6:
KAUFENTSCHEIDUNG – MARKOV-MODELL

Sie sind Produktmanager bei einem Verbrauchsgüterhersteller. Ihr Produkt „High-Line" befindet sich zusammen mit zwei Wettbewerbsprodukten (A, B) in einem nicht wachsenden Markt. Auf der Basis einer repräsentativen Marktforschungsuntersuchung konnte folgendes Wieder- bzw. Wechselkaufverhalten der Kunden der drei Produkte festgestellt werden.

		Käufer in Periode t		
		High Line	A	B
Käufer in Periode t-1	High Line	175	25	40
	A	0	150	250
	B	100	125	135

a) Ermitteln Sie die Übergangswahrscheinlichkeiten, die sich unter Anwendung des Markov-Modells ergeben. Wie schätzen Sie die Marktsituation Ihres Produktes „High-Line" ein?

b) Ermitteln Sie die langfristigen Marktanteile der drei Produkte, die sich für einen Gleichgewichtszustand der Markov-Modellierung des Marktes einstellen. Wie schätzen Sie die Marktsituation ein?

Lösungshinweis: Drücken Sie zur Vereinfachung des Rechenwegs die in Aufgabenteil b) errechneten Übergangswahrscheinlichkeiten als ungekürzte Brüche (statt gerundeter Dezimalzahlen) aus.

Aufgabe 2-7:
KAUFENTSCHEIDUNG – MARKOV-MODELL

Als Assistent des Marketingleiters des Unternehmens „Lady Shoes" werten Sie die aktuellen Ergebnisse einer Marktstudie aus. Zunächst beschäftigen Sie sich mit der Entwicklung des Segments „High-Heels Schuhe". Sie befinden sich in diesem Segment in einem nicht wachsenden Markt und es gibt nur einen Wettbewerber in diesem Segment. Ferner wissen Sie, dass 65% der Kunden, die 2008 bei „Lady Shoes" gekauft haben, ihrem Unternehmen auch in 2009 treu geblieben sind. Bei ihrem Wettbewerber beträgt dieser Wert 60%.

a) Berechnen Sie den langfristigen Marktanteil von „Lady Shoes" und den langfristigen Marktanteil ihres einzigen Wettbewerbers.

b) Berechnen Sie die absoluten Marktanteile von „Lady Shoes" und Ihrem Wettbewerber des Jahres 2009.

Annahmen: Das Marktvolumen betrug in den Jahren 2008 und 2009 jeweils 15.000 Kunden bzw. verkaufte Paar High-Heels Schuhe. Ihr eigener Marktanteil in 2008 lag bei 30%.

Aufgabe 2-8:
KAUFENTSCHEIDUNG – MARKOV-MODELL

Sie sind als Marketingleiter des Unternehmens „Speedy Sportswear" im Geschäftsbereich funktionale Sportbekleidung tätig und beschäftigen sich zur Zeit intensiv mit der Entwicklung des zukunftsträchtigen Segmentes „Walking-Schuhe". Für das zurückliegende Jahr 2008 schauen Sie auf folgende Verteilung der verkauften Paar Schuhe auf die drei Wettbewerber im Markt:

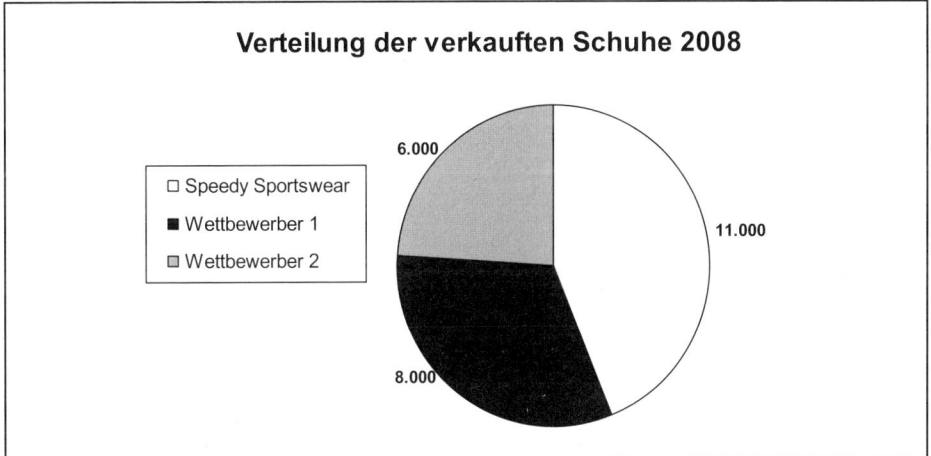

Sie sind einigermaßen überrascht und möchten sich ganz schnell ein Bild darüber machen, wie sich der Markt zwischen den drei Wettbewerbern wohl langfristig aufteilen wird. Dazu benötigen Sie noch einige weitere Informationen. Sie schauen in Ihre Schublade und finden dort folgende Notizen, die Sie sich im Laufe des Jahres über das Segment „Walking Schuhe" gemacht haben:

- Kein Wachstumsmarkt, d.h. die Zahl der verkauften Paar Schuhe (und damit auch der Kundenzahl) insgesamt auf dem Markt blieb über die letzten Jahre hinweg gleich und wird sich auch in Zukunft nicht ändern.

- Insgesamt haben wir im Jahr 2008 1.000 Paar Walking-Schuhe weniger abgesetzt als im Jahr 2007.

- Im Jahr 2007 war Wettbewerber 2 erstmalig auf dem Markt für Walking-Schuhe tätig und erreichte 1/12 der Absatzmenge, die wir selbst 2007 abgesetzt haben.

- Ergebnis einer Kundenbefragung:

  - Die Hälfte unserer Kunden aus 2007 hat auch 2008 bei uns gekauft.

  - Wir haben in 2008 ein Sechstel unserer Kunden aus 2007 an den neuen Wettbewerber (Wettbewerber 2) verloren.

  - Wettbewerber 2 hat einen Kundenloyalitätsindex von 0,25. Dennoch hat er damit zu kämpfen, dass in 2008 die Hälfte seiner Kunden aus dem Jahr 2007 zu Wettbewerber 1 abwanderten.

a) Zeigen Sie anhand einer Tabelle auf, wie sich die absoluten Absatzzahlen Ihres eigenen Unternehmens, von Wettbewerber 1 und Wettbewerber 2 darstellen und auf die Jahre 2007 und 2008 verteilen.

b) Erstellen Sie die Matrix der Übergangswahrscheinlichkeiten für die drei Marken. Runden Sie hierbei auf zwei Dezimalstellen.

c) Ermitteln Sie für die einzelnen Marken einen Index für Markentreue.

d) Ermitteln Sie die Gleichgewichtsmarktanteile für die drei Marken. Runden Sie in den Zwischenschritten auf vier Dezimalstellen und runden Sie die Gleichgewichtsmarktanteile auf eine Dezimalstelle.

2.2   Lösungshinweise

Lösungshinweise zur Aufgabe 2-1:
ZENTRALE KONSTRUKTE ZUR ERKLÄRUNG DES KONSUMENTENVERHALTENS –
ZENTRALE KONSTRUKTE (GMM: Abschnitt 2.1; MM: Abschnitt 2.1)

Konstrukte des Konsumentenverhaltens:

- Aktivierung: Aktivierung des Organismus durch die Darstellung des Kernwertes „Freiheit" (ersichtlich an der Atmosphäre von Schiff auf offener See und Nacht).

- Motivation: Ansprache von sozialen Bedürfnissen durch die Inszenierung von Marke und Bierkonsum als „Gemeinschaftserlebnis" („Beck's bringt dir eine tolle Zeit mit tollen Leuten").

- Emotion: Vermittlung einer positiven, ausgelassenen, „glücklichen" und zwanglosen Stimmung („Sei glücklich mit Beck's").

- Lebensstil: Ansprache von weltoffenen, aktiven, individuellen und modernen Menschen, die ihren eigenen Weg gehen und das Leben genießen.

- Umfeld: Ansprache des sozialen und physischen Umfeldes (erkennbar an Meer, Wellen und Himmel).

Lösungshinweise zur Aufgabe 2-2:
ZENTRALE KONSTRUKTE ZUR ERKLÄRUNG DES KONSUMENTENVERHALTENS –
MEANS-END-ANALYSE (MM: Abschnitt 2.1)

Die **Means-End-Kette** könnte folgendermaßen aussehen:

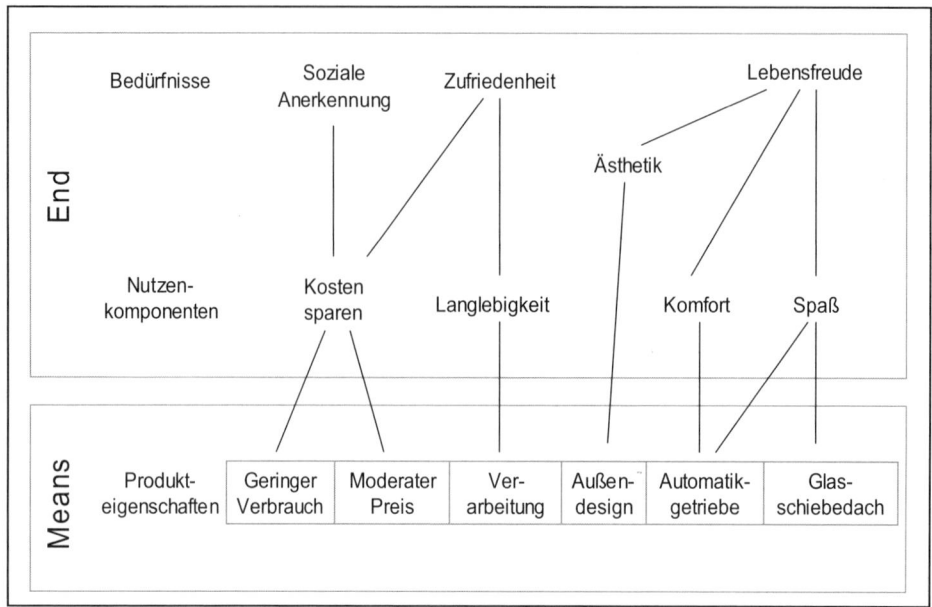

Involvement lässt sich anhand zweier Dimensionen beschreiben:

- Zeitliche Kontinuität des Involvement: Langfristiges vs. situatives Involvement
- Emotionalität des Involvement: Kognitives vs. affektives Involvement

Darüber hinaus lässt sich Involvement anhand des Niveaus in High-Involvement und Low-Involvement unterteilen.

Die **Szenarien** können wie folgt charakterisiert werden:

a) Hohes, langfristiges und kognitives Involvement

b) Hohes, situatives und niedriges, kognitives Involvement

c) Hohes, langfristiges und affektives Involvement

Lösungshinweise zur Aufgabe 2-4:
INFORMATIONSVERARBEITUNG – THEORETISCHE ERKLÄRUNGSANSÄTZE DES KONSUMENTENVERHALTENS (MM: Abschnitt 2.2)

a) Ihr Verhalten kann durch die **Prospect Theorie** erklärt werden. In der Prospect Theorie wird Nutzen als positive oder negative Abweichung von einem Referenzpunkt ausgedrückt. Unter der Annahme von Verlustaversion wird ein Gewinn in bestimmter Höhe weniger stark positiv bewertet als ein gleich hoher Verlust negativ bewertet wird. Die andauernde Kulanz des Installateurs hat eine Verschiebung Ihres Referenzpunktes der Nutzenbewertung der Leistung hervorgerufen, an dem Sie zukünftige Leistungen messen. Die Rücknahme der kulanten Anfahrtsberechnung und der unkomplizierten Bezahlung wird deshalb als Verlust empfunden und negativ bewertet.

b) Ihr Verhalten kann als „Kreditkarteneffekt" bezeichnet werden. Dieser kann aufgrund der **Theorie des Mental Accounting** erklärt werden. Aufbauend auf der Prospect Theorie besagt sie, dass Kunden Gewinne und Verluste, die aus Kosten-Nutzen-Bewertungen entstehen, auf gedanklichen Konten verbuchen. Zentrale Aussage ist, dass Kunden separate Gewinne und aggregierte Verluste bevorzugen. Somit wird der „Schmerz" der Ausgaben durch die Abrechnung am Monatsende gemindert. Die „Gewinne" durch Schnäppchen werden einzeln auf dem „Gewinnkonto" verbucht.

Lösungshinweise zur Aufgabe 2-5:
INFORMATIONSVERARBEITUNG – LERNTHEORETISCHE ANSÄTZE
(GMM: Abschnitt 2.2; MM: Abschnitt 2.2)

a) **Lernen am Modell:** Das Individuum lernt durch die Beobachtung von Verhaltensweisen. In diesem Fall dient die Spitzensportlerin als Modell.

b) **Lernen durch instrumentelle Konditionierung:** Der Spot zeigt, dass die Benutzung von „Active Woman" (Verhalten) durch einen erfolgreichen Abend belohnt wird (Konsequenz). Die dargestellte Frau hat gelernt, ihr Verhalten (Kaufentscheidung) aufgrund der positiven Auswirkung (Erfolg) zu ändern.

Lösungshinweise zur Aufgabe 2-6:
KAUFENTSCHEIDUNG – MARKOV-MODELL
(MM: Abschnitt 2.3)

a) **Ermittlung der Übergangswahrscheinlichkeiten:**

Durch Bildung der Zeilensummen erhält man den Marktanteil für jedes Produkt in Periode t-1:

		Käufer in Periode t			Marktanteil in t-1	
		High Line	A	B	absolut	in %
Käufer in Periode t-1	High Line	175	25	40	240	24%
	A	0	150	250	400	40%
	B	100	125	135	360	36%
					1.000	100%

Die Übergangswahrscheinlichkeit ist die Wahrscheinlichkeit, mit der sich ein Nachfrager zum Zeitpunkt t für das Produkt i entscheidet, während er sich zum Zeitpunkt t-1 für das Produkt j entschieden hat. Die Wahrscheinlichkeit, mit der sich ein Kunde, der in t-1 Produkt B gewählt hat, in t für „High Line" entscheidet, beträgt also: 100 (Anzahl Käufer von B in t-1 und „High Line" in t) / 360 (absoluter Marktanteil von B in t-1) = 0,28 oder 28%.

Die folgende Matrix zeigt die Übergangswahrscheinlichkeiten zwischen den drei Marken (Fluktuationsmatrix). Daraus geht hervor, dass High Line im Vergleich zu seinen Wettbewerbern einen fast doppelt so großen Marktanteil hat.

		Käufer in Periode t			Summe
		High Line	A	B	
Käufer in Periode t-1	High Line	0,73	0,10	0,17	1
	A	0,00	0,38	0,63	1
	B	0,28	0,35	0,38	1

Die Übergangswahrscheinlichkeiten summieren sich zu 1 (unter Vernachlässigung von Rundungsfehlern).

b) **Ermittlung der langfristigen Marktanteile:**

Ziel ist die Suche nach den Marktanteilen, die sich bei gleichbleibenden Übergangswahrscheinlichkeiten im Zeitablauf einstellen werden. In diesem (unterstellten) Gleichgewichtszustand der Marktanteile kompensieren sich für alle Marken Abgänge und Zugänge gerade.

Auf Basis der Fluktuationsmatrix kann ein lineares Gleichungssystem aufgestellt werden. Ansatz für „High Line" (analog für A und B):

$$\text{High Line}_t = 175 / 240 \ \text{High Line}_{t-1} + 0 / 400 \ A_{t-1} + 100 / 360 \ B_{t-1}$$

Aus der zentralen Annahme des Gleichgewichtszustands folgt:

High Line$_t$ = High Line$_{t-1}$ = High Line (analog für A und B)

Es ergibt sich folgendes lineares Gleichungssystem:

High Line	= 175 / 240 High Line	+ 0 / 400 A	+ 100 / 360 B
A	= 25 / 240 High Line	+ 150 / 400 A	+ 125 / 360 B
B	= 40 / 240 High Line	+ 250 / 400 A	+ 135 / 360 B

Für Marktanteile gilt: High Line + A + B = 1

Unter Einbezug dieser Nebenbedingung ist das Gleichungssystem lösbar. Die Nebenbedingung stellt eine lineare Abhängigkeit zwischen den Gleichungen her.

Es gilt: – (I) – (II) = (III) (Gaußscher Algorithmus)

Nach Umformen und Auflösen ergeben sich folgende Gleichgewichtsmarktanteile:

High Line	= 37,3%
A	= 26,4%
B	= 36,3%

Die drei Wettbewerber haben den Markt nahezu gleichmäßig unter sich aufgeteilt.

Lösungshinweise zur Aufgabe 2-7:
KAUFENTSCHEIDUNG – MARKOV-MODELL
(MM: Abschnitt 2.3)

a) **Berechnung der langfristigen Marktanteile:**

		2009	
		Lady Shoes (A)	Wettbewerber (B)
2008	Lady Shoes (A)	0,65	0,35
	Wettbewerber (B)	0,40	0,60

Im Gleichgewicht gilt:

$A_t = A_{t+1} = A$

$B_t = B_{t+1} = B$

Gleichungssystem:

I: A = 0,65 A + 0,40 B

II: B = 0,35 A + 0,60 B

III: A + B = 1

A = 53%

B = 47%

b) **Berechnung der absoluten Marktanteile:**

		Verkaufte Schuhe in 2009		Marktanteil (absolut) in 2008
		Lady Shoes	Wettbewerber	
Verkaufte Schuhe in 2008	Lady Shoes	0,65 * 4.500 = 2.925	0,35 * 4.500 = 1.575	4.500
	Wettbewerber	0,40 * 10.500 = 4.200	0,60 * 10.500 = 6.300	10.500
Marktanteil (absolut) in 2009		7.125	7.875	15.000

Lady Shoes: 47,5% Marktanteil in 2009 = 7.125 verkaufte Schuhe

Wettbewerber: 52,5% Marktanteil in 2009 = 7.875 verkaufte Schuhe

Lösungshinweise zur Aufgabe 2-8:
KAUFENTSCHEIDUNG – MARKOV-MODELL
(MM: Abschnitt 2.3)

a) **Tabellarische Darstellung des Markenwahlverhaltens:**

		Verkaufte Schuhe in 2008			Marktanteil (absolut) in 2007
		Speedy Sportswear	Wettbe- werber 1	Wettbe- werber 2	
Verkaufte Schuhe in 2007	Speedy Sport- swear	6.000	4.000	2.000	12.000

		Verkaufte Schuhe in 2008			Marktanteil (absolut) in 2007
		Speedy Sportswear	Wettbe- werber 1	Wettbe- werber 2	
Verkaufte Schuhe in 2007	Wettbe- werber 1	4.750	3.500	3.750	12.000
	Wettbe- werber 2	250	500	250	1.000
Marktanteil (absolut) in 2008		11.000	8.000	6.000	25.000

b) **Ermittlung der Übergangswahrscheinlichkeiten:**

		Käufer in Periode t		
		Speedy Sportswear	Wettbewer- ber 1	Wettbewer- ber 2
Käufer in Periode t-1	Speedy Sportswear	0,50	0,33	0,17
	Wettbewerber 1	0,40	0,29	0,31
	Wettbewerber 2	0,25	0,50	0,25

c) **Indizes für Markentreue:**

- Speedy Sportswear: 0,50

- Wettbewerber 1: 0,29

- Wettbewerber 2: 0,25

d) **Ermittlung der Gleichgewichtsmarktanteile:**

Aufstellen des linearen Gleichungssystems:

$S = 0{,}50\ S + 0{,}40\ W_1 + 0{,}25\ W_2$

$W_1 = 0{,}33\ S + 0{,}29\ W_1 + 0{,}50\ W_2$

$W_2 = 0{,}17\ S + 0{,}31\ W_1 + 0{,}25\ W_2$

$S + W_1 + W_2 = 1$

$S = 40{,}5\%$

$W_1 = 35{,}6\%$

$W_2 = 23{,}9\%$

3. Das Kaufverhalten organisationaler Kunden

3.1   **Aufgaben**..**26**

Aufgabe 3-1: Phänomenbeschreibung –
Charakteristika des organisationalen Kaufverhaltens...............26

Aufgabe 3-2: Phänomenbeschreibung –
Akteure des Buying Centers..26

Aufgabe 3-3: Zentrale Einflussgrößen –
Buygrid-Modell...27

3.2   **Lösungshinweise**..**28**

Lösungshinweise zur Aufgabe 3-1..28

Lösungshinweise zur Aufgabe 3-2..29

Lösungshinweise zur Aufgabe 3-3..29

3.1   Aufgaben

Aufgabe 3-1:

PHÄNOMENBESCHREIBUNG – CHARAKTERISTIKA DES ORGANSISATIONALEN KAUFVER-
HALTENS

Inwiefern unterscheidet sich das organisationale Kaufverhalten vom Kaufverhalten der
Konsumenten? Gehen Sie zunächst auf die allgemeinen Charakteristika des organisationalen Kaufverhaltens ein und nennen Sie jeweils ein Beispiel in Bezug auf den Neubau
eines Einkaufszentrums.

Aufgabe 3-2:

PHÄNOMENBESCHREIBUNG – AKTEURE DES BUYING CENTERS

Sie sind Vertriebsleiter eines international tätigen Herstellers von Verpackungsmateria-
lien und stehen unmittelbar davor, einen Großauftrag eines Müsliherstellers zu erhalten.
Vor dem entscheidenden Verkaufsgespräch machen Sie sich nun Gedanken über die beteiligten Personen, die in die Kaufentscheidung des Müsliherstellers eingebunden sind.
Es liegen folgende Informationen vor:

- Dr. Ulrich Schmidt: Dr. Schmidt ist Leiter der Fertigung. Neben seiner eigentlichen
  Tätigkeit gilt er als international anerkannter Fachmann für Verpackungstechnologie.

- Dr. Ulrike Jüsten: Dr. Jüsten ist Mitarbeiterin der Abteilung Business Affairs und
  darüber hinaus mit der Abwicklung bedeutender Vergabeprojekte betraut. Sie führt
  einen großen Teil der Verhandlungen.

- Karsten Wölber: Herr Wölber ist Assistent von Frau Dr. Jüsten. Er arbeitet Frau Dr.
  Jüsten zu, steht in regelmäßigem Kontakt zu den potenziellen Anbietern und ist mit
  der Prüfung der Angebote auf ihre Ernsthaftigkeit und formale Genauigkeit beauftragt.

- Professor Dr. Hans Lienen: Professor Dr. Lienen ist Mitglied des Vorstands von
  S&G. Ihm ist die gesamte Cerealien-Sparte unterstellt. Da der Verpackungsauftrag
  von zentraler strategischer Bedeutung ist, sind Sie davon überzeugt, dass Professor
  Dr. Lienen das letzte Wort hat. In der Regel überlässt er aber Frau Dr. Jüsten und
  Herrn Dr. Schmidt die Entscheidung.

Um Ihr Angebot in optimaler Weise auf die beteiligten Personen abzustimmen, ziehen
Sie das Konzept des Buying Centers zu Rate.

Aufgabe 3-3:
PHÄNOMENBESCHREIBUNG – BUYGRID-MODELL

Sie sind als Einkäufer für ein großes Versandunternehmen tätig und beabsichtigen, die aktuell anstehenden Beschaffungsentscheidungen anhand des Buygrid-Modells zu klassifizieren.

Wie können die beiden folgenden Beschaffungssituationen anhand des Buygrid-Modells typologisiert werden und welche Auswirkungen hat dies auf den Beschaffungsprozess?

a) Das Lager hat signalisiert, dass der aktuelle Bestand an Sportsocken nur noch bis zum Monatsende ausreicht. Sportsocken sind einer der Dauerbrenner im Angebot des Versandhändlers. Seit Jahren wird unverändert das gleiche Produkt angeboten, mit dem Hersteller besteht eine überaus positive und enge Zusammenarbeit.

b) Die Marketingabteilung hat Ihnen mitgeteilt, dass im nächsten Sommerkatalog das Angebot an Bekleidung für Jugendliche zwischen 16 und 24 Jahren grundlegend überarbeitet wird. Dabei sollen insbesondere aktuelle „In-Marken" in das Programm aufgenommen werden.

3.2   Lösungshinweise

> **Lösungshinweise zur Aufgabe 3-1:**
> PHÄNOMENBESCHREIBUNG – CHARAKTERISTIKA DES ORGANSISATIONALEN KAUFVER-
> HALTENS (GMM: Abschnitt 3.1; MM: Abschnitt 3.1)

Charakteristika des organisationalen Kaufverhaltens:

- Abgeleiteter Charakter der Nachfrage: Die Nachfrage eines organisationalen Kunden ist nicht originär, sondern derivativ und leitet sich damit aus der Nachfrage der Kunden der organisationalen Kunden ab.

- Multipersonalität: Eine organisationale Kaufentscheidung wird in der Regel von mehreren Akteuren getroffen. So können verschiedene Mitglieder der Organisation am Kaufentscheidungsprozess beteiligt sein.

- Hoher Formalisierungsgrad: Hierunter versteht man das Ausmaß, zu dem Kaufentscheidungsprozesse durch schriftlich festgehaltene Verfahrensrichtlinien geregelt werden (z.B. Festlegung nach welchen Kriterien Pächter für die jeweiligen Geschäftsflächen ausgewählt werden sollen).

- Hoher Individualisierungsgrad: Viele organisationale Kunden weisen sehr spezifische Bedürfnisse auf. Die Nachfrage bezieht sich daher nicht auf Standardprodukte, sondern auf Produkte, die individuell auf die eigenen spezifischen Bedürfnisse zugeschnittenen sind (z.B. jedes Einkaufszentrum wird gemäß dem Stadtbild und der Verkehrsanbindung individuell konzipiert).

- Besondere Bedeutung von Dienstleistungen: Ein weiteres Merkmal liegt in der besonderen Bedeutung von Dienstleistungen, die gerade bei komplexen Leistungen oder einem hohen Investitionsvolumen eine wichtige Rolle spielen (z.B. Wartung von technischen Anlagen wie Klimaanlage, Schranke der Tiefgarage etc.).

- Multiorganisationalität: Dieser Begriff bezieht sich auf das typische Phänomen, dass zusätzlich zu der Anbieter- und der Nachfragerorganisation weitere Organisationen am Beschaffungsprozess beteiligt sind. So muss der Bau eines neuen Einkaufszentrums von der Bauaufsichtsbehörde und der Kommune genehmigt werden.

- Langfristigkeit der Geschäftsbeziehung: Diese ergibt sich häufig aus der Langlebigkeit der Produkte sowie der Bedeutung entsprechender Dienstleistungen (z.B. spezifische Investition der Beteiligten in ein einheitliches Informationssystem für den Kunden innerhalb des Einkaufszentrums wie elektronische Wegweiser, Anschaffung von Geldautomaten etc.).

- Hoher Grad der persönlichen Interaktion: Bei der Vermarktung von Industriegütern entstehen in einem interaktiven Prozess zwischen Anbieter- und Nachfragerorganisation persönliche Kontakte, die eine wichtige Rolle für den Erfolg der Geschäftsbeziehung spielen. Diese findet häufig nicht nur zwischen dem Vertrieb des Anbieters und dem Einkauf des Kunden statt, sondern erstreckt sich auch auf andere

Funktionsbereiche wie z.B. Logistikexperten aus beiden Unternehmen (z.B. eine kooperative Zusammenarbeit aller Einzelhändler, im Rahmen derer nach außen hin gemeinsam geworben wird).

Lösungshinweise zur Aufgabe 3-2:
PHÄNOMENBESCHREIBUNG – AKTEURE DES BUYING CENTERS
(GMM: Abschnitt 3.1; MM: Abschnitt 3.1)

Der Ansatz des Buying Centers identifiziert fünf zentrale Rollen, die im Kaufentscheidungsprozess interagieren: Benutzer, Einkäufer, Beeinflusser, Informationsselektierer und Entscheider. Ein zentraler Aspekt ist, dass eine Person mehrere Rollen einnehmen kann und mehrere Personen die gleiche Rolle einnehmen können:

- Dr. Schmidt: Benutzer (User) und Beeinflusser (Influencer)

- Dr. Jüsten: Einkäufer (Buyer)

- Herr Wölber: Informationsselektierer (Gatekeeper)

- Professor Dr. Lienen: Entscheider (Decider), da es sich um einen Großauftrag handelt (Dr. Schmidt und Dr. Jüsten haben nur begrenzte Entscheidungsbefugnis)

Lösungshinweise zur Aufgabe 3-3:
PHÄNOMENBESCHREIBUNG – BUYGRID-MODELL
(GMM: Abschnitt 3.3; MM: Abschnitt 3.3)

a) Die Kaufsituation fällt unter die Kategorie „identischer Wiederkauf". Es handelt sich um eine Routinebeschaffung bei geringem Informationsbedarf, die in kurzer Zeit abgewickelt wird.

b) Es handelt sich um einen Neukauf bzw. eine erstmalige Beschaffung, die mit dem Erkennen des Problems („Wir benötigen ‚In-Marken'") beginnt. Der Beschaffungsprozess durchläuft alle im Buygrid-Modell beschriebenen Phasen und kann als lang bezeichnet werden.

4. Das Verhalten der Unternehmen

4.1   **Aufgaben**..**32**

Aufgabe 4-1: Entscheidungstheorie –
Entscheidungsregeln bei Ungewissheit 32

Aufgabe 4-2: Entscheidungstheorie –
Lineare Optimierung..33

Aufgabe 4-3: Entscheidungstheorie –
Vektoroptimierung 34

4.2   **Lösungshinweise**..**35**

Lösungshinweise zur Aufgabe 4-1..35

Lösungshinweise zur Aufgabe 4-2..36

Lösungshinweise zur Aufgabe 4-3..37

4.1   Aufgaben

Aufgabe 4-1:
ENTSCHEIDUNGSTHEORIE – ENTSCHEIDUNGSREGELN BEI UNGEWISSHEIT

Ein renommierter Hersteller von Gebäck, der seine Produkte abgepackt über Supermärkte vertreibt, ist damit beschäftigt, zur Steigerung des Umsatzes einer neuen Kekssorte entsprechende Verkaufsförderungsmaßnahmen zu planen.

Als mögliche Maßnahmen werden die Ausgabe von Produktproben (x), die Gewährung von Treuerabatten (y) sowie die Aufstellung von Sonderdisplays im Einzelhandel (z) in Erwägung gezogen.

Bei der Planung sind die kurzfristige volkswirtschaftliche Entwicklung sowie die Marketingaktivitäten des Hauptkonkurrenten zu berücksichtigen, da sich beide maßgeblich auf den Erfolg der jeweiligen Verkaufsförderungsmaßnahmen auswirken:

- Hinsichtlich der kurzfristigen wirtschaftlichen Entwicklung wird davon ausgegangen, dass die Konjunktur entweder gleichbleibend (A) oder ungünstiger (B) verlaufen wird.

- In Bezug auf die Marketingaktivitäten des Hauptkonkurrenten wird angenommen, dass diese entweder wie bisher verlaufen (I) oder intensiviert werden (II). Das relevante Zielkriterium ist die Umsatzsteigerung.

In der Planungsabteilung geht man von den folgenden Annahmen aus:

- Bei gleich bleibender Konjunktur und gleich bleibenden Marketingaktivitäten des Hauptkonkurrenten wird erwartet, dass der Umsatz bei Ausgabe von Produktproben um 9 Mio. EUR, bei Gewährung von Treuerabatten um 7 Mio. EUR und bei der Aufstellung von Sonderdisplays um 12 Mio. EUR steigt.

- Weiterhin wird erwartet, dass Produktproben zu einer Umsatzsteigerung von 6 Mio. EUR, Treuerabatte zu einer Umsatzsteigerung von 1 Mio. EUR und Sonderdisplays zu einer Umsatzsteigerung von 5 Mio. EUR führen, wenn die Konjunktur nachlässt und der Hauptkonkurrent bei seinen bisherigen Marketingaktivitäten bleibt.

- Intensiviert der Hauptkonkurrent allerdings seine Marketingaktivitäten, wird erwartet, dass Sonderdisplays bei gleich bleibender Konjunktur zu einer Umsatzsteigerung von 7 Mio. EUR, Treuerabatte zu einer Umsatzsteigerung von 8 Mio. EUR und Produktproben zu einer Umsatzsteigerung von 7 Mio. EUR führen.

- Verschlechtert sich die konjunkturelle Lage und intensiviert der Hauptkonkurrent zugleich seine Marketingaktivitäten, wird erwartet, dass die Umsatzsteigerung im Falle von Produktproben bei 4 Mio. EUR, im Falle von Sonderdisplays bei 3 Mio. EUR und im Falle von Treuerabatten bei 3 Mio. EUR liegen wird.

a) Stellen Sie auf Basis der obigen Angaben die Entscheidungsmatrix auf. Erstellen Sie in einem ersten Schritt eine Matrix, die jede Kombination der Umweltzustände eindeutig benennt.

b) Für welche Verkaufsförderungsmaßnahme sollte sich das Unternehmen jeweils gemäß der folgenden Regeln entscheiden:

- Maximin-Regel

- Maximax-Regel

- Hurwicz-Regel ($\delta = 0{,}4$)

- Laplace-Regel

- Savage-Niehans-Regel

Aufgabe 4-2:
ENTSCHEIDUNGSTHEORIE – LINEARE OPTIMIERUNG

Sie arbeiten im Vertrieb eines Industriegüterunternehmens, das vor kurzem die Produktion von drei Produkten (A, B, C) eingestellt hat. Sie werden vom Vertriebsleiter beauftragt, den bestehenden Lagerbestand der Produkte möglichst optimal zu vertreiben, bevor der Restbestand am Ende des Jahres verschrottet wird. Für den Vertrieb des Lagerbestands haben Sie insgesamt einen Monat lang Zeit (20 Arbeitstage). Sie arbeiten 10 Stunden pro Tag. Überstunden sind nicht erlaubt.

Weiterhin liegen Ihnen folgende Informationen vor:

Produkt	Lagerbestand	Verkaufspreis je Stück	Variable Stückkosten	Zeitbedarf für die Vertriebsaktivitäten je verkauftes Stück
A	80 Stück	50 €	20 €	45 Minuten
B	150 Stück	100 €	55 €	90 Minuten
C	110 Stück	80 €	30 €	60 Minuten

a) Der Vertriebsleiter erwartet von Ihnen, dass Sie Ihre zeitlichen Ressourcen so einsetzen, dass der insgesamt erzielte Deckungsbeitrag maximal wird. Stellen Sie die Zielfunktion sowie die Restriktionen für dieses lineare Optimierungsproblem auf.

b) Ermitteln Sie die Lösung des linearen Optimierungsproblems. Welcher Restbestand wird am Ende des Jahres verschrottet?

Aufgabe 4-3:
ENTSCHEIDUNGSTHEORIE – VEKTOROPTIMIERUNG

Ein Hersteller von technisch hochwertigen und exklusiv gestalteten Hi-Fi-Anlagen hat die Möglichkeit, seinen neuen Flachbildfernseher über zwei Vertriebskanäle zu vertreiben. Zum einen über ein Händlernetz, das ausschließlich die eigenen Produkte vertreibt, zum anderen über Elektronik-Discounter. Dabei wird erwartet, dass im Fachhandel ein Preis von 6.800 EUR erzielbar ist, während dasselbe Gerät in den Elektronik-Discountern für durchschnittlich 4.500 EUR verkauft werden wird.

Zusätzlich ist bekannt, dass:

- aufgrund der Verträge mit dem Fachhandel über Elektronik-Discounter höchstens 2.000 Geräte vertrieben werden dürfen und mindestens 500 Geräte über den Fachhandel vertrieben werden müssen.

- die Kapazitäten im Fachhandel nur für einen Verkauf von 1.500 Geräten ausreichen.

- die variablen Stückkosten 1.500 EUR betragen.

- ein Kommunikationsbudget von 2 Mio. EUR zur Verfügung steht. Dabei müssen durchschnittlich 800 EUR investiert werden, damit ein Gerät über einen Discounter verkauft werden kann und durchschnittlich 1.200 EUR bis zu einem Verkaufserfolg im Fachhandel.

- dem Vertrieb 3.000 Stunden zur Verfügung stehen, die Flachbildfernseher in den Geschäften optimal zu positionieren. Dabei nimmt eine Herrichtung der Ausstellung pro verkauftes Exemplar in den Discountern 2 Stunden in Anspruch, im Fachhandel 1 Stunde.

- die Geschäftsführung daran interessiert ist, den Gewinn zu maximieren.

- die Vertriebsmannschaft daran interessiert ist, ihre Umsatzprämie zu maximieren. Gezahlt wird eine Umsatzprämie von 100 EUR pro verkauftem Fernseher – unabhängig vom Vertriebskanal.

a) Stellen Sie das Optimierungsproblem formal dar.

b) Ermitteln Sie die individuellen Optimallösungen.

4.2 Lösungshinweise

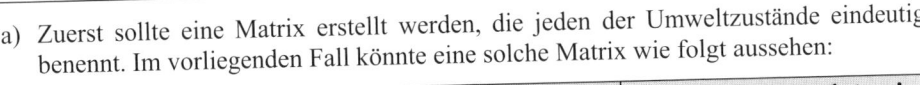

Lösungshinweise zur Aufgabe 4-1:
ENTSCHEIDUNGSTHEORIE – ENTSCHEIDUNGSREGELN BEI UNGEWISSHEIT
(MM: Abschnitt 4.1)

a) Zuerst sollte eine Matrix erstellt werden, die jeden der Umweltzustände eindeutig benennt. Im vorliegenden Fall könnte eine solche Matrix wie folgt aussehen:

	(I) Konkurrent behält Aktivitäten bei	**(II) Konkurrent intensiviert Aktivitäten**
(A) Konjunktur gleichbleibend	s_1	s_2
(B) Konjunktur verläuft ungünstiger	s_3	s_4

Mit Hilfe dieser Vorarbeit lässt sich die folgende **Entscheidungsmatrix** erstellen:

	s_1	s_2	s_3	s_4
(X) Produktproben	9 Mio. €	7 Mio. €	6 Mio. €	4 Mio. €
(Y) Treuerabatte	7 Mio. €	8 Mio. €	1 Mio. €	3 Mio. €
(Z) Sonderdisplays	12 Mio. €	7 Mio. €	5 Mio. €	3 Mio. €

b) Entscheidung für Verkaufsförderungsmaßnahmen:

- **Maximin-Regel:** Wahl der im ungünstigsten Umweltzustand besten Alternative. Produktproben führen im für sie ungünstigsten Umweltzustand (s_4) noch zu 4 Mio. EUR Umsatz. Sie liegen damit vor Treuerabatten (s_3, 1 Mio. EUR) und Sonderdisplays (s_4, 3 Mio. EUR).

- **Maximax-Regel:** Wahl der im günstigsten Umweltzustand besten Alternative. Sonderdisplays führen im für sie günstigsten Umweltzustand (s_1) zu 12 Mio. EUR Umsatz und liegen damit vor Treuerabatten (s_2, 8 Mio. EUR) und Produktproben (s_1, 9 Mio. EUR).

- **Hurwicz-Regel (δ=0,4):** Wahl der Alternative mit dem höchsten gewichteten Durchschnitt des bestmöglichen und des schlechtmöglichsten Ergebnisses der Alternative. Hier ergeben sich folgende Durchschnitte:

  Produktproben: $0{,}4 * 9 + 0{,}6 * 4 = 6$

  Treuerabatte: $0{,}4 * 8 + 0{,}6 * 1 = 3{,}8$

  Sonderdisplays: $0{,}4 * 12 + 0{,}6 * 3 = 6{,}6$

  Es werden Sonderdisplays ausgewählt.

- **Laplace-Regel:** Wahl der Alternative mit dem höchsten Durchschnitt aller Ergebnisse der Alternative. Als Durchschnitte ergeben sich hier:

Produktproben: $26 / 4 = 6{,}50$

Treuerabatte: $19 / 4 = 4{,}75$

Sonderdisplays: $27 / 4 = 6{,}75$

Es werden Sonderdisplays ausgewählt.

- **Savage-Niehans-Regel:** Wahl der Alternative mit dem niedrigsten maximalen Bedauerns-Wert. Hierzu müssen in einem ersten Schritt die Bedauernswerte errechnet werden:

	s_1	s_2	s_3	s_4
(X) Produkt-proben	3 Mio. €	1 Mio. €	0 Mio. €	0 Mio. €
(Y) Treue-rabatte	5 Mio. €	0 Mio. €	5 Mio. €	1 Mio. €
(Z) Sonder-displays	0 Mio. €	1 Mio. €	1 Mio. €	1 Mio. €

Auch dabei ergeben sich die Sonderdisplays als die beste Lösung, da der maximale Bedauernswert mit 1 Mio. EUR am geringsten ist.

Lösungshinweise zur Aufgabe 4-2:
ENTSCHEIDUNGSTHEORIE – LINEARE OPTIMIERUNG
(MM: Abschnitt 4.1)

a) Es lässt sich folgende **Zielfunktion Z** aufstellen:

$Z = 30\,A + 45\,B + 50\,C$

Die **Nebenbedingungen** lassen sich formal wie folgt beschreiben:

$0{,}75\,A + 1{,}5\,B + 1\,C \leq 200$

$A \leq 80$

$B \leq 150$

$C \leq 110$

$A, B, C \geq 0$

b) Da lediglich ein Engpassfaktor vorliegt, lässt sich das lineare Optimierungsproblem sequentiell lösen; der Einsatz eines Simplex-Algorithmus ist nicht nötig. In einem ersten Schritt sollte hierzu der spezifische Deckungsbeitrag der einzelnen Produkte berechnet werden (bezogen auf jeweils eine Stunde Vertriebsaktivitäten):

$$A : \frac{30\,\text{€}}{0{,}75\,\text{h}} = 40\,\frac{\text{€}}{\text{h}}; \quad B : \frac{45\,\text{€}}{1{,}5\,\text{h}} = 30\,\frac{\text{€}}{\text{h}}; \quad C : \frac{50\,\text{€}}{1\,\text{h}} = 50\,\frac{\text{€}}{\text{h}}$$

- Erster Schritt: Vertrieb des gesamten Lagerbestands von C: 110 Stück.

  Von der Zeit verbleiben 200 h – 110 h = 90 h.

- Zweiter Schritt: Vertrieb des gesamten Lagerbestands von A: 80 Stück.

  Von der Zeit verbleiben 90 h – 60 h = 30 h.

- Dritter Schritt: Verwendung der verbleibenden 30 h zum Vertrieb von 20 Stück von Produkt B.

Als Gesamtdeckungsbeitrag ergibt sich: 5.500 EUR + 2.400 EUR + 900 EUR = 8.800 EUR. Somit werden 130 Einheiten von B am Ende verschrottet.

Lösungshinweise zur Aufgabe 4-3:
ENTSCHEIDUNGSTHEORIE – VEKTOROPTIMIERUNG
(MM: Abschnitt 4.1)

a) Es handelt sich um ein Entscheidungsproblem bei mehrfacher Zielsetzung. In einem ersten Schritt können die beiden **Zielfunktionen** aufgestellt werden:

Prämie $(x_{\text{Fach}}, x_{\text{Disc}}) = 100\,x_{\text{Fach}} + 100\,x_{\text{Disc}} \rightarrow \text{max!}$

Gewinn $(x_{\text{Fach}}, x_{\text{Disc}}) = (6.800 - 1.200 - 1.500 - 100)\,x_{\text{Fach}} + (4.500 - 800 - 1.500 - 100)\,x_{\text{Disc}} = 4.000\,x_{\text{Fach}} + 2.100\,x_{\text{Disc}} \rightarrow \text{max!}$

Die **Nebenbedingungen** lassen sich formal wie folgt darstellen:

$1.500 \geq x_{\text{Fach}} \geq 500$

$x_{\text{Disc}} \leq 2.000$

$800\,x_{\text{Disc}} + 1.200\,x_{\text{Fach}} \leq 2.000.000$

$2\,x_{\text{Disc}} + x_{\text{Fach}} \leq 3.000$

b) Die Grafik verdeutlicht, dass die **Optimallösung** bei der Prämienmaximierung bei (1.000, 1.000) und bei der Gewinnmaximierung bei (1.500, 250) liegt:

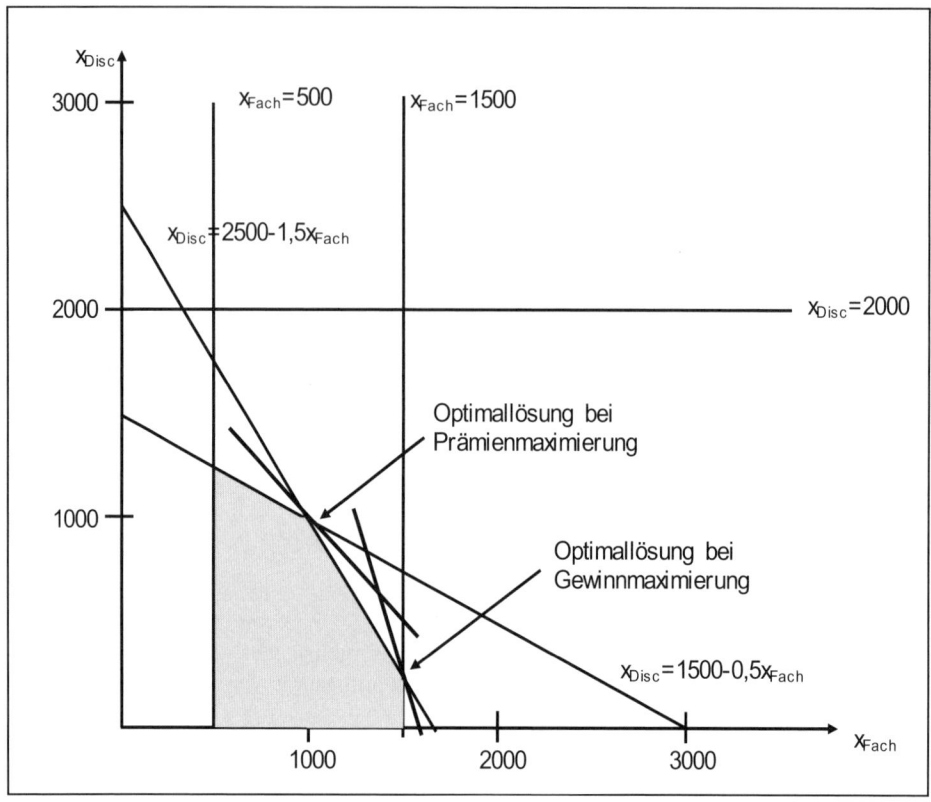

5. Das Verhalten der Wettbewerber

5.1   **Aufgaben**..**40**

Aufgabe 5-1: Industrieökonomische Erklärungsansätze –
                    Perspektiven der Industrieökonomie 40

Aufgabe 5-2: Industrieökonomische Erklärungsansätze –
                    Beschreibung von Marktstrukturen 40

Aufgabe 5-3: Spieltheoretische Erklärungsansätze –
                    Strategiewahlverhalten 41

5.2   **Lösungshinweise**..**43**

Lösungshinweise zur Aufgabe 5-1 43

Lösungshinweise zur Aufgabe 5-2 43

Lösungshinweise zur Aufgabe 5-3 45

5.1   Aufgaben

Aufgabe 5-1:
INDUSTRIEÖKONOMISCHE ERKLÄRUNGSANSÄTZE – PERSPEKTIVEN DER INDUSTRIEÖKONOMIE

---

a) Die Deregulierung des Telekommunikationsmarktes hat in Deutschland einen nachhaltigen Preisverfall verursacht, wie er bislang nur in wenigen Märkten beobachtbar war. Mit der Deregulierung des Marktes stieg auch die Anzahl der Unternehmen und damit die Wettbewerbsintensität. In den letzten Jahren sind deshalb auch die Renditen auf dem Markt für Telekommunikationsdienstleistungen dramatisch gefallen.

Welcher theoretische Erklärungsansatz ist geeignet, die Veränderung des Unternehmenserfolges innerhalb des Telekommunikationsmarktes seit der Deregulierung zu erklären? Bitte nennen und beschreiben Sie den Erklärungsansatz.

b) Derzeit steht das deutsche Gesundheitssystem aufgrund der gesellschaftlichen Entwicklungen der letzten Jahrzehnte (insb. niedrige Geburtenrate, steigende Lebenserwartung) und der schwierigen wirtschaftlichen Lage (z.B. hohe Arbeitslosigkeit) unter hohem Kostendruck. Krankenhäuser, Apotheken und die gesetzlichen Krankenkassen sind gezwungen, ihre Kosten zu senken und in Zukunft wirtschaftlicher zu denken und zu handeln. Dieser Kostendruck wird direkt an die Pharmaunternehmen weitergegeben, insbesondere an die Hersteller patentgeschützter und hochpreisiger Präparate. Erste Veränderungen machen sich in einer veränderten Preispolitik der Pharmaunternehmen bemerkbar, die allerdings zu sinkenden Unternehmensgewinnen geführt hat.

Welcher theoretische Erklärungsansatz ist geeignet, die veränderte Preispolitik und damit das Verhalten der Unternehmen im Pharmamarkt zu erklären? Bitte nennen und beschreiben Sie den Erklärungsansatz.

Aufgabe 5-2:
INDUSTRIEÖKONOMISCHE ERKLÄRUNGSANSÄTZE – BESCHREIBUNG VON MARKTSTRUKTUREN

Die Struktur eines Marktes, in dem sich ein Unternehmen befindet, kann anhand der Anzahl der Anbieter auf der einen Seite und der Art der Produkte auf der anderen Seite beschrieben werden. So hat sich in der Energieversorgungsbranche aufgrund der Liberalisierung des Strommarktes Mitte der Neunziger Jahre die Marktstruktur, insbesondere die Anzahl der Wettbewerber, erheblich erhöht.

Die Energon AG, ein Unternehmen aus der Energieversorgungsbranche, möchte aufgrund des zunehmenden Wettbewerbsdrucks und der mangelnden Differenzierung gegenüber den Wettbewerbern in Zukunft neben dem klassischen Geschäft (Stromversorgung) Internetverbindungen über das Stromnetz anbieten. Die Energon AG hofft, sich dadurch gegenüber den Wettbewerbern besser differenzieren zu können.

a) Ordnen Sie zunächst den klassischen Markt des Energieversorgers (Stromerzeugung) in das Marktformenschema ein.

b) Beschreiben Sie die Veränderung der Energieversorgungsbranche in Bezug auf die Anzahl der Anbieter und die Art der Produkte seit der Liberalisierung.

c) Ordnen Sie das neue Geschäftsfeld (Internet über Strom) in das Marktformenschema ein und begründen Sie Ihre Entscheidung.

Aufgabe 5-3:
SPIELTHEORETISCHE ERKLÄRUNGSANSÄTZE – STRATEGIEWAHLVERHALTEN

Zwei Fluggesellschaften A und B wollen in Zukunft die Flugstrecke Frankfurt–New York anbieten. Die dafür vorgesehenen Flugzeuge haben eine maximale Kapazität von 300 Personen. Die Gesamtkosten pro Hin- und Rückflug betragen je Fluggesellschaft 50.000 EUR. Die beiden Fluggesellschaften machen sich nun Gedanken, zu welchem Preis sie diese Strecke anbieten sollen. Eine Marktanalyse hat hierbei ergeben, dass lediglich zwei Preise (450 EUR und 500 EUR) in Frage kommen, die sich unterschiedlich stark auf die Ertragslage auswirken. Beide Unternehmen entwickeln daraufhin zwei Szenarien, die sich jeweils an der möglicherweise zu erwartenden wirtschaftlichen Lage ausrichten:

- In Szenario 1 beträgt die Auslastung pro Hin- und Rückflug bei einem Flugpreis von 500 EUR für beide Fluggesellschaften 80 %. Bei einem Preis von 450 EUR wäre es möglich, dass beide Fluggesellschaften ihre Flugzeuge zu 85 % auslasten. Daneben stellen sich die beiden Unternehmen die Frage, wie sich die Ertragslage darstellen würde, wenn das eine Unternehmen zum hohen Preis (500 EUR) und das andere zum niedrigeren Preis (450 EUR) anbieten würde. Dabei stellen sie fest, dass das Unternehmen mit dem niedrigeren Preis seine Kapazitäten zu 100 % auslasten könnte, während das teurere Unternehmen nur eine 70 %ige Auslastung erreichen würde.

- In Szenario 2 beträgt die Auslastung pro Hin- und Rückflug bei einem Flugpreis von 500 EUR für beide Fluggesellschaften 58 %. Bei einem Preis von 450 EUR wäre es möglich, dass beide Fluggesellschaften ihre Flugzeuge zu 63 % auslasten. Wenn nur eines der beiden Unternehmen zum niedrigeren Preis (450 EUR) anbieten würde, könnte es seine Kapazitäten zu 75 % auslasten, während das teurere Unternehmen nur eine 60 %ige Auslastung erreichen würde.

a) Stellen Sie die Auszahlungsmatrizen der beiden Szenarien dar.

b) Erklären Sie allgemein, was ein Nash-Gleichgewicht darstellt. Benennen Sie die Nash-Gleichgewichte in den beiden Szenarien, sofern diese gegeben sind.

c) Welche Preise kommen in einem sequentiellen Spiel zustande? Argumentieren Sie pro Szenario.

5.2   Lösungshinweise

Lösungshinweise zur Aufgabe 5-1:
INDUSTRIEÖKONOMISCHE ERKLÄRUNGSANSÄTZE – PERSPEKTIVEN DER INDUSTRIEÖKO-
NOMIE (MM: Abschnitt 5.1)

Grundsätzlich kann in beiden Teilaufgaben auf die **Industrieökonomie** (Industrial Eco-
nomics) zurückgegriffen werden. Im Rahmen der Industrieökonomie wird der Erfolg
(performance) einzelner Unternehmen bzw. der Erfolg einer Gruppe von Unternehmen
(z.B. Anbieter in einer Branche) zum einen durch die Strukturmerkmale des Marktes
bzw. der Branche (structure) determiniert, zum anderen wirken sich strategische Verhaltensweisen aller Unternehmen im Markt (conduct) auf den Unternehmenserfolg aus. Dabei wird zwischen einer strukturorientierten Perspektive (Fokus auf der Markt-/
Branchenstruktur) und einer verhaltensorientierten Perspektive (Fokus auf dem strategischen Verhalten der Wettbewerber) unterschieden.

a) Eine Erklärung für die dargestellten Umsatzeinbußen in der Telekommunikations-
    branche liefert die **strukturorientierte Perspektive** der Industrieökonomie. Die
    Struktur und Form des Marktes hat sich aufgrund der Deregulierung des Teleko-
    munikationsmarktes verändert. Die Anzahl der Wettbewerber stieg und damit auch
    die Wettbewerbsintensität. Insgesamt hat die Veränderung der Branchenstruktur zu
    einer grundlegenden Veränderung des Unternehmenserfolges in der Telekommunika-
    tionsbranche geführt.

b) Das Phänomen eines sinkenden Unternehmenserfolges betrifft alle Pharmaunterneh-
    men gleichermaßen, weshalb die Industrieökonomie einen geeigneten Erklärungsan-
    satz für die Veränderung der Erfolgslage im Pharmamarkt liefert. Dabei kann die
    verhaltensorientierte Perspektive bzw. das Structure-Conduct-Performance-
    Paradigma zur Erklärung der Einnahmensituation herangezogen werden, da insbe-
    sondere veränderte strategische Verhaltensweisen der Marktakteure die Ertragslage
    geändert haben. Die Unternehmen in der Pharmabranche sind aufgrund des gestiege-
    nen Kostendrucks u.a. dazu gezwungen, ihre Preise anzupassen und/oder Rabatte zu
    gewähren, was dazu führt, dass sich die Erträge verringern.

Lösungshinweise zur Aufgabe 5-2:
INDUSTRIEÖKONOMISCHE ERKLÄRUNGSANSÄTZE – BESCHREIBUNG VON MARKTSTRUK-
TUREN (MM: Abschnitt 5.1)

Durch die Kombination der beiden Merkmale Anzahl der Anbieter und Art der angebo-
tenen Produkte können verschiedene Marktstrukturen charakterisiert werden, auf die im
Folgenden näher eingegangen werden soll. Die folgende Tabelle stellt die möglichen
Marktformen dar:

Anzahl der Anbieter / Art der Produkte	Einer	Wenige	Viele
Homogen (undifferenziert)	Reines Monopol	Reines Oligopol	Vollkommener Wettbewerb
Heterogen (differenziert)	Reines Monopol	Differenziertes Oligopol	Monopolistischer Wettbewerb

a) Ein Energieversorger findet sich als **reines Oligopol** im Marktformenschema wider. Zum einen ist das klassische Produkt eines Energieversorgers (Strom) aus Sicht der Kunden klassischerweise ein homogenes, d.h. beliebig austauschbares Produkt, und zum anderen befinden sich nach der Liberalisierung auf dem Strommarkt aktuell nur wenige große Anbieter. Allerdings bleibt anzumerken, dass die Stromerzeuger derzeit versuchen, ihre Produkte gegenüber dem Wettbewerb zu differenzieren (z.B. durch das Angebot von Ökostrom etc.). Sollten Kunden in ihrer Wahrnehmung von einem Unterschied des Produktes Strom überzeugt werden, so kann das Produkt Strom der Marktform des **differenzierten Oligopols** zugeordnet werden.

b) In der Regel entwickeln sich Märkte und Branchen, die liberalisiert werden, innerhalb des dargestellten Marktformenschemas meist in einer ähnlichen Abfolge: **Vom Monopol zum Polypol (Wettbewerb) und vom homogenen zum differenzierten Produkt.** Dies gilt auch für die dargestellte Energieversorgungsbranche. Bis Mitte der Neunziger war der Strommarkt noch ein monopolistischer Markt. Mit der Liberalisierung dieses Marktes traten rasch neue Unternehmen hinzu, weshalb seit einigen Jahren eine Entwicklung in Richtung Wettbewerb (Polypol) zu beobachten ist. Gleichzeitig versuchen die Stromanbieter aufgrund der Intensivierung des Wettbewerbs, das homogene Produkt Strom zu differenzieren, um Wettbewerbsvorteile zu erlangen. Insbesondere die Kommunikationspolitik der Stromanbieter dient in diesem Zusammenhang als wichtiges Differenzierungsinstrument.

c) Obwohl das Produkt „Internet über Strom" einzigartig ist, gibt es bereits zahlreiche Anbieter, die Internetverbindungen (homogenes Produkt) über Telefonleitungen anbieten. Dieser bereits bestehende Markt ist der für den Energieversorger relevante Markt, weshalb sich das Unternehmen mit dem neuen Produkt in einem **vollkommenen Wettbewerb** befindet.

Lösungshinweise zur Aufgabe 5-3:
SPIELTHEORETISCHE ERKLÄRUNGSANSÄTZE – STRATEGIEWAHLVERHALTEN
(MM: Abschnitt 5.2)

---

a) **Szenario 1:** Insgesamt lassen sich vier Strategiekombinationen unterscheiden:

Strategiekombination 1: Beide Unternehmen bieten den Flug zu je 500 EUR an [Quadrant: (Preis a_1, Preis b_1)]:

- Bei einer maximalen Kapazität von 300 Personen entspricht die Auslastung (80%) einem Passagieraufkommen von 240 Personen (300 * 0,8).

- Daraus ergibt sich ein Gewinn (G (Preis a_1, Preis b_1)) pro Fluggesellschaft von: G (Preis a_1, Preis b_1) = 240 Passagiere * 500 EUR - 50.000 EUR = 120.000 EUR - 50.000 EUR = 70.000 EUR.

Strategiekombination 2: Beide Unternehmen bieten den Flug zu je 450 EUR an [Quadrant: (Preis a_2, Preis b_2)]:

- Bei einer maximalen Kapazität von 300 Personen entspricht die Auslastung (85%) einem Passagieraufkommen von 255 Personen (300 * 0,85).

- Daraus ergibt sich ein Gewinn (G (Preis a_2, Preis b_2)) pro Fluggesellschaft von: G (Preis a_2, Preis b_2) = 255 Passagiere * 450 EUR - 50.000 EUR = 114.750 EUR - 50.000 EUR = 64.750 EUR.

Strategiekombination 3 und 4: Das eine Unternehmen bietet den Flug zu 500 EUR und das andere Unternehmen bietet den Flug zu 450 EUR an [Quadrant: (Preis a_1, Preis b_2) bzw. (Preis a_2, Preis b_1)]:

- Bei einer maximalen Kapazität von 300 Personen entspricht die Auslastung (70% bzw. 100%) einem Passagieraufkommen von 210 bzw. 300 Personen (300 * 0,7 bzw. 300 * 1).

- Daraus ergibt sich ein Gewinn (G(Preis a_1, Preis b_2) bzw. G(Preis a_2, Preis b_1)) pro Fluggesellschaft von:

  - G(Preis a_1 bzw. Preis b_1) = 210 Passagiere * 500 EUR - 50.000 EUR = 105.000 EUR - 50.000 EUR = 55.000 EUR.

  - G(Preis a_2 bzw. Preis b_2) = 300 Passagiere * 450 EUR - 50.000 EUR = 135.000 EUR - 50.000 EUR = 85.000 EUR.

Daraus ergibt sich für das Szenario 1 folgende Auszahlungsmatrix:

		B	
		Preis b_1 = 500 €	Preis b_2 = 450 €
A	Preis a_1 = 500 €	(70.000, 70.000)	(55.000, 85.000)
	Preis a_2 = 450 €	(85.000, 55.000)	(64.750, 64.750)

Szenario 2: Insgesamt lassen sich vier Strategiekombinationen unterscheiden:

Strategiekombination 1: Beide Unternehmen bieten den Flug zu je 500 EUR an [Quadrant: (Preis a_1, Preis b_1)]:

- Bei einer maximalen Kapazität von 300 Personen entspricht die Auslastung (58%) einem Passagieraufkommen von 174 Personen (300 * 0,58).

- Daraus ergibt sich ein Gewinn (G (Preis a_1, Preis b_1)) pro Fluggesellschaft von: G (Preis a_1, Preis b_1) = 174 Passagiere * 500 EUR - 50.000 EUR = 87.000 EUR - 50.000 EUR = 37.000 EUR.

Strategiekombination 2: Beide Unternehmen bieten den Flug zu je 450 EUR an [Quadrant: (Preis a_2, Preis b_2)]:

- Bei einer maximalen Kapazität von 300 Personen entspricht die Auslastung (63%) einem Passagieraufkommen von 189 Personen (300 * 0,63).

- Daraus ergibt sich ein Gewinn (G (Preis a_2, Preis b_2)) pro Fluggesellschaft von: G (Preis a_2, Preis b_2) = 189 Passagiere * 450 EUR - 50.000 EUR = 85.050 EUR - 50.000 EUR = 35.050 EUR.

Strategiekombination 3 und 4: Das eine Unternehmen bietet den Flug zu 500 EUR und das andere Unternehmen bietet den Flug zu 450 EUR an [Quadrant: (Preis a_1, Preis b_2) bzw. (Preis a_2, Preis b_1)]:

- Bei einer maximalen Kapazität von 300 Personen entspricht die Auslastung (60% bzw. 75%) einem Passagieraufkommen von 180 bzw. 225 Personen (300 * 0,6 bzw. 300 * 0,75).

- Daraus ergibt sich ein Gewinn (G(Preis a_1, Preis b_2) bzw. G(Preis a_2, Preis b_1)) pro Fluggesellschaft von:

  – G(Preis a_1 bzw. Preis b_1) = 180 Passagiere * 500 EUR - 50.000 EUR = 90.000 EUR - 50.000 EUR = 40.000 EUR.

- G(Preis a_2 bzw. Preis b_2) = 225 Passagiere * 450 EUR - 50.000 EUR = 101.250 EUR - 50.000 EUR = 51.250 EUR.

Daraus ergibt sich für das Szenario 2 folgende Auszahlungsmatrix:

		B	
		Preis b_1 = 500 €	Preis b_2 = 450 €
A	Preis a_1 = 500 €	(37.000, 37.000)	(40.000, 51.250)
	Preis a_2 = 450 €	(51.250, 40.000)	(35.050, 35.050)

b) Ein Gleichgewicht liegt vor, wenn kein Spieler mehr von seiner gewählten Strategie abweicht, da aus der Wahl einer neuen Strategie kein höherer Nutzen resultieren würde. Ein Gleichgewicht, bei dem es keine einseitigen Verbesserungsmöglichkeiten für die einzelnen Spieler gibt, wird nach dem Spieltheoretiker Nash als **Nash-Gleichgewicht** bezeichnet.

Im vorliegenden **Szenario 1** gibt es genau ein Nash-Gleichgewicht, und zwar bei der Strategiekombination (Preis a_2, Preis b_2). Hier kann sich kein Spieler bei gegebener Strategie des anderen Spielers durch den Wechsel zu einer anderen Strategiealternative verbessern.

In **Szenario 2** gibt es zwei Nash-Gleichgewichte, und zwar bei den Strategiekombinationen (Preis a_1, Preis b_2) bzw. (Preis a_2 und b_1). Hier kann sich kein Spieler bei gegebener Strategie des anderen Spielers durch den Wechsel zu einer anderen Strategiealternative verbessern.

c) In **Szenario 1** ist die Wahl eines Preises in Höhe von 450 EUR im Vergleich zu einem Preis von 500 EUR immer mit einer höheren Auszahlung verbunden. Damit ist diese Strategie allen anderen Preiswahlstrategien überlegen (sog. dominante Strategie). Im vorliegenden Fall wird sich folglich die Strategiekombination (Preis a_2, Preis b_2) am Markt einstellen, auch wenn die Lösung (Preis a_1, Preis b_1) für beide Marktteilnehmer eine Verbesserung darstellen würde (sog. Pareto-effiziente Lösung).

In **Szenario 2** würde bei sequentieller Preiswahl der erste Anbieter am Markt (sog. first mover) die Niedrigpreisstrategie verfolgen, d.h. einen Preis von 450 EUR festsetzen. Um seinen Gewinn zu maximieren, wäre der Folger dann gezwungen, die gleiche Leistung zu einem Preis von 500 EUR anzubieten. Folglich würde sich die Kombination (Preis a_1, Preis b_2) bzw. (Preis a_2, Preis b_1) einstellen. Auf Basis der vorliegenden Auszahlungsmatrix lässt sich demnach schlussfolgern, dass das Unternehmen einen höheren Gewinn erzielen kann, welches sich schneller am Markt mit einem entsprechenden Angebot positioniert (sog. first mover-Vorteil).

6. Grundlagen und Prozess der Marktforschung

6.1   **Aufgaben**..**50**

Aufgabe 6-1: Grundlagen der Marktforschung –
Gütekriterien der Marktforschung...........................50

Aufgabe 6-2: Stichprobenauswahl –
Beurteilung von Marktforschungsergebnissen 50

Aufgabe 6-3: Gestaltung des Erhebungsinstrumentes –
Fragebogengestaltung...51

6.2   **Lösungshinweise**..**54**

Lösungshinweise zur Aufgabe 6-1 54

Lösungshinweise zur Aufgabe 6-2 54

Lösungshinweise zur Aufgabe 6-3 55

6.1   Aufgaben

Aufgabe 6-1:
GRUNDLAGEN DER MARKTFORSCHUNG – GÜTEKRITERIEN DER MARKTFORSCHUNG

Um aus der Messung eines Phänomens Schlussfolgerungen ableiten zu können, muss die Messung bestimmten Gütekriterien genügen. Bitte geben Sie zu jeder der folgenden, hypothetischen Aussagen an, was gemessen werden soll und wie die Reliabilität und die Validität der Messung einzuschätzen sind.

a) Die Bio-Landwirtschaft hat nur einen geringen Marktanteil im Warenkorb der west-deutschen Verbraucher. Dies wurde bei einer Auswertung der Scannerdaten der Unternehmen Metro, Real, Wal-Mart und Rewe festgestellt.

b) Der Bekanntheitsgrad der neuen Produkte unseres Unternehmens im gesamtfranzösischen Bedachungsmarkt konnte gegenüber 2002 deutlich gesteigert werden, wie die jüngste Kundenzufriedenheitsmessung bei 100 Handwerkern als Nebenergebnis zeigte.

c) Unsere Kunden sind loyaler denn je: Noch nie hatten wir eine so hohe Quote an Wiederkäufern unter den Kunden. So resümierte der Geschäftsführer der Heißluft GmbH das Geschäftsjahr 2003/2004.

d) Wir sind schlechter geworden! So alarmierte der Marketingleiter die Teilnehmer gleich zu Beginn des Annual Meeting. Im Vergleich zur Internetbefragung von Einkaufsleitern vor 2 Jahren hat die aktuelle persönliche Befragung von Vorstandsmitgliedern der Kunden ergeben, dass die Kundenzufriedenheit gesunken ist.

Aufgabe 6-2:
STICHPROBENAUSWAHL – BEURTEILUNG VON MARKTFORSCHUNGSERGEBNISSEN

Als externer Experte werden Sie von einem im gehobenen Segment positionierten Kaufhaus um Hilfe bei der Interpretation eines Marktforschungsberichts gebeten. Insbesondere erbittet man Ihren Kommentar zu folgender Interpretation:

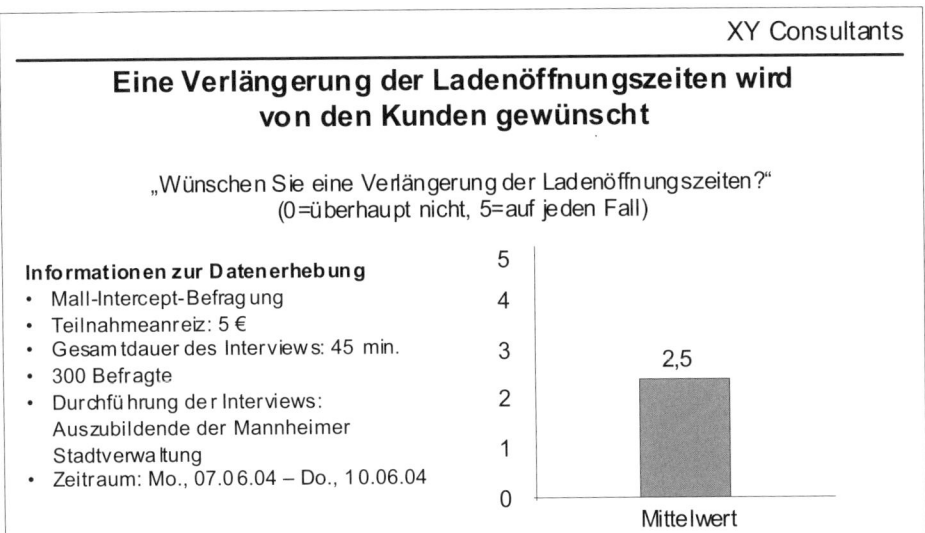

Nehmen Sie zu der Interpretation Stellung.

Aufgabe 6-3:
GESTALTUNG DES ERHEBUNGSINSTRUMENTES – FRAGEBOGENGESTALTUNG

Die Safetronic & Söhne KG ist ein Elektronikunternehmen, das sich insbesondere durch hohe Service- und Produktqualität von den Wettbewerbern zu differenzieren versucht. Vor diesem Hintergrund plant das Unternehmen eine Kundenzufriedenheitsmessung.

Nachfolgend ist ein Auszug aus dem Fragebogenentwurf abgebildet:

1) Die Safetronic & Söhne KG ist ...	*stimme voll zu*					*stimme etwas zu*
... kompetent	☐	☐	☐	☐	☐	☐
... jederzeit kundennah	☐	☐	☐	☐	☐	☐
... vertrauenswürdig	☐	☐	☐	☐	☐	☐
... flexibel	☐	☐	☐	☐	☐	☐
... innovativ	☐	☐	☐	☐	☐	☐
... offen	☐	☐	☐	☐	☐	☐

2) Wie zufrieden sind Sie mit ...		sehr zufrieden (1)				sehr unzufrieden (6)		keine Aussage möglich
a) der umfassenden Problemlösungskompetenz der Safetronic & Söhne KG	prod01	☐	☐	☐	☐	☐	☐	☐
b) dem technologischen Stand (Innovativität) unserer Produkte?	prod02	☐	☐	☐	☐	☐	☐	☐
c) der Leistungsfähigkeit sowie dem Preisleistungsverhältnis unserer Produkte?	prod03	☐	☐	☐	☐	☐	☐	☐
d) der Anpassbarkeit unserer Produkte an Applikationen?	prod04	☐	☐	☐	☐	☐	☐	☐
e) der Integrationsmöglichkeit unserer Produkte?	prod05	☐	☐	☐	☐	☐	☐	☐
f) dem Umfang der Zusatzfunktionen (z.B. Muting, Taktbetrieb, Teach-In, Diagnose etc.) unserer Produkte?	prod06	☐	☐	☐	☐	☐	☐	☐
g) der Einfachheit der Inbetriebnahme unserer Produkte?	prod07	☐	☐	☐	☐	☐	☐	☐
h) der Unterstützung der Inbetriebnahme unserer Produkte?	prod08	☐	☐	☐	☐	☐	☐	☐
i) der Erstabnahme der Geräte?	prod09	☐	☐	☐	☐	☐	☐	☐
j) der Zuverlässigkeit/ Ausfallsicherheit unserer Produkte?	prod10	☐	☐	☐	☐	☐	☐	☐
k) der Einhaltung von Terminzusagen beim Service?	ts01	☐	☐	☐	☐	☐	☐	☐
l) der Fachkompetenz des Servicetechnikers?	ts02	☐	☐	☐	☐	☐	☐	☐
m) der Freundlichkeit des Servicetechnikers?	ts03	☐	☐	☐	☐	☐	☐	☐
n) der Freundlichkeit weiterer Ansprechpartner im Service?	ts04	☐	☐	☐	☐	☐	☐	☐
o) der Berücksichtigung Ihrer Terminwünsche bei der jährlichen Prüfung der Geräte?	ts05	☐	☐	☐	☐	☐	☐	☐
p) der jährlichen Prüfung?	ts06	☐	☐	☐	☐	☐	☐	☐
q) der Erreichbarkeit des technischen Service bei Störfallkategorie BS 4?	ts07	☐	☐	☐	☐	☐	☐	☐

2) Wie zufrieden sind Sie mit ...		sehr zufrieden (1)					sehr unzufrieden (6)	keine Aussage möglich
r) der Reaktionsgeschwindigkeit im Störfall?	ts08	☐	☐	☐	☐	☐	☐	☐
s) der Qualität der Ausführung der Reparatur im Störfall?	ts09	☐	☐	☐	☐	☐	☐	☐
t) der Dauer von Reparaturen bei der Safetronic & Söhne KG?	ts10	☐	☐	☐	☐	☐	☐	☐
u) der transferbedingten Realisation von Garantiefällen, die jedoch nicht zwangsläufig zu Reflektionen geführt haben müssen?	ts11	☐	☐	☐	☐	☐	☐	☐
v) dem Preis-/Leistungs-Verhältnis unserer Serviceleistungen?	ts12	☐	☐	☐	☐	☐	☐	☐

Bitte begründen Sie, welche Aspekte an diesem Fragebogen problematisch sind.

6.2   Lösungshinweise

> **Lösungshinweise zur Aufgabe 6-1:**
> GRUNDLAGEN DER MARKTFORSCHUNG – GÜTEKRITERIEN DER MARKTFORSCHUNG
> (GMM: Abschnitt 4.1; MM: Abschnitt 6.1)

a) Die zu messende Größe ist der Marktanteil von Bioprodukten. Die Validität ist problematisch, weil Scannerdaten nicht den Warenkorb der tatsächlich gekauften Produkte widerspiegeln. Bioprodukte werden häufig auf dem Wochenmarkt oder direkt beim Bauern gekauft. Die ausgewerteten Einzelhandelsunternehmen spiegeln auch nicht den westdeutschen Verbraucher wider, es fehlen z.B. die Aldi-Kunden.

b) Die zu messende Größe ist der Bekanntheitsgrad der neuen Produkte des Unternehmens im gesamten französischen Bedachungsmarkt, d.h. die Bekanntheit bei Kunden und bei Nichtkunden des Unternehmens. Die Validität ist problematisch, weil von Bekanntheit bei den Kunden auf die Bekanntheit im Gesamtmarkt geschlossen werden soll. Die Reliabilität ist problematisch, weil nur 100 Kunden befragt wurden.

c) Die zu messende Größe ist die Loyalität der Kunden. Die Validität ist problematisch, weil die Wiederkaufsquote (der Vergangenheit) nicht die Kundenloyalität misst. Die Wiederkaufsquote könnte auch gestiegen sein, weil illoyale Kunden nicht mehr beim Unternehmen kaufen.

d) Die zu messende Größe ist die Kundenzufriedenheit. Die Reliabilität ist problematisch, weil unterschiedliche Befragungsformen zwischen den zwei Messungen angewandt wurden. Die Validität ist problematisch, weil die Kundenzufriedenheit von Vorstandsmitgliedern inhaltlich etwas anderes ist als Kundenzufriedenheit von Einkäufern.

> **Lösungshinweise zur Aufgabe 6-2:**
> STICHPROBENAUSWAHL – BEURTEILUNG VON MARKTFORSCHUNGSERGEBNISSEN
> (GMM: Abschnitt 4.5; MM: Abschnitt 6.5)

Von einem Mittelwert, der auf der Mitte der Skala liegt, auf eine Zustimmung zu schließen, ist problematisch. Dieser Schluss ist umso problematischer, als die Verlängerung der Ladenöffnungszeiten beinahe schon sozial erwünscht ist.

- Die Häufigkeitsverteilung wird nicht berücksichtigt. Steckt hinter dem Mittelwert von 2,5 eine zweigipflige Verteilung, gibt es also Leute, die stark zustimmen, und gleichzeitig Leute, die stark ablehnen?

- Es gibt keine Angabe über das Konfidenzintervall des Mittelwerts.

- Es gibt keine Angabe darüber, welche Kunden ablehnend reagieren und welche zustimmend. Da das Kaufhaus im gehobenen Segment positioniert ist, sind vor allem die Meinungen von kaufkräftigen Kunden interessant.

- In Anbetracht der Tatsache, dass die Befragung von Montag bis Donnerstag von Mitarbeitern der Stadtverwaltung in einer Einkaufsmeile durchgeführt wurde, kann nicht ausgeschlossen werden, dass Kunden, denen die Ladenöffnungszeiten zu kurz sind, nicht in der Stichprobe enthalten sind, weil sie zu dieser Zeit arbeiten. Dies würde allerdings bedeuten, dass die Zustimmung zur Verlängerung der Öffnungszeiten unterschätzt wird.

- Da Auszubildende die Befragung durchgeführt haben, ist ein Interviewer-Bias nicht auszuschließen.

Fazit: Aus dem Chart kann die darüber stehende Interpretation nicht seriös abgeleitet werden.

Lösungshinweise zur Aufgabe 6-3:
GESTALTUNG DES ERHEBUNGSINSTRUMENTES – FRAGEBOGENGESTALTUNG
(GMM: Abschnitt 4.6; MM: Abschnitt 6.6)

Fragebogen: „Die Safetronic & Söhne KG ist ...“

- In der Aussage „jederzeit kundennah“ passt „jederzeit“ nicht in die Reihe der übrigen Attribute, weil es die Hürde für eine hohe Bewertung ungleich höher schraubt.

- Der Ankerpunkt der Skala sollte nicht mit „stimme etwas zu“, sondern mit „stimme überhaupt nicht zu“ bezeichnet werden.

Fragebogen: „Wie zufrieden sind Sie mit ...“

- In der Aussage c) „... der Leistungsfähigkeit sowie dem Preisleistungsverhältnis unserer Produkte?“ werden zwei Aspekte abgefragt.

- Die Formulierung der Aussage q) „... der Erreichbarkeit des technischen Service bei Störfallkategorie BS 4?“ ist sehr technisch formuliert und ggf. für den Kunden nicht verständlich.

7. Datenanalyse und -interpretation

7.1 **Aufgaben**..**59**

Aufgabe 7-1: Uni- und bivariate Verfahren – Ermittlung von
Häufigkeitsverteilungen und Verteilungsparametern 59

Aufgabe 7-2: Uni- und bivariate Verfahren –
Korrelationsanalyse und bivariate Regressionsanalyse 60

Aufgabe 7-3: Uni- und bivariate Verfahren –
Bivariate Regressionsanalyse 61

Aufgabe 7-4: Uni- und bivariate Verfahren –
Mittelwerttest..62

Aufgabe 7-5: Uni- und bivariate Verfahren –
χ^2-Unabhängigkeitstest...63

Aufgabe 7-6: Multivariate Verfahren –
Anwendung multivariater Analyseverfahren.........................63

Aufgabe 7-7: Multivariate Verfahren –
Faktorenanalyse 65

Aufgabe 7-8: Multivariate Verfahren –
Clusteranalyse...68

Aufgabe 7-9: Multivariate Verfahren –
Multiple Regressionsanalyse 69

Aufgabe 7-10: Multivariate Verfahren –
Kausalanalyse 71

7.2 **Lösungshinweise**..**74**

Lösungshinweise zur Aufgabe 7-1 74

Lösungshinweise zur Aufgabe 7-2 76

Lösungshinweise zur Aufgabe 7-3 79

Lösungshinweise zur Aufgabe 7-4 80

Lösungshinweise zur Aufgabe 7-5 81

Lösungshinweise zur Aufgabe 7-6 82

Lösungshinweise zur Aufgabe 7-7 83

Lösungshinweise zur Aufgabe 7-8...84

Lösungshinweise zur Aufgabe 7-9...89

Lösungshinweise zur Aufgabe 7-10...91

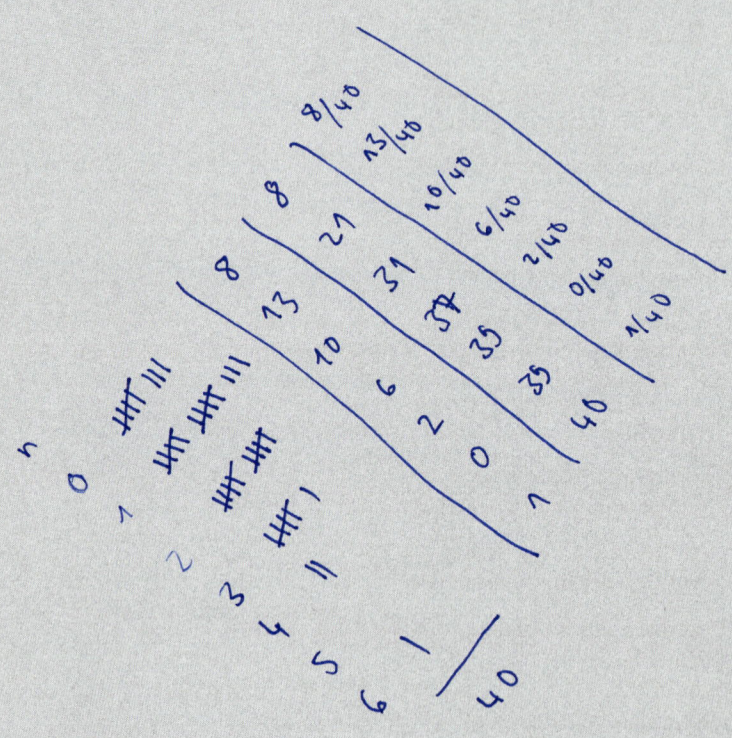

$$\bar{x} = \frac{1}{2} \cdot (8 + 13 + 10 + 6 + 2 + 0 + 1)$$

$$Me =$$

$$modus: 1$$

7.1   Aufgaben

Aufgabe 7-1:
UNI- UND BIVARIATE VERFAHREN – ERMITTLUNG VON HÄUFIGKEITSVERTEILUNGEN UND
VERTEILUNGSPARAMETERN

Sie sind seit Kurzem für den Bereich Kundenkontakt in einer Bank zuständig. Als erstes
möchten Sie die Geschwindigkeit des Services verbessern. Um einen besseren Eindruck
davon zu bekommen, wie viele Kunden im Schnitt einen Servicemitarbeiter aufsuchen,
führen Sie stichprobenartig an einem Bankschalter eine Messung durch.

Pro Bankschalter werden für 40 Zeitintervalle folgende Werte (gemessen in Anzahl der
pro 10-Minuten-Zeitintervall ankommenden Kunden) beobachtet:

0, 0, 1, 3, 4, 1, 2, 2, 1, 1,

1, 2, 3, 0, 2, 0, 1, 3, 1, 2,

2, 0, 1, 1, 6, 1, 0, 2, 3, 1,

1, 4, 2, 3, 2, 0, 3, 0, 1, 2.

a) Ermitteln Sie die absoluten und relativen Häufigkeiten der Kundenankünfte und stellen Sie die Häufigkeitsverteilung und die kumulierte Häufigkeitsverteilung grafisch
   dar.

b) Ermitteln Sie aus der Häufigkeitsverteilung arithmetisches Mittel, Modus und Median der Kundenankünfte sowie Varianz und Standardabweichung.

Außerdem haben Sie einen Teil der Kunden nach Ihrer Zufriedenheit mit der Servicege-
schwindigkeit auf einer Skala von 1 (sehr unzufrieden) bis 10 (sehr zufrieden) befragt.
Dabei nehmen Sie an, dass die Abstände zwischen den Skalenpunkten gleich groß sind.
Die absoluten Häufigkeiten der Antworten entnehmen Sie folgender Tabelle:

Ausprägung	Häufigkeit der Nennung
1	2
8	10
9	13

c) Ihr Ziel ist es, die Zufriedenheit der Befragten zu beschreiben. Berechnen Sie den
   Median und das arithmetische Mittel und beurteilen Sie, welcher dieser beiden Parameter zur Beschreibung der vorliegenden Häufigkeitsverteilung sinnvoller erscheint.

Bei 20 Kunden eines Industriegüterunternehmens wurde eine Umfrage bezüglich ihrer Kunden-Lieferanten-Beziehung gemacht. Dabei wurde den Kunden folgender Fragebogen vorgelegt:

Experience with this supplier. This section asks about your satisfaction with this supplier, their performance and your expectations about future purchase.

Satisfaction with this supplier	*strongly disagree*				*strongly agree*	
Overall we are very satisfied with this supplier.	1	2	3	4	5	KuZu1
Our firm is not completely happy with this supplier.	1	2	3	4	5	KuZu2
If we had to do it all over again, we would still choose to use this supplier.	1	2	3	4	5	KuZu3
We are very pleased with what this supplier does for us.	1	2	3	4	5	KuZu4
Our experience with this supplier has not been good.	1	2	3	4	5	KuZu5
Future purchases from this supplier						
We do not expect to increase our purchases from this supplier in the future.	1	2	3	4	5	KuBi1
In the future, this supplier will receive a larger share of our business.	1	2	3	4	5	KuBi2
We expect to expand our business with this supplier.	1	2	3	4	5	KuBi3
Over the next few years this supplier will be used more than it is now.	1	2	3	4	5	KuBi4

Attitudes toward this supplier. For each statement below, circle the number that indicates the extent to which you agree or disagree with its description of your firm's attitude toward this supplier.

Long-term expectations						
We believe that over the long run our relationship with this supplier will be profitable.	1	2	3	4	5	KuBi5
We expect this supplier to be working with us for a long time.	1	2	3	4	5	KuBi6
Maintaining a long-term relationship with this supplier is important to us.	1	2	3	4	5	KuBi7
We focus on long-term goals in this relationship.	1	2	3	4	5	KuBi8

Auf Basis des Fragebogens wurden folgende Werte zur Kundenzufriedenheit und Kundenbindung ermittelt:

Kundenzufriedenheit					Kundenbindung							
1	2	3	4	5	1	2	3	4	5	6	7	8
3	2	4	3	2	4	4	4	4	2	4	4	4
5	5	5	5	5	5	5	5	5	3	3	3	3
2	4	4	4	4	3	2	4	2	2	2	2	3
5	5	5	5	5	5	5	5	5	5	3	3	3
4	1	5	4	5	4	4	5	5	3	3	3	3
5	5	5	5	5	5	5	5	5	5	3	5	4
5	4	5	4	5	4	5	5	5	4	2	3	2
5	5	5	5	5	5	5	5	5	5	4	5	5
3	1	1	3	3	1	3	3	3	1	1	1	1
3	2	3	3	3	2	4	4	3	3	2	3	3
4	4	5	4	5	4	4	4	4	1	1	1	1
4	4	2	4	4	4	4	5	4	4	3	4	3
5	5	5	4	1	4	4	4	4	5	4	4	3
5	3	5	4	5	5	5	5	5	3	3	2	3
5	4	1	5	5	4	4	3	3	5	4	4	4
5	5	5	5	5	5	5	4	5	4	4	5	4
4	5	5	4	2	3	3	4	3	3	4	4	4
2	3	3	3	3	4	4	2	3	3	3	3	3
3	3	2	2	3	2	2	2	2	2	2	2	2
5	5	5	5	5	3	5	5	5	1	1	1	1

a) Bestimmen Sie den Korrelationskoeffizienten zwischen Kundenzufriedenheit und Kundenbindung auf der Grundlage dieser Datenbasis. Berechnen Sie hierzu zunächst für jeden der 20 Kunden die durchschnittliche Kundenzufriedenheit sowie die durchschnittliche Kundenbindung.

b) Analysieren Sie nun die Abhängigkeitsbeziehung zwischen Kundenzufriedenheit und Kundenbindung, indem Sie die Schätzfunktion der linearen Regressionsanalyse berechnen.

c) Beurteilen Sie die Schätzung anhand des Bestimmtheitsmaßes.

Aufgabe 7-3:
UNI- UND BIVARIATE VERFAHREN – BIVARIATE REGRESSIONSANALYSE

Als Marktforschungsleiter des Unternehmens „Body Fresh" werden Ihnen die aktuellen Ergebnisse einer Kundenbefragung vorgelegt. Dabei wurden Daten zur Kundenzufriedenheit mit der Bodylotion „Silk Powder" sowie zur Wiederkaufwahrscheinlichkeit dieses Produktes erhoben (Skala jeweils von 0–10). In der folgenden Tabelle sind die Informationen von fünf Kunden aufgeführt:

Kunde	1	2	3	4	5
Kundenzufriedenheit	2	4	9	6	8
Wiederkaufwahrscheinlichkeit	3	5	8	5	9

Aufgrund der Ergebnisse der letzten Jahre gehen Sie von einer linearen Abhängigkeit der Wiederkaufwahrscheinlichkeit von der Kundenzufriedenheit aus.

a) Ermitteln Sie im Rahmen einer Regressionsanalyse eine lineare Schätzfunktion, die den Zusammenhang möglichst gut abbildet. Folgende Formel für den Steigungsparameter b ist Ihnen vorgegeben:

$$b = \frac{n\sum_{i=1}^{n}(x_i y_i) - \left(\sum_{i=1}^{n} x_i\right)\left(\sum_{i=1}^{n} y_i\right)}{n\left(\sum_{i=1}^{n} x_i^2\right) - \left(\sum_{i=1}^{n} x_i\right)^2}$$

b) Erklären Sie Ihrem Praktikanten, wie Sie die Güte der linearen Schätzfunktion überprüfen. Nennen und berechnen Sie hierzu das entsprechende Gütemaß und interpretieren Sie es kurz.

Aufgabe 7-4:
UNI- UND BIVARIATE VERFAHREN – MITTELWERTTEST

Ein großer Mobilfunkanbieter ist daran interessiert, seinen nur schleppend steigenden Umsatz mit MMS-Nachrichten deutlich zu erhöhen. Zu diesem Zweck sollen zielgruppenspezifische Angebote für Nutzergruppen entwickelt werden, die bereits jetzt überdurchschnittlich viele MMS-Botschaften versenden. Im Rahmen einer Auswertung der Kundendaten wird dabei über alle Kunden mit MMS-fähigen Handys eine durchschnittliche MMS-Versenderate von 0,5 pro Monat ermittelt.

Im Anschluss wird mit Hilfe telefonischer Interviews eine Typologie von Mobilfunknutzern entwickelt. Als ein Nutzertyp kristallisieren sich die „Outperformer" heraus, die vom beauftragten Marktforschungsunternehmen als „aktive Vieltelefonierer mit einer hohen Leistungs- und Konsumbereitschaft" charakterisiert werden.

Mit Hilfe der Kundendatenbank lässt sich für 20 der befragten „Outperformer" ihre durchschnittliche MMS-Nutzung pro Monat ermitteln. Diese ist in der folgenden Tabelle zusammengefasst:

Kunde	1	2	3	4	5	6	7	8	9	10
MMS-Nutzung/ Monat	0,0	0,0	1,5	0,3	0,0	0,98	0,65	0,2	0,0	2,2

Kunde	11	12	13	14	15	16	17	18	19	20
MMS-Nutzung/ Monat	0,1	0,0	1,2	1,35	3,5	1,11	0,95	0,75	0,0	1,04

a) Ermitteln Sie mit Hilfe eines Mittelwerttests, ob die MMS-Nutzungsintensität bei den „Outperformern" vom allgemeinen Durchschnitt abweicht. Überprüfen Sie mit Hilfe eines zweiseitigen Signifikanztests auf 10%-Signifikanzniveau, ob die Abweichung statistisch signifikant ist.

b) Ein Kollege von Ihnen schlägt vor, stattdessen einen einseitigen Signifikanztest durchzuführen. Wie beurteilen Sie seinen Vorschlag?

Aufgabe 7-5:
UNI- UND BIVARIATE VERFAHREN – χ^2-UNABHÄNGIGKEITSTEST

Ein lokaler Automobilverleiher beauftragt Sie, seine Flotte zu optimieren. Dabei sollen die Autos derart über verschiedene Standorte in der Stadt verteilt werden, dass Kundenwünsche nach bestimmten Wagenkategorien möglichst standortnah befriedigt werden können. Zu diesem Zweck hat Ihnen das Unternehmen zusammengestellt, welche Unternehmen in den vergangenen 12 Monaten welchen Wagentyp geordert haben.

	Kleinwagen	Untere Mittelklasse	Obere Mittelklasse	Luxus
Maschinenbau	13	76	97	14
Consulting	6	18	53	23
Pharma	92	116	58	34

Sie beschließen, mit einem χ^2-Unabhängigkeitstest zu überprüfen, ob zwischen Branchenzugehörigkeit und Wagentyp ein Zusammenhang besteht (Signifikanzniveau 5%).

Aufgabe 7-6:
MULTIVARIATE VERFAHREN – ANWENDUNG MULTIVARIATER ANALYSEVERFAHREN

Bitte geben Sie an, welche Methoden sich dafür eignen, die folgenden typischen Marktforschungsfragestellungen zu untersuchen:

a) Ein Maschinenbauunternehmen aus dem B2B-Bereich möchte den Schritt vom reinen Technologielieferanten zum Lösungsanbieter gehen. Zu diesem Zweck soll zuerst das Service- und Beratungsangebot rund um die angebotenen Maschinen deutlich erweitert werden. Das Unternehmen ist sehr daran interessiert, bei den Einführungspreisen für das neue Leistungsangebot keine Fehler zu machen. Die Preise sollen sich an dem wahrgenommenen Nutzen für die Kunden orientieren. Welche Methode könnte eingesetzt werden, um die Preisbereitschaft der Kunden zu ermitteln?

b) Ein normalerweise im Massenmarkt tätiger Automobilhersteller hat gerade sein Sortiment um eine Luxuslimousine erweitert. Leider ist der Absatz des neuen Produkts noch nicht so hoch wie erwartet. Branchenkenner äußern immer wieder, dass die Absatzprobleme teilweise auf eine falsche Positionierung der Marke in den Köpfen der Zielgruppe zurückzuführen sein könnten. Das Unternehmen beschließt daher, die Positionierung der Marke im Vergleich zu anderen Automobilmarken zu untersuchen. Mit Hilfe welcher Methode könnte eine solche Ist-Positionierung ermittelt werden?

c) Nach der Privatisierung des Strommarktes beabsichtigt ein großer Energieversorger, sein Angebot stärker an die Kundenbedürfnisse anzupassen. Zu diesem Zweck möchte er gerne Kundensegmente identifizieren, die sich im Hinblick auf ihre Nutzungsgewohnheiten (ermittelt anhand vergangenheitsbezogener Verbrauchsdaten und einer Kundenbefragung) deutlich unterscheiden. Welches statistische Verfahren würden Sie hier empfehlen?

d) Ein Versicherungsunternehmen hat im Rahmen einer großangelegten Marktstudie vier Kundensegmente identifiziert, die sich sowohl bezogen auf ihre Präferenzen bezüglich bestimmter Versicherungsangebote als auch bezogen auf ihre Sensibilität gegenüber bestimmten Verkaufstechniken deutlich unterscheiden. Das Unternehmen interessiert sich nun dafür, einige demografische Variablen (z.B. Alter, Haushaltseinkommen etc.) zu identifizieren, mit denen sich die Gruppenzugehörigkeit möglichst einfach vorhersagen lässt. So soll es den Außendienstmitarbeitern ermöglicht werden, potenzielle Neukunden möglichst schnell einem Kundensegment zuzuordnen, um im Verkaufsgespräch den „richtigen Ton" zu treffen und möglichst optimal abgestimmte Angebote zu machen. Welches statistische Verfahren bietet sich hier an?

e) Eine große Bank hat ihre Kunden in vier Kundensegmente unterteilt: Privatkunden, vermögende Privatkunden, kleine/mittlere Geschäftskunden und Großkunden. Im Rahmen einer umfangreichen Kundenzufriedenheitsuntersuchung ist die Bank daran interessiert, zu untersuchen, inwieweit sich die Kundenzufriedenheit bezüglich verschiedener Teilaspekte zwischen den verschiedenen Gruppen unterscheidet. Um dabei auszuschließen, dass zentrale Managemententscheidungen auf der Grundlage von zufälligen Stichprobenunterschieden getroffen werden, soll dabei die statistische Signifikanz der Unterschiede überprüft werden.

f) Ein Automobilzulieferer hat eine Kundenzufriedenheitsuntersuchung durchgeführt. Neben einer allgemeinen Analyse der Kundenzufriedenheit möchte das Unternehmen gerne herausfinden, welche Aspekte seiner Leistungen (Produkteigenschaften, Logistik, Auftragsabwicklung etc.) die Gesamtkundenzufriedenheit besonders beeinflussen. Das Unternehmen strebt an, Anstrengungen zur Verbesserung der Kundenzufriedenheit vor allem in Bereichen vorzunehmen, wo die Zufriedenheitswerte aktuell niedrig sind, die aber für die Kunden überdurchschnittlich wichtig sind. Zu diesem Zweck hat das Unternehmen auch für die verschiedenen Leistungsparameter jeweils individuelle Zufriedenheitswerte ermittelt. Welches statistische Verfahren bietet sich an, um die Wichtigkeit der verschiedenen Leistungsparameter zu bestimmen?

g) Ein Hersteller von technischen Geräten für Krankenhäuser plant, ein innovatives Gerät auf den Markt zu bringen. Das Unternehmen ist allerdings daran interessiert, vor der Markteinführung eine Abschätzung des Marktanteils des neuen Produkts zu erhalten. Darüber hinaus interessiert sich der Pharmakonzern auch dafür, mit der Markteinführung verbundene Kannibalisierungseffekte im Hinblick auf vergleichbare Produkte des eigenen Unternehmens zu prognostizieren. Welches Verfahren bietet sich hier an?

h) Eine große Versicherung plant, eine umfangreiche Kommunikationsmaßnahme für seine Lebensversicherungen durchzuführen. Dabei soll vor allem der emotionale Nutzen einer Lebensversicherung herausgestellt werden. Mit Hilfe einer Marktforschungsstudie werden deshalb zuerst die Motive erfragt, die bei den derzeitigen Kunden zum Abschluss einer Lebensversicherung geführt haben. Die Abfrage wurde dabei sehr detailliert gestaltet. Ziel ist es, den Motiven zugrunde liegende Werte zu identifizieren, die im Rahmen der Kommunikationsmaßnahme angesprochen werden können. Welche Methode könnte hier sinnvoll eingesetzt werden?

Aufgabe 7-7:
MULTIVARIATE VERFAHREN – FAKTORENANALYSE

Eine große Baumarktkette hat eine Untersuchung durchgeführt, um zu bestimmen, von welchen Faktoren die Entscheidung für einen bestimmten Baumarkt als Einkaufsstätte abhängt. Hierzu wurde die Wichtigkeit von 11 Eigenschaften abgefragt. Sie werden gebeten, die 11 Eigenschaften mit Hilfe einer Faktorenanalyse zu verdichten.

a) Zuerst gilt es, eine Entscheidung über die Anzahl der Faktoren zu treffen. Wenden Sie bitte das Kaiser-Kriterium an, um die Faktorenzahl anhand der folgenden Werte zu bestimmen. Wie viel Prozent der ursprünglich in den Variablen enthaltenen Information geht so verloren?

Komponente	Anfängliche Eigenwerte		
	Gesamt	% der Varianz	Kumulierte %
1	3,11	28,29	28,29
2	1,97	17,93	46,22
3	1,62	14,73	60,95
4	0,98	8,92	69,87
5	0,75	6,85	76,72
6	0,61	5,56	82,28
7	0,52	4,70	86,98
8	0,49	4,48	91,46
9	0,44	4,00	95,46
10	0,33	3,00	98,46
11	0,17	1,54	100,00
Extraktionsmethode: Hauptkomponentenanalyse.			

b) Ziel des zweiten Schritts ist es, die 11 Eigenschaften den verschiedenen Faktoren zu-zuordnen. Hierzu stehen Ihnen folgende Informationen zur Verfügung:

Kommunalitäten

	Anfänglich	Extraktion
Preisgünstigkeit	1,000	,596
Publikum	1,000	,657
Freundlichkeit des Verkaufspersonals	1,000	,627
Besondere Events	1,000	,545
Länge der Öffnungszeiten	1,000	,837
Verfügbarkeit von Parkplätzen	1,000	,803
Flair / Atmosphäre	1,000	,718
Möglichkeiten der Kindebetreuung	1,000	,090
Nähe zur Wohnung	1,000	,610
Vielfalt des Produktangebots	1,000	,559
Interessante Nachbargeschäfte	1,000	,663

Extraktionsmethode: Hauptkomponentenanalyse.

Komponentenmatrix[a]

	Komponente		
	1	2	3
Preisgünstigkeit	-,045	,552	,537
Publikum	,755	,194	-,222
Freundlichkeit des Verkaufspersonals	,552	,433	-,366
Besondere Events	,631	,254	-,287
Länge der Öffnungszeiten	,695	-,512	,303
Verfügbarkeit von Parkplätzen	,654	-,538	,294
Flair / Atmosphäre	,677	,401	-,314
Möglichkeiten der Kindebetreuung	-,099	,067	-,276
Nähe zur Wohnung	,629	-,391	,247
Vielfalt des Produktangebots	,191	,349	,633
Interessante Nachbargeschäfte	,162	,621	,501

Extraktionsmethode: Hauptkomponentenanalyse.

a. 3 Komponenten extrahiert

Rotierte Komponentenmatrix[a]

	Komponente		
	1	2	3
Preisgünstigkeit	-,028	-,136	,759
Publikum	,763	,274	,016
Freundlichkeit des Verkaufspersonals	,788	-,069	,040
Besondere Events	,727	,127	-,007
Länge der Öffnungszeiten	,146	,902	-,033
Verfügbarkeit von Parkplätzen	,107	,888	-,059
Flair / Atmosphäre	,843	,054	,070
Möglichkeiten der Kindebetreuung	,084	-,227	-,178
Nähe zur Wohnung	,179	,760	-,004
Vielfalt des Produktangebots	,012	,186	,724
Interessante Nachbargeschäfte	,177	-,060	,792

Extraktionsmethode: Hauptkomponentenanalyse.
Rotationsmethode: Varimax mit Kaiser-Normalisierung.

a. Die Rotation ist in 5 Iterationen konvergiert.

c) Bitte interpretieren Sie die Faktoren inhaltlich.

Aufgabe 7-8:
MULTIVARIATE VERFAHREN – CLUSTERANALYSE

Ein internationaler PC-Hersteller hat Sie beauftragt, eine Marktsegmentierung des deutschen Privatkundenmarkts durchzuführen. In einem ersten Schritt wird eine Vorstudie mit Hilfe von Fokusgruppen durchgeführt. Ziel ist es, sinnvolle Segmentierungskriterien zu identifizieren.

Nach der Durchführung der ersten Fokusgruppe schlägt ihr Fokusgruppenleiter vier Kriterien vor: die Preisbereitschaft, das PC-Wissen der Käufer, das Ausmaß, in dem der PC für Spiele genutzt werden soll sowie das Ausmaß, in dem der PC für Büroanwendungen genutzt werden soll. Sie bitten ihn, die acht Teilnehmer der Fokusgruppe im Hinblick auf diese Kriterien auf einer Skala von 1-7 zu bewerten. Er stellt Ihnen die folgende Tabelle zur Verfügung:

	Preisbereitschaft	PC-Wissen	Spielenutzung	Büronutzung
A	1	5	6	4
B	5	3	3	3
C	3	5	5	2
D	5	4	2	7
E	5	3	3	6
F	4	2	3	4
G	2	7	4	3
H	4	4	1	7

a) Bitte führen Sie für diese 8 Teilnehmer eine agglomerative, hierarchische Clusteranalyse durch. Verwenden Sie die quadrierte Euklidische Distanz und das Complete-Linkage-Verfahren. Erstellen Sie hierbei auch ein Dendrogramm.

b) Wenden Sie auf Grundlage einer Entscheidungsgrafik das Ellenbogenkriterium an, um die optimale Clusterzahl zu bestimmen.

c) Bitte beschreiben Sie die Cluster anhand der durchschnittlichen Ausprägungen der vier Kriterien und entwickeln Sie möglichst aussagekräftige Namen.

d) Vergleichen Sie die Zusammensetzung der Cluster mit den Ergebnissen bei einer Anwendung der City-Block-Distanz und gleicher Clusterzahl. Wie lassen sich die Unterschiede erklären? Welches Maß erscheint Ihnen hier sinnvoller und warum?

e) Wäre eine solche Segmentierung sinnvoll? Bitte ziehen Sie geeignete Kriterien heran und beurteilen Sie Ihr Ergebnis.

Aufgabe 7-9:
MULTIVARIATE VERFAHREN – MULTIPLE REGRESSIONSANALYSE

Der Internet-Buchhändler „Nettbooks.de" möchte gerne über seine Kunden wissen, von welchen Faktoren es abhängt, wie viele Transaktionen bei Nettbooks getätigt werden.

Hierzu wurden für 70 Kunden detaillierte Daten zum Einkaufsverhalten bei Nettbooks über Datenbankabfragen generiert. Sie werden gebeten, mit den folgendermaßen kodierten Variablen eine Analyse durchzuführen:

Kenntnis weiterer Internet-Buchhändler		Anzahl der Transaktionen		Anzahl der Beschwerden im Vorjahr		Alter [Jahre]		Im Vorjahr ausgegebener Betrag [EUR]	
Kategorie	Wert	Kategorie	Wert	Kategorie	Wert	Kategorie	Wert	Kategorie	Wert
0	1	1	1	0	1	< 25	1	< 20	1
1	2	2-3	2	1	2	25-30	2	21-50	2
2	3	3-5	3	2	3	31-40	3	51-100	3
3	4	5-10	4	> 2	4	41-50	4	101-200	4
≥ 4	5	10-20	5			> 50	5	> 200	5
		> 20	6						

a) In einem ersten Schritt erstellen Sie mit Hilfe der Statistiksoftware SPSS folgende Korrelationsmatrix der fünf betrachteten Variablen:

Korrelationen

		Anzahl der Transaktionen	Beschwerde-verhalten	Alter	Ausgegebe-ner Betrag im letzten Jahr	Kenntnis anderer Internet-buchhändler
Anzahl der Transaktionen	Korrelation nach Pearson	1	-,348 **	-,020	,566**	-,402**
	Signifikanz (2-seitig)	.	,003	,867	,000	,001
	N	70	70	70	70	70
Beschwerde-verhalten	Korrelation nach Pearson	-,348 **	1	-,123	-,119	,194
	Signifikanz (2-seitig)	,003	.	,311	,328	,107
	N	70	70	70	70	70
Alter	Korrelation nach Pearson	-,020	-,123	1	,132	,135
	Signifikanz (2-seitig)	,867	,311	.	,277	,265
	N	70	70	70	70	70
Ausgegebener Betrag im letzten Jahr	Korrelation nach Pearson	,566 **	-,119	,132	1	-,254 *
	Signifikanz (2-seitig)	,000	,328	,277	.	,034
	N	70	70	70	70	70
Kenntnis anderer Internetbuch-händler	Korrelation nach Pearson	-,402 **	,194	,135	-,254 *	1
	Signifikanz (2-seitig)	,001	,107	,265	,034	.
	N	70	70	70	70	70

**.Die Korrelation ist auf dem Niveau von 0,01 (2-seitig) signifikant.

*.Die Korrelation ist auf dem Niveau von 0,05 (2-seitig) signifikant.

Bitte berechnen Sie auf dieser Grundlage für jede unabhängige Variable, wieviel Varianz der abhängigen Variable sie bei bivariater Betrachtung erklärt.

b) In einem zweiten Schritt führen Sie mit Hilfe der Software SPSS eine multiple Regressionsanalyse durch. Bitte stellen Sie das entsprechende Regressionsmodell zunächst formal dar.

c) Die folgenden Tabellen fassen zunächst Informationen zum Gesamtmodell zusammen. Bitte beurteilen Sie das Gesamtmodell im Hinblick auf die erklärte Varianz und seine Signifikanz.

Modellzusammenfassung

Modell	R	R-Quadrat	Korrigiertes R-Quadrat	Standardfehler des Schätzers
1	,676ª	,457	,424	1,24252

ª Einflussvariablen: (Konstante), Ausgegebener Betrag im letzten Jahr, Beschwerde-verhalten, Alter, Kenntnis anderer Internetbuchhändler

ANOVA[b]

Modell		Quadrat-summe	df	Mittel der Quadrate	F	Signifikanz
1	Regression	84,521	4	21,130	13,687	,000[a]
	Residuen	100,351	65	1,544		
	Gesamt	184,871	69			

[a] Einflussvariablen: (Konstante), Ausgegebener Betrag im letzten Jahr, Beschwerde-verhalten, Alter, Kenntnis anderer Internetbuchhändler

[b] Abhängige Variable: Anzahl der Transaktionen

d) Die folgende Tabelle fasst Informationen zu den einzelnen Modellparametern zu-sammen. Bitte interpretieren Sie die Werte inhaltlich.

Koeffizienten[a]

Modell		Nicht standardisierte Koeffizienten		Standardisierte Koeffizienten	T	Sig-nifi-kanz
		B	Standard-fehler	Beta		
1	(Konstante)	3,944	,787		5,009	,000
	Kenntnis ande-rer Internet-buchhändler	-,357	,163	-,215	-2,197	,032
	Beschwerde-verhalten	-,537	,196	-,259	-2,744	,008
	Alter	-,128	,138	-,088	-,930	,356
	Ausgegebener Betrag im letz-ten Jahr	,678	,132	,492	5,127	,000

[a] Abhängige Variable: Anzahl der Transaktionen

e) Bitte vergleichen Sie das R^2 des Gesamtmodells mit der Summe der in Teilaufgabe a) errechneten R^2-Werte. Womit lässt sich diese Diskrepanz erklären?

Aufgabe 7-10:
MULTIVARIATE VERFAHREN – KAUSALANALYSE

Ihr Unternehmen, die Koch-O-Vin GmbH, die ein umfangreiches Sortiment an Steingut-Töpfen im Hochpreissegment herstellt, plant, den Marketing- und Vertriebsbereich zu restrukturieren. In diesem Zusammenhang soll auch das Beschwerdemanagement opti-miert werden. Zu diesem Zweck sollen eine Reihe von Beschwerdeführern der letzten 12 Monate mit einem schriftlich auszufüllenden Fragebogen zum Handling ihrer Beschwer-de befragt werden.

Qualitative Interviews, die zur Vorbereitung der Untersuchung geführt wurden, haben ergeben, dass die Zufriedenheit mit dem Handling der Beschwerde insbesondere durch drei Faktoren beeinflusst wird: die bei der Beschwerde erlebte Freundlichkeit der Mitarbeiter, die Geschwindigkeit der Beschwerdebearbeitung sowie die empfundene Angemessenheit der Wiedergutmachung. Darüber hinaus zeigt sich, dass sich die Zufriedenheit mit dem Beschwerdehandling stark positiv auf das Wiederkaufverhalten der betroffenen Kunden auswirkt.

Sie entschließen sich, diese kausale Kette mit Hilfe der Kausalanalyse zu modellieren. Hierzu sind mehrere Schritte notwendig.

a) Identifizieren und benennen Sie die fünf im Modell enthaltenen latenten Variablen. Im Folgenden sind 12 Statements aus dem Fragebogen für die Beschwerdeführer wiedergegeben. Die Zustimmung zu diesen Statements wird mit Hilfe von Likert-Skalen abgefragt. Bitte ordnen Sie die Statements als Indikatorvariablen den verschiedenen Konstrukten zu.

1.	Meine Beschwerde wurde zügig bearbeitet.
2.	Insgesamt bin ich mit der Beschwerdebearbeitung bei Koch-O-Vin zufrieden.
3.	Ich plane, auch in Zukunft wieder Töpfe von Koch-O-Vin zu kaufen.
4.	Durch die Wiedergutmachung von Koch-O-Vin wurden mir entstandene Schäden ausgeglichen.
5.	Die Zusammenarbeit mit den Mitarbeitern der Beschwerdeabteilung war immer angenehm.
6.	Meine Ansprechpartner für die Beschwerde waren stets freundlich.
7.	Mein nächster Steingut-Topf wird wieder ein Produkt von Koch-O-Vin sein.
8.	Die Art und Weise, mit der Koch-O-Vin auf Beschwerden reagiert, ist vorbildlich.
9.	Auf eine endgültige Reaktion auf meine Beschwerde musste ich nicht lange warten.
10.	Das Auftreten der Mitarbeiter von Koch-O-Vin vermittelt das Gefühl, als Kunde König zu sein.
11.	Die Wiedergutmachung durch Koch-O-Vin war angemessen.
12.	Die Art der Wiedergutmachung durch Koch-O-Vin entsprach meinen Vorstellungen.

b) Bitte geben Sie die oben beschriebenen Zusammenhänge mit Hilfe eines Pfaddiagramms grafisch wieder. Lehnen Sie dabei die Nummerierung der Konstrukte an die Reihenfolge ihrer Nennung im Aufgabentext an. Berücksichtigen Sie die Ergebnisse aus Teilaufgabe a) bezüglich der Anzahl der Indikatoren pro Konstrukt bei der Darstellung der Messmodelle.

c) Stellen Sie das Modell in der üblichen Matrizenschreibweise dar.

d) Mit den Antworten aus dem Mailing an die Beschwerdeführer ließ sich ein Datensatz generieren. Bitte interpretieren Sie die Ergebnisse der folgenden Modellberechnung unter Zugrundelegung eines Signifikanzniveaus von 5%:

$\gamma_{11} = 0,27 \ (1,92); \ \gamma_{12} = 0,16 \ (1,58); \ \gamma_{13} = 0,38 \ (2,24); \ \beta_{21} = 0,64 \ (4,81).$

Hierbei beschreibt der jeweils erste Wert den Pfadkoeffizienten und der Wert in Klammern die t-Statistik.

e) Bitte berechnen Sie die Stärke des Effekts der Freundlichkeit der Beschwerdebehandlung auf das Wiederkaufverhalten.

7.2   Lösungshinweise

Lösungshinweise zur Aufgabe 7-1:
UNI- UND BIVARIATE VERFAHREN – ERMITTLUNG VON HÄUFIGKEITSVERTEILUNGEN UND
VERTEILUNGSPARAMETERN (GMM: Abschnitt 5.1; MM: Abschnitt 7.1)

a) **Ermittlung der Häufigkeitsverteilung** (gewöhnlich und kumuliert):

x_i	Absolute Häufigkeit h_i	Absolute Häufigkeit kumuliert H_i	Relative Häufigkeit f_i	Relative Häufigkeit kumuliert F_i
0	8	8	0,200	0,200
1	13	21	0,325	0,525
2	10	31	0,250	0,775
3	6	37	0,150	0,925
4	2	39	0,050	0,975
5	0	39	0,000	0,975
6	1	40	0,025	1,000
	40		1,000	

Ermittlung der Häufigkeitsverteilung (grafische Darstellung):

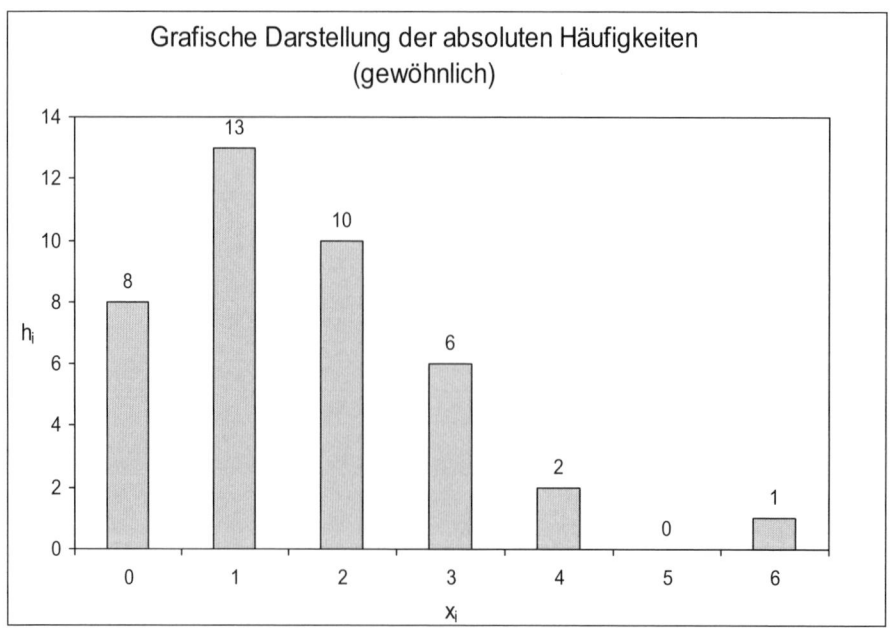

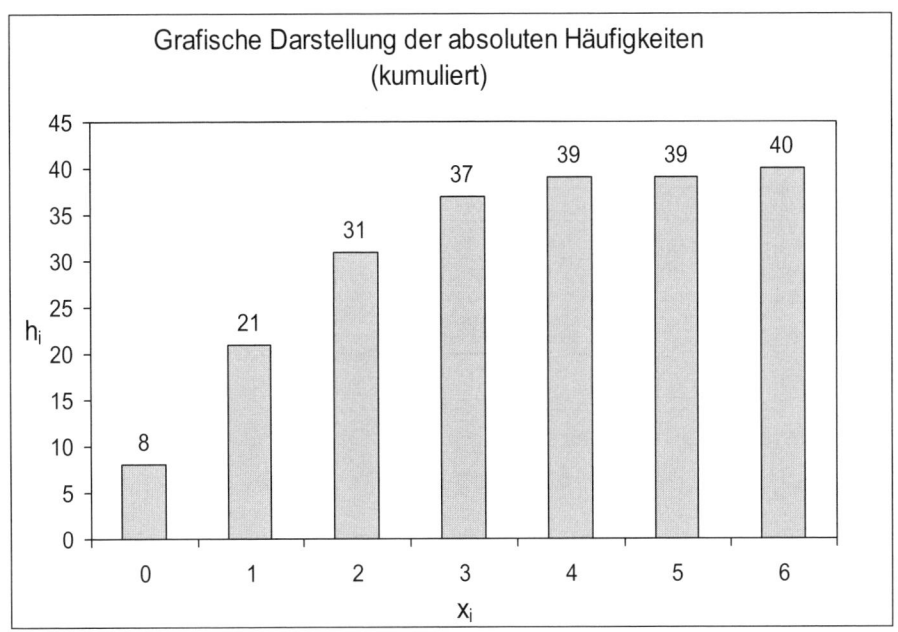

b) **Ermittlung der Verteilungsparameter:**

Arithmetisches Mittel:

$x = 1 / 40 \, (8 * 0 + 13 * 1 + 10 * 2 + 6 * 3 + 2 * 4 + 1 * 6)$

$\quad = 1 / 40 * 65$

$\quad = 1{,}625$ Kundenankünfte pro Zeitintervall

Modus (häufigster Wert):

$Mo = 1$ Kundenankunft pro Zeitintervall

Median:

$Me = \tfrac{1}{2} \, (x_{N/2} + x_{N/2\,+1})$

$\quad = \tfrac{1}{2} \, (x_{20} + x_{21})$

$\quad = \tfrac{1}{2} \, (1 + 1)$

$\quad = 1$

c) **Beschreibung der Häufigkeitsverteilung:**

Ausprägung (x_i)	Häufigkeit der Nennung (h_i)	Kumulierte Häufigkeit (H_i)
1	2	2
8	10	12
9	13	25

Arithmetisches Mittel:

$$\frac{\sum\limits_{i=1}^{k}(x_i * h_i)}{N} = \frac{1*2+8*10+9*13}{25} = \frac{199}{25} = 7{,}96$$

Median (ungerade Anzahl an Elementen ($N = 25$)):

$$Me = x_{(N+1)/2} = x_{13} = 9$$

Die Berechnung des Medians ist sinnvoller, da das arithmetische Mittel äußerst anfällig für Ausreißer ist.

Lösungshinweise zur Aufgabe 7-2:
UNI- UND BIVARIATE VERFAHREN – KORRELATIONSANALYSE UND BIVARIATE REGRESSIONSANALYSE (GMM: Abschnitt 5.1; MM: Abschnitt 7.1)

a) **Ermittlung des Korrelationskoeffizienten:**

$$r = \frac{\sum\limits_{i=1}^{n}(x_i - \bar{x})(y_i - \bar{y})}{\sqrt{\left(\sum\limits_{i=1}^{n}(x_i - \bar{x})^2\right)\left(\sum\limits_{i=1}^{n}(y_i - \bar{y})^2\right)}}$$

KuZu	KuBi	$(x_i - \bar{x})$	$(y_i - \bar{y})$	A*B	$(x_i - \bar{x})^2$	$(y_i - \bar{y})^2$
x_i	y_i	A	B			
2,80	3,75	-1,18	0,24	-0,28	1,39	0,06
5,00	4,00	1,02	0,49	0,50	1,04	0,24
3,60	2,50	-0,38	-1,01	0,39	0,14	1,03
5,00	4,25	1,02	0,74	0,75	1,04	0,54
3,80	3,75	-0,18	0,24	-0,04	0,03	0,06
5,00	4,63	1,02	1,12	1,14	1,04	1,25
4,60	3,75	0,62	0,24	0,15	0,38	0,06
5,00	4,88	1,02	1,37	1,39	1,04	1,87
2,20	1,75	-1,78	-1,76	3,14	3,17	3,11
2,80	3,00	-1,18	-0,51	0,61	1,39	0,26
4,40	2,50	0,42	-1,01	-0,43	0,18	1,03
3,60	3,88	-0,38	0,37	-0,14	0,14	0,13
4,00	4,00	0,02	0,49	0,01	0,00	0,24
4,40	3,88	0,42	0,37	0,15	0,18	0,13
4,00	3,88	0,02	0,37	0,01	0,00	0,13
5,00	4,50	1,02	0,99	1,01	1,04	0,97
4,00	3,50	0,02	-0,01	0,00	0,00	0,00
2,80	3,13	-1,18	-0,38	0,45	1,39	0,15
2,60	2,00	-1,38	-1,51	2,09	1,90	2,29
5,00	2,75	1,02	-0,76	-0,78	1,04	0,58
Summe	**79,60**	**70,28**			**10,11**	**16,55**	**14,12**
Mittel-wert	**3,98**	**3,51**					

r = 0,66135525 ≈ 0,66

b) **Schätzfunktion der linearen Regressionsanalyse:**

x_i	y_i	$x_i * y_i$	x_i^2
2,80	3,75	10,50	7,84
5,00	4,00	20,00	25,00
3,60	2,50	9,00	12,96
5,00	4,25	21,25	25,00
3,80	3,75	14,25	14,44
5,00	4,63	23,15	25,00
4,60	3,75	17,25	21,16
5,00	4,88	24,40	25,00
2,20	1,75	3,85	4,84
2,80	3,00	8,40	7,84
4,40	2,50	11,00	19,36
3,60	3,88	13,97	12,96
4,00	4,00	16,00	16,00
4,40	3,88	17,07	19,36
4,00	3,88	15,52	16,00
5,00	4,50	22,50	25,00
4,00	3,50	14,00	16,00
2,80	3,13	8,76	7,84
2,60	2,00	5,20	6,76
5,00	2,75	13,75	25,00
Summe **79,60**	**70,28**	**289,82**	**333,36**
Mittelwert **3,98**	**3,51**		

$$b = \frac{n\sum_{i=1}^{n}\left(x_i y_i\right) - (\sum_{i=1}^{n}x_i)(\sum_{i=1}^{n}y_i)}{n(\sum_{i=1}^{n}x_i^2) - (\sum_{i=1}^{n}x_i)^2} = \frac{20 \cdot 289,82 - 79,60 \cdot 70,28}{20 \cdot 333,36 - 79,60^2}$$

$$= \frac{5796,4 - 5594,288}{6667,2 - 6336,16} = \frac{202,112}{331,04} = 0,610536491 \approx 0,61$$

$$a = \bar{y} - b\bar{x} = 3,51 - 0,61 \cdot 3,98 = 1,08$$

$$y = 1,08 + 0,61 \cdot x$$

c) **Ermittlung des Bestimmtheitsmaßes:**

$\hat{y}_i$	$(\hat{y}_i - \overline{y})^2$	$(y_i - \overline{y})^2$
2,79	0,52	0,06
4,14	0,39	0,24
3,28	0,05	1,03
4,14	0,39	0,54
3,40	0,01	0,06
4,14	0,39	1,25
3,89	0,14	0,06
4,14	0,39	1,87
2,43	1,18	3,11
2,79	0,52	0,26
3,77	0,07	1,03
3,28	0,05	0,13
3,53	0,00	0,24
3,77	0,07	0,13
3,53	0,00	0,13
4,14	0,39	0,97
3,53	0,00	0,00
2,79	0,52	0,15
2,67	0,71	2,29
4,14	0,39	0,58
Summe **49,70**	**6,17**	**14,12**

$$r^2 = \frac{\sum\limits_{i=1}^{n}(\hat{y}_i - \overline{y})^2}{\sum\limits_{i=1}^{n}(y_i - \overline{y})^2} = \frac{6,17}{14,12} = 0,44$$

Lösungshinweise zur Aufgabe 7-3:
UNI- UND BIVARIATE VERFAHREN – BIVARIATE REGRESSIONSANALYSE
(GMM: Abschnitt 5.1; MM: Abschnitt 7.1)

a) **Schätzfunktion der linearen Regressionsanalyse:**

Person	1	2	3	4	5	Summe	Mittelwert
Kundenzufriedenheit x_i	2	4	9	6	8	**29**	**5,8**
Wiederkaufwahrschein-lichkeit y_i	3	5	8	5	9	**30**	**6,0**
$x_i * y_i$	6	20	72	30	72	**200**	-
x_i^2	4	16	81	36	64	**201**	-

$b = 5 * 200 - 29 * 30 / 5 * 201 - (29)\,2 = 130 / 164 = 0{,}79$

$a = 6 - 0{,}79 * 5{,}8 = 1{,}418$

$y = 1{,}418 + 0{,}79\,x$

b) Das entsprechende Gütemaß ist das **Bestimmtheitsmaß r^2**:

$$r^2 = \frac{\sum\limits_{i=1}^{n} (\hat{y}_i - \overline{y})^2}{\sum\limits_{i=1}^{n} (y_i - \overline{y})^2} = \frac{\text{Erklärte Streuung}}{\text{Gesamtstreuung}}$$

Person	1	2	3	4	5	Σ
Kundenzufriedenheit x_i	2	4	9	6	8	**29**
Wiederkaufwahr-scheinlichkeit y_i	3	5	8	5	9	**30**
$\hat{y}_i$	2,998	4,578	8,528	6,158	7,738	
$(\hat{y}_i - \overline{y})^2$	9,012	2,022	6,391	0,025	3,021	**20,47**
$(y_i - \overline{y})^2$	9	1	4	1	9	**24**

$r^2 = 20{,}47 / 24 = 0{,}853$

Folglich werden 85,3% der Varianz in der Wiederkaufswahrscheinlichkeit durch die Kundenzufriedenheit erklärt.

Lösungshinweise zur Aufgabe 7-4:
UNI- UND BIVARIATE VERFAHREN – MITTELWERTTEST
(GMM: Abschnitt 5.1; MM: Abschnitt 7.1)

a) Gemäß der Aufgabenstellung ergibt sich folgende Nullhypothese: H_0: $\mu = 0{,}5$. Daraus leitet sich die Gegenhypothese H_1: $\mu \neq 0{,}5$ ab.

Die t-Tabelle ergibt als Grenzwert bei 19 Freiheitsgraden (n-1) und einem Signifikanzniveau von 0,1 einen Wert von 1,645. Für den Mittelwerttest muss nun die **Prüfgröße t** berechnet werden:

$$t = \frac{\overline{x} - \mu_0}{s} \cdot \sqrt{n} = \frac{0{,}7915 - 0{,}5}{0{,}8996} \cdot \sqrt{20} = 1{,}4491$$

Da $t < 1{,}645$, kann die Nullhypothese nicht abgelehnt werden. Somit kann anhand der Daten nicht davon ausgegangen werden, dass die „Outperformer" eine überdurchschnittliche MMS-Nutzung aufweisen.

b) Im Allgemeinen wird ein **zweiseitiger Test** gewählt, wenn eine Abweichung vom hypothetischen Mittelwert aufgrund von theoretischen bzw. logisch-analytischen Überlegungen grundsätzlich sowohl nach oben als auch nach unten möglich wäre. In diesem Fall ist eine unterdurchschnittliche MMS-Nutzung durch die „Outperformer" nicht gänzlich unplausibel und kann nicht im Vorhinein ausgeschlossen werden. Daher ist es hier angebracht, einen zweiseitigen Signifikanztest durchzuführen.

Übrigens: Die Entscheidung zwischen einem ein- und zweiseitigen Test erhält hier zusätzliche Brisanz durch die Tatsache, dass ein einseitiger Test zu einem anderen Ergebnis führt als ein zweiseitiger Test.

Lösungshinweise zur Aufgabe 7-5:
UNI- UND BIVARIATE VERFAHREN – χ^2-UNABHÄNGIGKEITSTEST
(GMM: Abschnitt 5.2; MM: Abschnitt 7.1)

Gemäß der Aufgabenstellung ergibt sich folgende Nullhypothese: H_0: Zwischen Branchenzugehörigkeit und bevorzugtem Wagentyp besteht kein Zusammenhang. Daraus leitet sich die folgende Gegenhypothese ab: H_1: Die Merkmale Branchenzugehörigkeit des Kunden und bevorzugter Wagentyp sind nicht unabhängig voneinander.

Die Nullhypothese kann mit folgender **Prüfgröße** überprüft werden: $\chi^2 = \sum_{i=1}^{k} \frac{(h_i - n \cdot p_i)^2}{n \cdot p_i}$

Hierzu sollte zuerst die **theoretische Häufigkeitsverteilung** ermittelt werden:

	Kleinwagen	Untere Mittelklasse	Obere Mittelklasse	Luxus	Summe
Maschinenbau	37	70	69,3	23,7	200
Consulting	18,5	35	34,7	11,8	100
Pharma	55,5	105	104	35,5	300
Summe	111	210	208	71	600

Auf dieser Grundlage kann die **Testgröße** χ^2 berechnet werden als:

$$\chi^2 = [(13 - 37)^2/37] + [(76 - 70)^2/70] + \ldots + [(34 - 35,5)^2/35,5] = 113,67$$

Bei 2 * 3 = 6 Freiheitsgraden liegt dieser Wert deutlich über dem 0,95- Quantil der χ^2-Verteilung (12,59), der aus der Tabelle auf Seite 336 bei Homburg/Krohmer (2009) abgelesen werden kann. Die Nullhypothese muss abgelehnt werden, zwischen Branchenzugehörigkeit und Wagentyp besteht ein Zusammenhang.

a) Hier sollte eine **Conjoint-Analyse** zum Einsatz kommen. Sie erlaubt es, den Kundennutzen von neuen Serviceleistungen zu ermitteln und die Preisbereitschaft hierfür abzuschätzen.

b) Bei der Ermittlung einer Markenpositionierung geht es nicht um die Untersuchung gerichteter Abhängigkeiten; d.h. es sollte ein Verfahren der Interdependenzanalyse zum Einsatz kommen. Für eine Positionierungsanalyse bietet sich hier das Verfahren der **multidimensionalen Skalierung** an.

c) Auch hier geht es um eine interdependenzanalytische Fragestellung. Richtungshypothesen bezüglich Segmentähnlichkeiten gibt es nicht. Die **Clusteranalyse** ist ein Verfahren, mit dem die Datensatzkomplexität durch die Zusammenfassung von Objekten zu Gruppen (Clustern) reduziert werden kann. Dabei werden, wie vom Energieversorgungsunternehmen gewünscht, die Unterschiede zwischen den Gruppen maximiert, während Unterschiede innerhalb der Gruppen minimiert werden.

d) In diesem Fall geht es um eine dependenzanalytische Fragestellung. Es soll die Abhängigkeit der Gruppenzugehörigkeit von verschiedenen Faktoren ermittelt werden. Im Gegensatz zu den unabhängigen Variablen ist die abhängige Variable hier nicht metrisch skaliert. Hier ist es sinnvoll, eine **multiple Diskriminanzanalyse** einzusetzen. Ihr Anliegen ist es, Objekte Gruppen zuzuordnen.

e) In diesem Fall geht es um eine dependenzanalytische Fragestellung. Abhängige Variable ist die (quasi-)metrisch skalierte Kundenzufriedenheit, unabhängige Variable ist die nominal skalierte Variable Kundensegmente. Für solche Zusammenhänge ist die **Varianzanalyse** das geeignete Verfahren. Mit ihr kann untersucht werden, ob im Hinblick auf abhängige Variablen zwischen verschiedenen Gruppen signifikante Unterschiede bestehen.

f) Auch hier liegt eine dependenzanalytische Fragestellung vor. Abhängige Variable ist hier die (quasi-)metrisch skalierte Gesamtzufriedenheit, unabhängige Variable sind ebenfalls (quasi-)metrisch skalierte Zufriedenheitswerte für die verschiedenen Leistungsparameter. Die Wichtigkeit der verschiedenen Leistungsparameter kann daher gut über eine **multiple Regressionsanalyse** bestimmt werden.

g) Die **Conjoint-Analyse** erlaubt es, auf individueller Ebene den Teilnutzen für bestimmte Aspekte eines Produkts zu ermitteln. Auf Grundlage dieser Teilnutzenwerte können im Rahmen des additiven Nutzenmodells, das der Conjoint-Analyse zugrunde liegt, für verschiedene Leistungsbündel Gesamtnutzenwerte berechnet werden. Je nach zugrunde gelegtem Verhaltensmodell können auf dieser Grundlage Marktanteile und Kannibalisierungseffekte geschätzt werden.

h) In diesem Fall liegt eine interdependenzanalytische Fragestellung vor. Es werden keine gerichteten Zusammenhänge untersucht. Im Rahmen der interdependenzanalytischen Verfahren bietet sich hier die **exploratorische Faktorenanalyse** an, mit deren Hilfe eine größere Zahl von Variablen auf wenige grundlegende Faktoren reduziert werden kann.

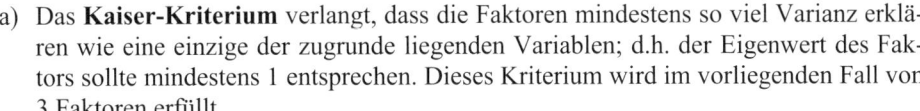

Lösungshinweise zur Aufgabe 7-7:
MULTIVARIATE VERFAHREN – FAKTORENANALYSE
(GMM: Abschnitt 5.2; MM: Abschnitt 7.2)

a) Das **Kaiser-Kriterium** verlangt, dass die Faktoren mindestens so viel Varianz erklären wie eine einzige der zugrunde liegenden Variablen; d.h. der Eigenwert des Faktors sollte mindestens 1 entsprechen. Dieses Kriterium wird im vorliegenden Fall von 3 Faktoren erfüllt.

Die kumulierte Varianz der ersten 3 Faktoren beträgt 60,95%, d.h. 39,05% der ursprünglich in den Variablen enthaltenen Information geht dadurch verloren.

b) Zur Zuordnung der 11 Variablen zu den drei Faktoren ist unbedingt die **rotierte Komponentenmatrix** heranzuziehen. Eine Variable wird in der Regel dem Faktor zugeordnet, bei dem sie die höchste Ladung hat. Im vorliegenden Fall ergibt sich folgende Zuordnung:

Faktor 1	Faktor 2	Faktor 3	Kein Faktor
Publikum	Länge der Öffnungszeiten	Preisgünstigkeit	Möglichkeiten der Kinderbetreuung (Kein Faktor, da Werte zu gering)
Freundlichkeit des Verkaufspersonals	Verfügbarkeit von Parkplätzen	Vielfalt des Produktangebots	
Besondere Events	Nähe zur Wohnung	Interessante Nachbargeschäfte	
Flair/Atmosphäre			

c) Faktor 1 spiegelt Elemente wieder, die auf die „Atmosphäre" im Baumarkt abzielen. Faktor 2 entspricht der „Convenience" und Faktor 3 bezieht sich auf das „Angebot". Möglichkeiten zur Kinderbetreuung lassen sich keinem Faktor zuordnen. Dies ist vermutlich darauf zurückzuführen, dass diese Option nur für einen kleinen Teil der Befragten relevant ist.

Lösungshinweise zur Aufgabe 7-8:
MULTIVARIATE VERFAHREN – CLUSTERANALYSE
(GMM: Abschnitt 5.2; MM: Abschnitt 7.2)

a) Ausgangspunkt ist die **Distanzmatrix** aller Teilnehmer. Hierzu werden 28 **quadrierte euklidische Distanzen** mit folgender Formel berechnet:

$$D(A, B) = \sum_{i=1}^{p} \left| x_{Ai} - x_{Bi} \right|^2$$

	A	B	C	D	E	F	G	H
A								
B	30							
C	9	13						
D	42	18	39					
E	33	9	28	3				
F	27	3	18	15	6			
G	10	26	7	38	35	31		
H	44	22	43	2	7	17	38	

Zuerst werden die Teilnehmer D und H zu einer Gruppe verschmolzen (Distanz 2). Es ergibt sich eine neue Distanzmatrix. Gemäß dem Complete-Linkage-Verfahren wird für die Gruppe dabei stets die maximale Distanz zweier Objekte aus verschiedenen Objektmengen verwendet. So ergibt sich die neue Distanz der Gruppe D, H mit A aus max (D(A, D); D(A, H)) = max (42; 44) = 44.

	A	B	C	D, H	E	F	G
A							
B	30						
C	9	13					
D, H	44	22	43				
E	33	9	28	7			
F	27	3	18	17	6		
G	10	26	7	38	35	31	

Nun werden die Teilnehmer B und F zu einer Gruppe verschmolzen. In der Konsequenz ergibt sich eine neue Distanzmatrix:

	A	B, F	C	D, H	E	G
A						
B, F	30					
C	9	18				
D, H	44	22	43			
E	33	9	28	7		
G	10	31	7	38	35	

Im nächsten Schritt können gleich zwei Verschmelzungen vorgenommen werden. E kann in die Gruppe D, H integriert werden und C und G formen eine neue Gruppe. Als neue Distanzmatrix ergibt sich:

	A	B, F	C, G	D, E, H
A				
B, F	30			
C, G	⟨10⟩	31		
D, E, H	44	22	43	

Nun wird A der Gruppe C, G zugeordnet.

Die neue Distanzmatrix sieht wie folgt aus:

	A, C, G	B, F	D, E, H
A, C, G			
B, F	31		
D, E, H	44	⟨22⟩	

Nun werden die Gruppe D, E, H und B, F zusammengefasst.

	A, C, G	B, D, E, F, H
A, C, G		
B, D, E, F, H	44	

Das **Dendrogramm** sieht dann folgendermaßen aus:

Verschmel-zungsschritt	Distanz
6	44
5	22
4	10
3	7
2	3
1	2

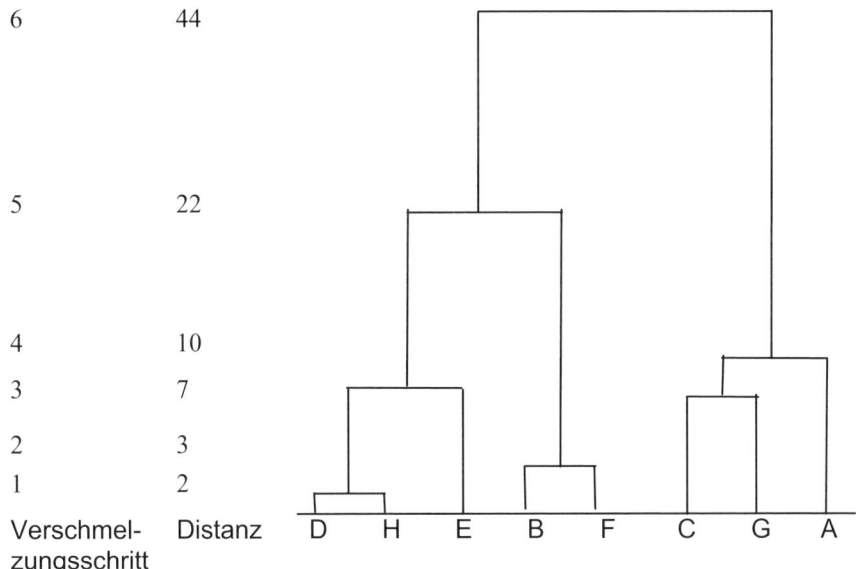

D   H   E   B   F   C   G   A

b) **Anwendung des Ellenbogenkriteriums:**

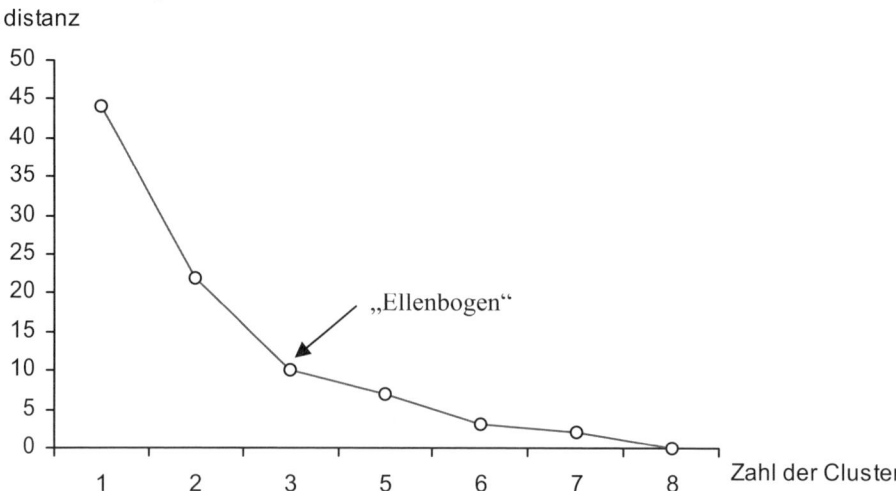

Bei Verwendung des Ellenbogenkriteriums ergibt sich eine optimale Zahl von 3 Clustern.

c) Zur Lösung der Teilaufgabe sollten zunächst die **Mittelwerte der Kriterien pro Cluster** ausgerechnet werden. Sie ergeben sich wie folgt:

	Preisbereitschaft	**PC-Wissen**	**Spielenutzung**	**Büronutzung**
A, C, G	2,0	5,7	5,0	3,0
B, F	4,5	2,5	3	3,5
D, E, H	4,7	3,7	2,0	6,7

Für die Clusternamen gibt es keine eindeutige Lösung. Sie sollten möglichst bündig die Kerneigenschaften der Gruppe zusammenfassen. Mögliche Namen könnten z.B. sein:

- Für den Cluster A, C, G: „Spiele-Freaks" (hohe Präferenz für Spiele und hohes PC-Wissen)

- Für den Cluster B, F: „Gelegenheitsanwender" (wenig PC-Wissen, gleichstarkes, mittleres Interesse an Spielen und Büroanwendungen)

- Für den Cluster D, E, H: „Erfahrene Büroanwender" (mittleres PC-Wissen, hohes Interesse an Büroanwendungen)

d) Bei Anwendung der **City-Block-Distanz** ergibt sich folgende **Ausgangsdistanz- matrix**:

	A	B	C	D	E	F	G	H
A								
B	10							
C	5	7						
D	12	6	11					
E	11	3	10	3				
F	9	3	8	7	4			
G	6	8	5	12	11	9		
H	12	8	11	2	5	7	12	

Ähnlich wie bei der Euklidischen Distanz werden zuerst D und H zu einer Gruppe zusammengefügt. Es ergibt sich eine neue Distanzmatrix:

	A	B	C	D, H	E	F	G
A							
B	10						
C	5	7					
D, H	12	8	11				
E	11	3	10	5			
F	9	3	8	7	4		
G	6	8	5	12	11	9	

Fortsetzung von c) Im nächsten Schritt werden nun B, E und F zu einer Gruppe zu- sammengefasst:

	A	B, E, F	C	D, H	G
A					
B, E, F	11				
C	5	10			
D, H	12	8	11		
G	6	11	5	12	

Nun können A, C und G miteinander verschmolzen werden. Als neue Distanzmatrix ergibt sich:

	A, C, G	B, E, F	D, H
A, C, G			
B, E, F	11		
D, H	12	8	

Abschließend lassen sich B, E, F und D, H zu einer Gruppe zusammenfassen:

	A, C, G	B, D, E, F, H
A, C, G		
B, D, E, F, H		12

Bei Anwendung der City-Block-Distanz ergibt sich dann folgendes **Dendrogramm**:

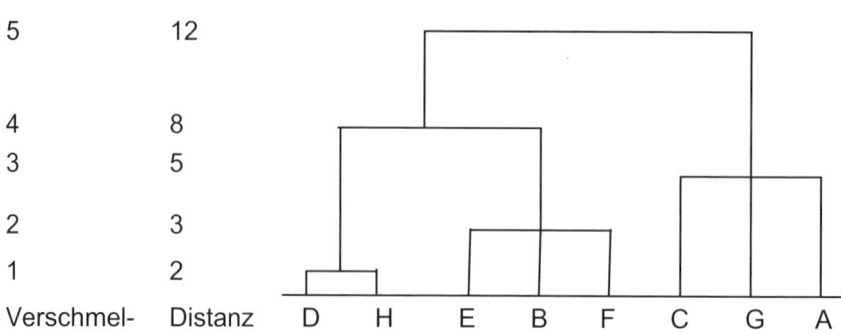

5	12
4	8
3	5
2	3
1	2
Verschmel-zungsschritt	Distanz

D   H   E   B   F   C   G   A

Aufgrund des veränderten Distanzmaßes ergibt sich eine andere Drei-Clusterlösung. Das quadrierte Euklidische Distanzmaß gewichtet bei der Berechnung der Gesamtdistanz zwischen zwei Teilnehmern große Unterschiede stärker als kleine Unterschiede. Daher wird E zuerst D und H zugeordnet. Hier ergeben sich zwar im Hinblick auf fast alle Kriterien kleine, nirgendwo jedoch große Unterschiede. Dahingegen sind sich B und E komplett ähnlich bis auf eine deutliche Abweichung bei der Nutzung von Büroanwendungen. Da beim City-Block Distanzmaß die große Abweichung weniger stark gewichtet wird, wird E hier zuerst B zugeordnet.

Hier ist vermutlich eine Anwendung des quadrierten Euklidischen Distanzmaßes sinnvoller. Die Bewertungen beruhen auf Beobachtungen. Während kleine Bewertungsunterschiede durchaus auf Wahrnehmungsfehler beruhen könnten, ist es wahrscheinlich, dass die Wahrnehmung von großen Unterschieden auch auf tatsächliche Unterschiede zwischen den Befragten zurückzuführen ist. Daher scheint eine stärkere Gewichtung großer Unterschiede angebracht.

e) Die Kriterien zur Beurteilung der Güte von Marktsegmentierungen können zur **Beurteilung der gefundenen Clusterlösung** herangezogen werden:

Verhaltensrelevanz	Erfüllt. Unterschiede in der Preisbereitschaft und in den benötigten PC-Komponenten.
Ansprechbarkeit	Erfüllt. Die verschiedenen Gruppen werden sich vermutlich in unterschiedlichen Medien informieren (z.B. eher technische oder spielelastige Zeitschriften für die Freaks) und vermutlich auch unterschiedliche Vertriebskanäle nutzen.
Trennschärfe	Grundsätzlich erfüllt, teilweise deutliche Unterschiede zwischen den Clustern. Allerdings: City-Block-Analyse zeigt, dass Segmentzugehörigkeit teilweise auch von der gewählten Methode abhängt.
Messbarkeit	Erfüllt. Alle Kriterien lassen sich grundsätzlich messen (z.B. über eine Conjoint-Analyse).
Zeitliche Stabilität	Unsicher, kein Urteil möglich.
Wirtschaftlichkeit	Kein Urteil möglich, da tatsächliche Größe der Segmente unbekannt.

Lösungshinweise zur Aufgabe 7-9:
MULTIVARIATE VERFAHREN – MULTIPLE REGRESSIONSANALYSE
(GMM: Abschnitt 5.2; MM: Abschnitt 7.2)

a) Der Varianzerklärungsanteil kann mit Hilfe der quadrierten bivariaten Korrelationen bezogen auf ein bivariates, lineares Regressionsmodell berechnet werden. So lässt sich der Anteil individuell erklärter Varianz der abhängigen Variable durch einfaches Quadrieren des Korrelationskoeffizienten ermitteln. Es ergeben sich folgende Werte:

Variable	Korrelation mit der Anzahl der Transaktionen	Anteil der durch die Variable erklärten Varianz
Kenntnis weiterer Internetbuchhändler	-0,402	16,16%
Anzahl der Beschwerden im Vorjahr	-0,348	12,11%
Alter	-0,020	0,00%
Im Vorjahr ausgegebener Betrag	0,566	32,04%

b) Formal lässt sich das **Regressionsmodell** wie folgt ausdrücken:

$$y = a + b_1 \cdot x_1 + b_2 \cdot x_2 + b_3 \cdot x_3 + b_4 \cdot x_4 + e$$

Dabei entsprechen die vier x-Variablen den vier unabhängigen Variablen (d.h. Kenntnis anderer Internetbuchhändler, Beschwerdeverhalten, Alter und im Vorjahr ausgegebener Betrag).

c) Das **Bestimmtheitsmaß** beträgt 0,457, d.h. die unabhängigen Variablen erklären 45,7% der Varianz der abhängigen Variablen. Das heißt, über die berücksichtigten Variablen hinaus muss es weitere wichtige Determinanten der Zahl der Transaktionen geben.

Mit den Ergebnissen des **F-Tests** aus der ANOVA-Tabelle kann überprüft werden, ob zwischen der Gesamtheit der unabhängigen Variablen und der abhängigen Variable ein signifikanter Zusammenhang besteht. In diesem Fall ist dieser Zusammenhang hochgradig signifikant (Sicherheitsniveau von mindestens 99,9%).

d) Bei einem Signifikanzniveau von 5% zeigen die Informationen zur **Signifikanz der Effekte**, dass drei der vier unabhängigen Variablen einen signifikanten Einfluss auf die abhängige Variable haben; lediglich das Alter beeinflusst die Anzahl der Transaktionen nicht.

Von der Kenntnis anderer Internetbuchhändler geht ein negativer Effekt aus, d.h. offenbar tätigen Menschen, die weniger Alternativen kennen, signifikant mehr Transaktionen mit Nettbooks. Der im Vorjahr bei Nettbooks ausgegebene Betrag hat einen deutlich positiven Einfluss. Je mehr sich die Kunden beschwert haben, desto weniger Transaktionen haben sie getätigt.

Zur **Beurteilung der Effektgröße** sollten die Beta-Koeffizienten herangezogen werden. Der Effekt des im Vorjahr ausgegebenen Betrags ist etwa doppelt so groß wie die beiden anderen Effekte.

e) Die Summe der in Teilaufgabe a) errechneten Varianzerklärungsanteile beträgt 34,8% und liegt deutlich über den 28,4% des gesamten Regressionsmodells. Eine mögliche Ursache dieses Effekts ist die Tatsache, dass die unabhängigen Variablen untereinander korreliert sind wie auch aus der Korrelationstabelle in der Aufgabe deutlich wird. Die unabhängigen Variablen teilen also einen Teil ihrer Varianz. Der Einfluss der solchermaßen geteilten Varianz auf die abhängige Variable fließt bei einem Aufsummieren der individuellen, bivariaten Varianzerklärungsanteile mehrfach ein, wird aber bei dem multiplen Regressionsmodell nur einmal berücksichtigt.

Lösungshinweise zur Aufgabe 7-10:
MULTIVARIATE VERFAHREN – KAUSALANALYSE
(MM: Abschnitt 7.2)

a) Das Modell enthält drei exogene latente Variablen: Freundlichkeit der Mitarbeiter, Geschwindigkeit der Beschwerdebehandlung und Angemessenheit der Wiedergutmachung. Hinzu kommen zwei endogene latente Variablen: Zufriedenheit mit der Beschwerdebehandlung und das Wiederkaufverhalten.

Den fünf Konstrukten lassen sich die folgenden Statements zuordnen:

- Freundlichkeit der Mitarbeiter: 5, 6, 10

- Geschwindigkeit der Beschwerdebehandlung: 1, 9

- Angemessenheit der Wiedergutmachung: 4, 11, 12

- Zufriedenheit mit der Beschwerdebehandlung: 2, 8

- Wiederkaufverhalten: 3, 7

b) Darstellung der beschriebenen Zusammenhänge mit Hilfe eines **Pfaddiagramms**:

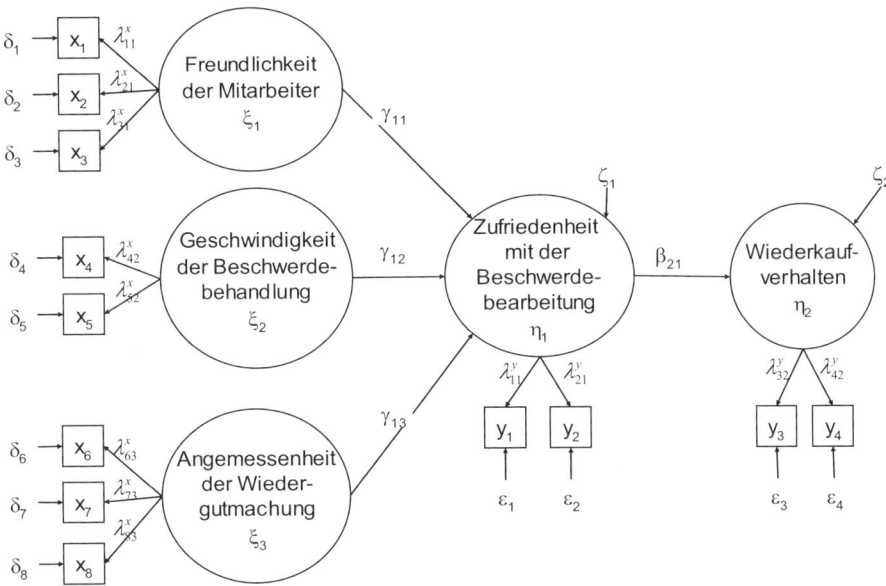

c) Für das **Strukturmodell** ergibt sich:

$$\begin{pmatrix} \eta_1 \\ \eta_2 \end{pmatrix} = \begin{pmatrix} 0 & 0 \\ \beta_{21} & 0 \end{pmatrix}\begin{pmatrix} \eta_1 \\ \eta_2 \end{pmatrix} + \begin{pmatrix} \gamma_{11} & \gamma_{12} & \gamma_{13} \\ 0 & 0 & 0 \end{pmatrix}\begin{pmatrix} \xi_1 \\ \xi_2 \\ \xi_3 \end{pmatrix} + \begin{pmatrix} \zeta_1 \\ \zeta_2 \end{pmatrix}$$

Für das **Messmodell** ergeben sich die folgenden beiden Gleichungssysteme:

$$
\begin{pmatrix} y_1 \\ y_2 \\ y_3 \\ y_4 \end{pmatrix} =
\begin{pmatrix} \lambda_{11}^{y} & 0 \\ \lambda_{21}^{y} & 0 \\ 0 & \lambda_{32}^{y} \\ 0 & \lambda_{34}^{y} \end{pmatrix}
\begin{pmatrix} \eta_1 \\ \eta_2 \end{pmatrix} +
\begin{pmatrix} \varepsilon_1 \\ \varepsilon_2 \\ \varepsilon_3 \\ \varepsilon_4 \end{pmatrix}
\qquad
\begin{pmatrix} x_1 \\ x_2 \\ x_3 \\ x_4 \\ x_5 \\ x_6 \\ x_7 \\ x_8 \end{pmatrix} =
\begin{pmatrix}
\lambda_{11}^{x} & 0 & 0 \\
\lambda_{21}^{x} & 0 & 0 \\
\lambda_{31}^{x} & 0 & 0 \\
0 & \lambda_{42}^{x} & 0 \\
0 & \lambda_{52}^{x} & 0 \\
0 & 0 & \lambda_{63}^{x} \\
0 & 0 & \lambda_{73}^{x} \\
0 & 0 & \lambda_{83}^{x}
\end{pmatrix}
\begin{pmatrix} \xi_1 \\ \xi_2 \\ \xi_3 \end{pmatrix} +
\begin{pmatrix} \delta_1 \\ \delta_2 \\ \delta_3 \\ \delta_4 \\ \delta_5 \\ \delta_6 \\ \delta_7 \\ \delta_8 \end{pmatrix}
$$

d) Mit Ausnahme des Zusammenhangs zwischen Geschwindigkeit der Beschwerdebehandlung und Beschwerdezufriedenheit sind **alle Effekte positiv und signifikant**.
Deutlich wird die wichtige Rolle der Wiedergutmachung im Hinblick auf die Beschwerdezufriedenheit.

e) Die **Stärke des indirekten Effekts** ergibt sich aus der Multiplikation der Pfadkoeffizienten: $E_{ff} = \gamma_{11} * \beta_{21} = 0{,}27 * 0{,}64 = 0{,}1728$.

8. Grundlagen des strategischen Marketing

8.1   **Aufgaben**..**94**

Aufgabe 8-1: Grundlagen der strategischen Erfolgsfaktorenforschung –
PIMS-Projekt...94

Aufgabe 8-2: Grundlagen der strategischen Erfolgsfaktorenforschung –
Erfahrungskurvenmodell...95

Aufgabe 8-3: Grundlagen der strategischen Erfolgsfaktorenforschung –
Lebenszyklusmodell...96

8.2   **Lösungshinweise**...**98**

Lösungshinweise zur Aufgabe 8-1...98

Lösungshinweise zur Aufgabe 8-2...99

Lösungshinweise zur Aufgabe 8-3..100

8.1   Aufgaben

Aufgabe 8-1:
GRUNDLAGEN DER STRATEGISCHEN ERFOLGSFAKTORENFORSCHUNG – PIMS-PROJEKT

Die PIMS Corporation möchte die Managementqualität einer seiner strategischen Geschäftseinheiten (SGEs) bewerten. Dazu soll der erzielte Return on Investment (ROI) der betreffenden SGE mit dem in einem ParROI-Modell, einem Teilmodell des PIMS-Projekts, ermittelten ROI verglichen werden. Das ParROI-Modell ermittelt unter einer Vielzahl relevanter Unternehmenskennzahlen (Marktanteil, Produktqualität etc.) den „normalen" („par") bzw. erwarteten ROI-Wert einer SGE. Die Profitabilität einer strategischen Geschäfteinheit kann dabei durch folgende Regressionsgleichung erklärt werden:

$$ROI_i = \sum_{i=1}^{n} b_i x_i$$

b_i = geschätzte Regressionskoeffizienten des Regressionsmodells

x_i = erklärende (unabhängige) Größen/Erfolgsfaktoren

i = Zählindex

n = Anzahl der unabhängigen Variablen

Im vorliegenden Fall können zwei Erfolgsfaktoren, der relative Marktanteil und die relative (wahrgenommene) Produktqualität, zur Erklärung des ROI herangezogen werden. Das ParROI-Modell legt für die SGE der PIMS Corporation folgende Regressionsgleichung zu Grunde, die die Beziehungen zwischen den drei Größen ROI, relativer Marktanteil und relativer (wahrgenommener) Produktqualität darstellt:

ROI = 0,2 * relativer Marktanteil + 0,1 * relative Produktqualität

Ein Konsumgüterhersteller - die PIMS Corporation - hat derzeit einen Marktanteil von 20%. Der Marktanteil der drei größten Wettbewerber beträgt 50%. Die relative Produktqualität des Unternehmens beträgt 3,85 (Durchschnittswert einer Befragung). Die relative Produktqualität wurde im Rahmen einer Befragung von 25 Kunden auf einer Skala von 1-5 erfasst. Dabei steht 1 für eine im Vergleich zum Wettbewerb wesentlich schlechtere relative Produktqualität, 3 für eine in etwa gleiche relative Produktqualität und 5 für eine wesentlich bessere relative Produktqualität (siehe Tabelle):

Skala zur Bewertung der relativen Produktqualität	1	2	3	4	5
	Wesentlich schlechter		In etwa gleich		Wesentlich besser
Transformation der Produktqualität	-1		0		1

a) Ermitteln Sie für die PIMS Corporation den zu erwartenden ROI. Denken Sie daran, den für die relative (wahrgenommene) Produktqualität gemessenen Wert in einen entsprechenden Wert, der zwischen den beiden Extremwerten von -1 (relative Produktqualität wesentlich schlechter) und 1 (relative Produktqualität wesentlich besser) liegt, linear zu transformieren.

b) Der tatsächliche ROI des Unternehmens liegt bei 0,10, d.h. bei 10%. Welche Erklärung haben Sie für die Differenz zwischen dem erwarteten ROI, den Sie auf Basis des ParROI-Modells ermittelt haben und dem tatsächlichen ROI von 10%?

c) Der PIMS Corporation gelingt es, den Marktanteil um 5 Prozentpunkte zu steigern, indem es einem der drei Hauptwettbewerber 5 Prozentpunkte Marktanteil abnimmt. Um wie viel Prozent verändert sich der erwartete ROI, wenn ansonsten alle anderen Parameter unverändert bleiben?

Aufgabe 8-2:
GRUNDLAGEN DER STRATEGISCHEN ERFOLGSFAKTORENFORSCHUNG – ERFAHRUNGS-
KURVENMODELL

Ein Gebrauchsgüterhersteller überlegt, den Preis für ein im Jahr 1 eingeführtes Produkt zu ändern. Hierbei muss aber die derzeitige Kostensituation beachtet werden. Die Entwicklung der jährlichen Stückzahl sowie die der Stückkosten am Ende eines laufenden Geschäftsjahres seit der Markteinführung sind in der folgenden Tabelle angegeben:

Jahr	1	2	3	4	5
Jährliche Stückzahl x	50.000	50.000	80.000	90.000	130.000
Stückkosten k(x) in EUR am Ende des Jahres	2.000	1.500	1.300	1.000	700

Als Produktmanager schätzen Sie, dass im Jahr 6 ca. 150.000 Stück produzierbar und absetzbar sind. Angesichts des Preisdrucks im Markt müsste hierzu allerdings der Verkaufspreis von derzeit 1.000 EUR um 5 Prozent gesenkt werden. Sie vermuten, dass die Entwicklung der Stückkosten einem Erfahrungskurvenmodell genügt und möchten analysieren, wie sich der Stückdeckungsbeitrag bei der geplanten Preissenkung ändert.

a) Überprüfen Sie, ob die Entwicklung der Stückkosten tatsächlich mit hinreichender Genauigkeit einem Erfahrungskurvenmodell genügt. Hinweis: Der Korrelationskoeffizient für zwei Variablen x und y berechnet sich nach der Formel:

$$r = \frac{\sum_{i=1}^{n}(x_i - \overline{x})(y_i - \overline{y})}{\sqrt{\left(\sum_{i=1}^{n}(x_i - \overline{x})^2\right)\left(\sum_{i=1}^{n}(y_i - \overline{y})^2\right)}}$$

b) Schätzen Sie die Modellparameter a und b des Erfahrungskurvengesetzes $k(x) = a * x^{-b}$. Hinweis: Um die Parameter a und b zu berechnen, müssen diese mit Hilfe der Methode der kleinsten Quadrate aus der Regressionsanalyse geschätzt werden. Hierbei legen wir ein Modell der folgenden Form zu Grunde: $y = \gamma_0 + \gamma_1 * x_1$. Folgende Formeln sind daher für die Berechnung der beiden Parameter γ_0 und γ_1 relevant:

$$\gamma_0 = \overline{y} - \gamma_1\overline{x} \qquad \gamma_1 = \frac{n \cdot \sum_{i=1}^{n}(x_i \cdot y_i) - (\sum_{i=1}^{n}x_i) \cdot (\sum_{i=1}^{n}y_i)}{n \cdot (\sum_{i=1}^{n}x_i^2) - (\sum_{i=1}^{n}x_i)^2}$$

c) Erläutern Sie den Begriff der Lernrate. Ermitteln Sie die Lernrate des Unternehmens aus dem Erfahrungskurvengesetz $k(x) = a * x^{-b}$.

d) Wie verändert sich der Stückdeckungsbeitrag gegenüber dem Vorjahr (in EUR und in Prozent) bei der Durchführung der geplanten Preissenkung, wenn Sie die unter Teilaufgabe b) geschätzten Werte der Modellparameter heranziehen? Wie lässt sich dieses Ergebnis interpretieren?

Aufgabe 8-3:
GRUNDLAGEN DER STRATEGISCHEN ERFOLGSFAKTORENFORSCHUNG – LEBENSZYKLUS-MODELL

Das Lebenszyklusmodell ist ein dynamisches, deterministisches Marktreaktionsmodell. Es beruht auf der Hypothese, dass sich der Absatz eines Produktes über die gesamte Zeit seiner Marktpräsenz nach einer gewissen Gesetzmäßigkeit entwickelt. Der idealtypische Verlauf dieses Lebenszyklus unterstellt im Allgemeinen vier Phasen: Einführung, Entwicklung, Reife und Sättigung. Formal lässt sich die Absatzkurve im Rahmen des Lebenszyklusmodells darstellen als:

$P_t = a * t^b * e^{-ct}$ $\qquad$ P_t = Absatzzahlen des Produktes in der Periode t

$\qquad\qquad\qquad\qquad$ a, b, c = Modellparameter

$\qquad\qquad\qquad\qquad$ t = Zeit

a) Bestimmen Sie in Abhängigkeit der Modellparameter a, b und c die erste Ableitung $dP(t)/dt$ und ermitteln Sie anschließend die Extrempunkte der Funktion.

b) Erklären Sie die Faktoren t^b (b > 1) und e^{-ct} (c > 0).

c) In der folgenden Abbildung ist der prinzipielle Funktionsverlauf von P(t) dargestellt. Skizzieren Sie, wie die Parameter a, b und c den dargestellten Funktionsverlauf beeinflussen.

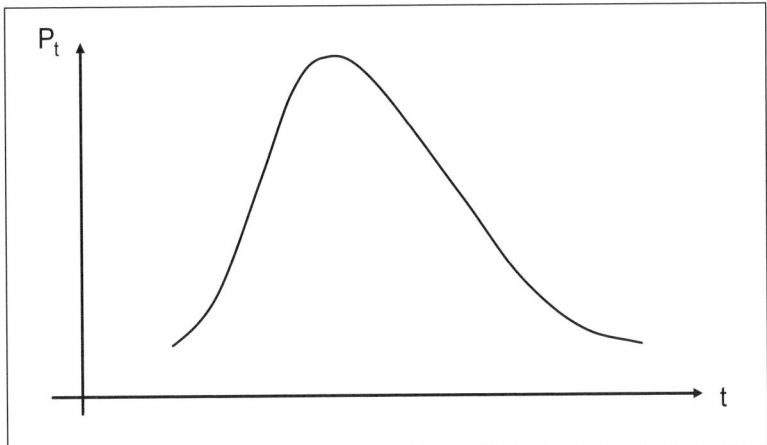

8.2   Lösungshinweise

> **Lösungshinweise zur Aufgabe 8-1:**
> GRUNDLAGEN DER STRATEGISCHEN ERFOLGSFAKTORENFORSCHUNG – PIMS-PROJEKT
> (GMM: Abschnitt 6.1; MM: Abschnitt 8.2)

a) Zunächst muss der relative Marktanteil ermittelt und anschließend die relative Produktqualität transformiert werden. Der **relative Marktanteil** berechnet sich als Quotient des eigenen Marktanteils (20%) und der Summe der Marktanteile der drei größten Wettbewerber (50%): Relativer Marktanteil = 20 / 50 = 0,4. Die Transformation der **relativen Produktqualität** ergibt einen Wert von 0,425 (0,85 * 0,5).

Durch Einsetzen der beiden Größen relativer Marktanteil und relative Produktqualität in die bekannte Gleichung ergibt sich folgender erwarteter **ROI** für die PIMS Corporation:

$$ROI = 0,2 * 0,4 + 0,1 * 0,425 = 0,1225 \ (= 12,25\%)$$

b) Die PIMS Corporation unterschreitet den erwarteten ROI um 2,25 Prozentpunkte. Zur Erklärung dieser vom Idealwert abweichenden Lösung lassen sich mehrere Ansätze heranziehen, die im Folgenden kurz dargestellt werden:

- Die Erfolgsgröße relative Produktqualität ist eine **rein subjektiv erfasste Größe**, die starken Schwankungen unterliegen kann. Diese wurde im vorliegenden Fall durch eine Befragung von lediglich 25 Kunden erfasst. Eine **Vergrößerung der Stichprobe** würde ggf. eine schlechtere Bewertung ergeben und damit auch zu einer Veränderung des ROI führen.

- Das dargestellte Regressionsmodell vernachlässigt aufgrund der dem Regressionsmodell zugrunde liegenden Prämissen die Berücksichtigung von **Interdependenzen der unabhängigen Variablen**. So wird beispielsweise der Einfluss der relativen Produktqualität auf den relativen Marktanteil völlig vernachlässigt und kann damit zu verzerrten Ergebnissen führen.

- Das zugrunde liegende Modell stellt nur ein Partialmodell dar, d.h. es berücksichtigt **nicht alle für die Erklärung des ROI relevanten Variablen**. So können beispielsweise entsprechende Investitionen, die im vorliegenden Modell nicht berücksichtigt werden, den ROI des Unternehmens gesenkt haben.

c) Zunächst ergibt die Veränderung des Marktanteils um 5 Prozentpunkte eine Veränderung des relativen Marktanteils. Dieser kann wie folgt ermittelt werden: **Relativer Marktanteil** = 25 / 45 = 0,5556 (55,56%). Der relative Marktanteil steigt somit von 40% auf 55,56%. Unter sonst gleichen Bedingungen ergibt sich daraus folgender

ROI: 0,2 * 0,5556 + 0,1 * 0,425 = 0,1536 (= 15,36%). Die Steigerung des erwarteten ROI von 12,25 auf 15,36 Prozent entspricht einer Erhöhung des ROI um 25,39%.

Lösungshinweise zur Aufgabe 8-2:
GRUNDLAGEN DER STRATEGISCHEN ERFOLGSFAKTORENFORSCHUNG – ERFAHRUNGS-KURVENMODELL (GMM: Abschnitt 6.1; MM: Abschnitt 8.2)

a) Im ersten Schritt müssen die produzierten Stückzahlen kumuliert werden:

Jahr	1	2	3	4	5
Kumulierte Stückzahl x	50.000	100.000	180.000	270.000	400.000
Stückkosten k(x) in EUR am Ende des Jahres	2.000	1.500	1.300	1.000	700

In einem zweiten Schritt werden die kumulierten Stückzahlen und die Stückkosten einer logarithmischen Transformation unterzogen, um die Linearität der entsprechend transformierten Erfahrungskurvengleichung $\ln(k(x)) = \ln a - b * \ln x$ zu untersuchen:

ln x	10,82	11,51	12,10	12,51	12,90
ln (k(x))	7,60	7,31	7,17	6,91	6,55

Der **Korrelationskoeffizient** wird als Maß für die Linearität der Beziehung zwischen den beiden Größen herangezogen: Wir berechnen einen Wert von $r = -0,9718$, der eine sehr gute Übereinstimmung der Daten mit dem Erfahrungskurvenmodell anzeigt.

b) Ausgehend von der logarithmierten Form der Gleichung werden die Parameter a und b mit dem Verfahren der kleinsten Quadrate geschätzt. Wir berechnen folgende Werte für die **produktionsspezifischen Parameter** a und b: $b = 0,4715$ und $\ln a = 12,7509$, d.h. $a = 344.866$. Das Erfahrungskurvengesetz lautet in diesem Fall: $k(x) = 344.866 * x^{-0,4715}$.

c) Grundsätzlich gibt die **Lernrate** den prozentualen Rückgang der wertschöpfungsbezogenen Stückkosten (k(x)) bei einer Verdoppelung der kumulierten Produktionsmenge (x) an. Der Quotient k(2x)/k(x), der die Stückkosten bei Verdopplung der kumulierten Produktionsmenge im Verhältnis zu den Stückkosten in der Ausgangssituation ausdrückt, vereinfacht sich zu 2^{-b}. Die Lernrate $1 - 2^{-b}$ ergibt sich folglich zu 0,2788, was einem Kostenrückgang von 28% bei Verdopplung der kumulierten Produktionsmenge entspricht.

d) Die geplante Preissenkung beträgt 5%. Die **Kostensenkung pro Stück** durch eine Steigerung der kumulierten Stückzahl von $x_5 = 400.000$ Stück auf $x_6 = 550.000$ Stück berechnet sich zu: $dk = k(x_5) - k(x_6) = 700$ EUR - $(344.866$ EUR $* 550.000^{-0,4715}) = 700$ EUR $- 677,75$ EUR $= 22,25$ EUR. Das entspricht einer Kostensenkung von ca. 3,18%. Damit ergibt sich ein neuer **Stückgewinn** von $G_{neu} = 0,95 * 1.000$ EUR $- 677,75$ EUR $= 272,25$ EUR. Gegenüber dem Vorjahresstückgewinn von $G_{alt} = 1.000$ EUR $- 700$ EUR $= 300$ EUR bedeutet dies eine Senkung um 27,75 EUR oder 9,25%. Die Preissenkung wird also durch die erfahrungsbedingte Kostensenkung nicht kompensiert werden können.

Lösungshinweise zur Aufgabe 8-3:
GRUNDLAGEN DER STRATEGISCHEN ERFOLGSFAKTORENFORSCHUNG – LEBENSZYKLUS-MODELL (GMM: Abschnitt 6.1; MM: Abschnitt 8.2)

a) Durch Anwendung der Produktregel der Differentialrechnung erhält man die **erste Ableitung** der Funktion P(t): $dP(t)/dt = a * t^b * (-c) * e^{-ct} + a * b * t^{b-1} * e^{-ct} = (a * e^{-ct} * t^{b-1}) * (-c * t + b)$.

Die notwendige Bedingung für ein **Extremum** lautet: $dP(t)/dt = 0$. Durch Einsetzen von $dP(t)/dt = (a * e^{-ct} * t^{b-1}) * (-c * t + b)$ und einige kleinere Umformungen erhält man: $t^* = b/c$. Der Extrempunkt befindet sich somit an der Stelle $t^* = b/c$.

b) Der **Faktor t^b** (b > 1) reflektiert das Wachstum des Absatzes über die Zeit und führt zunächst zu einem Anstieg der Lebenszykluskurve, während der **Faktor e^{-ct}** (c > 0) die Sättigung des Marktes im Zeitverlauf repräsentiert und für das spätere Abfallen der Kurve verantwortlich ist.

c) Die wesentlichen Modellierungsmöglichkeiten sind der Parameter a und der Quotient der Parameter b/c. Je größer der **Parameter a** gewählt wird, desto steiler wird (bei ansonsten gleichen Parameterwerten) die Funktion, d.h. der Parameter a kann die Funktion in vertikaler Richtung strecken oder stauchen (siehe Abbildung):

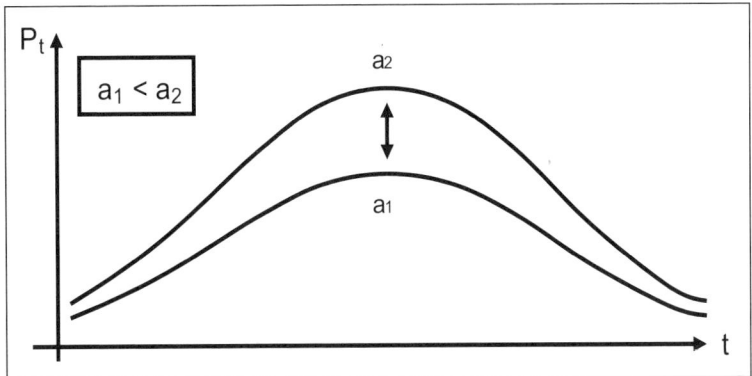

Der **Quotient b/c** dagegen verschiebt die Maximumstelle der Funktion, d.h. durch den Quotienten b/c kann die Funktion in horizontaler Richtung gestreckt bzw. gestaucht werden (siehe Abbildung):

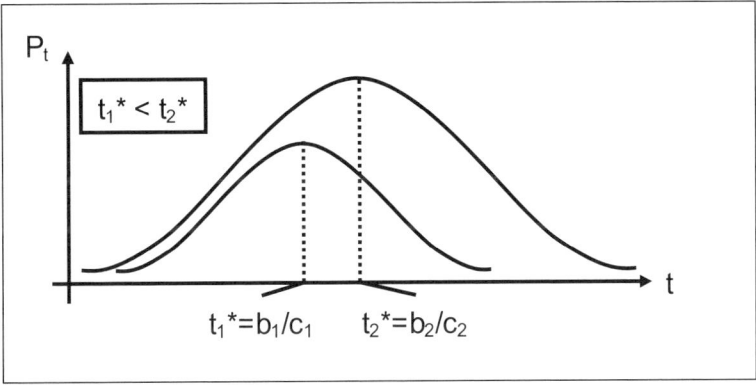

9. Analyse der strategischen Ausgangssituation

9.1   **Aufgaben** **104**

Aufgabe 9-1: Marktanalyse –
Fünf-Kräfte-Modell der Wettbewerbsintensität 104

Aufgabe 9-2: Marktanalyse –
Modell der strategischen Gruppen 106

Aufgabe 9-3: Unternehmensanalyse –
SWOT-Analyse 106

9.2   **Lösungshinweise** **108**

Lösungshinweise zur Aufgabe 9-1 108

Lösungshinweise zur Aufgabe 9-2 109

Lösungshinweise zur Aufgabe 9-3 111

9.1   Aufgaben

Die staatliche Bahngesellschaft „Rail Alemania" sitzt aufgrund üppiger Subventionen auf einer großen „Kriegskasse" für substanzielle Investitionsprojekte. Anstatt die Gelder in kostspielige Stellwerks- und Streckenprojekte zu investieren, überlegt das Management der „Rail Alemania" den Eintritt in den Luftfahrtsmarkt. Erst vor einem Jahr hatte sich das Unternehmen als ein globales Transportunternehmen repositioniert. Ein Eintritt in den neuen Markt würde daher gut in die allgemeine Unternehmensstrategie passen.

Rail Alemania will nun die langfristige Attraktivität des Flugmarktes abschätzen und den eigenen Einstieg in den Markt prüfen. Die Business Development Abteilung von Rail Alemania bekommt den Auftrag, alle verfügbaren Informationen zum Markt zu sammeln und zu bewerten. Der Abteilung liegen folgende Informationsquellen und -inhalte vor:

Unternehmensberater (Luftfahrtexperten verschiedener Consulting-Unternehmen) kommen zu folgenden Schlüssen:

- Der Druck auf die etablierten Airlines durch „Billig-Airlines", die mit Kampfpreisen den etablierten Gesellschaften die Kunden abjagen wollen, wird weiter zunehmen. Diese Billigflieger konzentrieren sich vornehmlich auf die nationalen und innereuropäischen Kurz- und Mittelstrecken. Im Gegensatz zu den „klassischen" Airlines bieten sie keinerlei Serviceleistungen und verfolgen eine konsequente Low-Cost-Strategie. Die Buchungen erfolgen ausschließlich über das Internet.

- Während sich der Linienflugverkehrsmarkt einer Stagnation gegenüber sieht, wird das Wachstum im Billigfliegermarkt noch einige Jahre anhalten; neue Anbieter gewinnen stark an Marktanteil.

- Der Anteil der Billigflieger am Passagieraufkommen wird sich in Europa von aktuell 9% auf 14% im Jahr 2009 erhöhen; ab 2009 erwartete geringere Wachstumsraten aufgrund zunehmender (internationaler) Konkurrenz; die Dominanz der nationalen Airlines wird sich im Inlandsverkehr insbesondere im profitablen Geschäftskundensegment halten.

- Ein Seniorpartner sagt: „Grundlage des Erfolgs im Flugverkehrsmarkt sind auf der einen Seite extrem kosteneffiziente Geschäftskonzepte, die sehr niedrige Ticketpreise ermöglichen. Wir beobachten hier allerdings einen entweder mit oder ohne „The Winner takes it all"-Effekt, der vor allem die erfolgreichen Vorreiter langfristig begünstigt." – „Zum anderen werden weiterhin die Airlines mit einem hohen Maß an Servicequalität und Flexibilität zu den Gewinnern gehören."

- Studie zum Billigfliegermarkt: Schon jetzt lassen sich viele Tickets nicht absetzen – „die meisten Airlines müssen pro Passagier im Schnitt mehr als 70 EUR einnehmen, wenn sie Gewinn machen wollen" – die Kunden warten aber insbesondere auf die zu

Schleuderpreisen angebotenen Superbillig-Preise; auch mittelfristig werden vornehmlich Privatkunden (zu touristischen Zwecken) die Billigflieger buchen; trotz gestiegener Nachfrage unter Geschäftskunden bleibt dies ein sehr kleines Segment.

Analystenberichte von Investmentbanken:

- Viele Airlines sind zu hoch bewertet. Dazu gehören insbesondere die halbstaatlichen Fluggesellschaften sowie die wichtigen Billigflieger; insgesamt werden die Airlines wegen erhöhter Sicherheitsgebühren an den Flughäfen preislich unter Druck geraten.

- Erwartete Konzentration durch weitere Übernahmen im Markt.

- Der zunehmende Streckenausbau vieler Billigflieger führt dazu, dass es immer weniger Möglichkeiten gibt, in Europa Nischen zu besetzen.

- Mittel- und langfristig geringe erwartete Margen im Markt für Privatreisende; Kunden werden zunehmend preissensibler.

- Höhere Margen im Geschäftskundensegment werden durch steigende Kosten für Kundenbindungs- und Bonusprogramme sowie durch den Ausbau aufwändiger Flughafenlounges geschmälert.

- Großunternehmen sowie Unternehmen mit hohen Reiseaufwendungen (z.B. Beratungen, Ingenieurbüros) bringen verstärkt ihre Verhandlungsmacht gegenüber den Fluggesellschaften ins Feld.

Externe Marktforschungsdaten:

- Kunden buchen auf vielen nationalen Mittelstrecken häufiger die Bahn; insbesondere neue private Bahnbetreiber erscheinen einer zunehmenden Anzahl von Kunden als attraktive Alternative zum Fliegen; als wesentlicher Vorteil der Eisenbahn wird die flexible Buchungsmöglichkeit für den Kunden genannt.

Eigene Branchenbeobachtung/-analyse:

- Der Markteintritt war in der Vergangenheit einfach (viele freie, billige Slots bei Regionalflughäfen, neue Strecken, verfügbare Piloten, gebrauchte Maschinen etc.) – dies wird zunehmend schwieriger; Engpässe bestehen insbesondere bei den Slots (Infrastruktur), Strecken und Piloten; bestimmendes Kriterium der Kunden bei der Kaufentscheidung ist der Preis – etablierte Marken sind (noch) wenig relevant.

- Der Ausbau neuer Regionalflughäfen wird wegen der Lärmbelastung immer unwahrscheinlicher.

- Verschärfter Wettbewerb im Flugzeugbau mit nur zwei wesentlichen Anbietern (Boeing und Airbus).

Analysieren Sie den Markt/die Wettbewerbsintensität nach Porter anhand des Fünf-Kräfte-Modells und leiten Sie daraus eine Einschätzung der langfristigen Profitabilitätsentwicklung sowie marketingstrategische Empfehlungen für Rail Alemania ab.

Aufgabe 9-2:
MARKTANALYSE – MODELL DER STRATEGISCHEN GRUPPEN

Pharmaunternehmen A steht mit neun weiteren Pharmaunternehmen im Wettbewerb. Zur Erarbeitung einer differenzierten Wettbewerbsstrategie gibt Unternehmen A einer Unternehmensberatung den Auftrag, den Markt zu analysieren. Die Beratung zieht das Konzept der strategischen Gruppen heran, um die Profitabilitätsunterschiede innerhalb der Branche zu erklären.

Zunächst identifizieren die Consultants auf Basis einer Cluster-Analyse die zwei wesentlichen Strategiedeterminanten im Markt: die Anzahl der abgedeckten Indikationen (Krankheitsfelder/Produktbereiche) und der Innovationsgrad der Produkte (Reine Generika: Gering, Branded Generics: Mittel, Eigene Patentforschung: Hoch). Die wesentlichen Daten sind folgender Tabelle zu entnehmen:

	Unternehmen									
	A	**B**	**C**	**D**	**E**	**F**	**G**	**H**	**I**	**J**
Profita-bilität	Mittel	Hoch	Hoch	Gering	Gering	Hoch	Mittel	Hoch	Gering	Hoch
Anzahl abge-deckter Indika-tionen	4	1	2	5	1,5	> 8	6,5	7	> 8	> 8
Innova-tionsgrad	Mittel	Mittel	Mittel	Gering	Gering	Mittel	Hoch	Gering	Hoch	Gering
Umsatz (Mio. €)	360	600	320	400	88	340	9,5	40	12	200

a) Erstellen Sie eine strategische Gruppenanalyse anhand der beiden identifizierten Strategiedeterminanten. Nutzen Sie diese als Dimensionen im Rahmen Ihrer Analyse.

b) Erarbeiten Sie die strategischen Implikationen aus Ihrer in a) erstellten Analyse für das Unternehmen A.

c) Eine genauere Analyse ergibt nun, dass die Gruppen 2 und 4 große Überschneidungen in den abgedeckten Indikationen haben. Was heißt das für eine mögliche Strategieformulierung von Unternehmen A?

Aufgabe 9-3:
UNTERNEHMENSANALYSE – SWOT-ANALYSE

Die Rubber AG ist ein auf Computersoft-/hardware spezialisiertes, international renommiertes Unternehmen. Seit fünf Jahren ist die Rubber AG auch im Markt für mobile Endgeräte/Mobiltelefone eingestiegen und hat aufgrund seiner hervorragenden technologischen Fähigkeiten und durch cleveres Marketing bereits einen erkennbaren Marktanteil gewonnen. Insbesondere das Angebot fortschrittlicher Computer- und Internetapplikationen auf den Endgeräten konnte durch die Rubber AG erfolgreich umgesetzt werden.

Das gesamte Management der Rubber AG besteht aus erfahrenen Ingenieuren. Der Kern der Unternehmensleistung wird im Forschungszentrum Stuttgart durch hochqualifizierte Ingenieure und Informatiker geleistet. Hier werden in einem von der Außenwelt abgeschlossenen „Thinktank" wichtige Innovationen entwickelt. Diese Mitarbeiter der Rubber AG gehören zu den Besten im Markt und werden durch das Unternehmen durch großzügige Gehälter gebunden.

Die Marktentwicklung im Mobilfunkmarkt ist in den vergangenen zehn Jahren zwar sehr positiv gewesen; doch weist der Markt aufgrund zunehmender Sättigungstendenzen abnehmende Wachstumsraten auf. Neben der Rubber AG steigen immer mehr Konkurrenten in den Markt ein – insbesondere Billig-Anbieter aus Fernost verzeichnen mit qualitativ hochwertigen und kundennah entwickelten Produkten hohes Wachstum.

Die Rubber AG hat traditionell eine sehr hohe Mitarbeiterzufriedenheit; diese liegt unter anderem an einem starken Betriebsrat, der die Interessen der Arbeitnehmer bei den verschiedensten Themen vertritt (vor kurzem gab es Auseinandersetzungen bzgl. der Gehaltskluft zwischen den Ingenieuren und der übrigen Belegschaft).

Die marktführenden Wettbewerber der Rubber AG kooperieren seit längerer Zeit mit wichtigen Telekommunikationsunternehmen. Das Management der Rubber AG hat dies bisher nicht als notwendig angesehen, da man sich nicht binden möchte. Die eigenen High-End Geräte wurden bisher von jedem der wichtigen Telekommunikationsunternehmen bestellt.

Der Markt sieht sich nun mit neuen Übertragungsstandards (z.B. UMTS) konfrontiert. Diese bergen das Potenzial, das Marktwachstum deutlich zu beleben. Zudem können diese neuen Standards endlich eine internationale Harmonisierung der verschiedenen Technologien bedeuten.

a) Führen Sie eine SWOT-Analyse für die Rubber AG durch. Erarbeiten Sie hierfür zunächst die relevanten unternehmensexternen und unternehmensinternen Einflussfaktoren. Erstellen Sie anschließend eine SWOT-Matrix.

b) Die SWOT-Analyse ist nicht nur ein Instrument der Situationsanalyse, sondern auch ein Instrument der Strategieformulierung. Dabei kann man aus der SWOT-Analyse verschiedene Arten von Strategien ableiten. Zeigen Sie exemplarisch zwei mögliche Strategiearten auf.

9.2   Lösungshinweise

Lösungshinweise zur Aufgabe 9-1:
MARKTANALYSE – FÜNF–KRÄFTE–MODELL DER WETTBEWERBSINTENSITÄT
(MM: Abschnitt 9.3)

Verhandlungsmacht der Lieferanten:

- Fluggesellschaften sind die einzigen Abnehmer für die Flugzeugindustrie; diese ist sehr konzentriert und durch den hohen Wettbewerb zwischen den beiden wichtigsten Unternehmen geprägt; geringe Lieferantenmacht.

- Günstige und verfügbare Slots sind ein wesentlicher Erfolgsfaktor im Luftverkehrsmarkt. Damit haben die etablierten Flugplätze eine sehr hohe Lieferantenmacht.

Bedrohung durch neue Anbieter:

- Relativ hohe Markteintrittsbarrieren: Economies of Scale bei der Abnahme von Kerosin, Abnahme von gebrauchten Flugzeugen, hoher Kapitalbedarf, Zugang zu Ressourcen (Slots, Piloten), geringe Kundenbindung im Markt für Privatkunden, hohe Kundenbindung im Markt für Geschäftskunden; insgesamt geringe Bedrohung durch neue Anbieter.

Verhandlungsmacht der Abnehmer:

- Die Kunden sind schwerpunktmäßig Individualkunden; der Umsatzanteil pro Kunde ist sehr klein; der Vertrieb erfolgt i.d.R. direkt über das Internet; mächtige Absatzmittler (Reiseveranstalter/-büros) sind nicht integriert; Preise sind nicht transparent; zwar können die jeweils billigsten Konditionen gut verglichen werden; doch das Preissystem ist in Abhängigkeit der Verfügbarkeit für den Kunden nicht klar.

Bedrohung durch Substitutprodukte:

- Substitute: Bahn; private Anbieter stellen erhöhte Substitutionsgefahr auf Kurzstrecken dar.

- Substitute schränken die Preissteigerungspotenziale im Billigfliegermarkt ein.

Wettbewerbsintensität innerhalb der Branche:

- Zwar wachsende Branche; doch sind Verteilungs- und Verteidigungskämpfe zu erwarten, Übernahmen.

- Produktdifferenzierung über Service und Kundenbindungsprogramme sind zwar möglich; doch läuft der Wettbewerb immer mehr über den Preis.

- Wenig verbliebene Nischen; Überkapazitäten sind zu erwarten.

- Insgesamt: Sehr hohe Wettbewerbsintensität.

Denkbare Managementempfehlung:

- Markt ist nur vordergründig im Rahmen der Repositionierung als „globales Transportunternehmen" für Rail Alemania attraktiv.

- Insbesondere die hohe Wettbewerbsintensität und die Gefahr durch Substitute werden höhere Margen nicht zulassen.

- Einstieg in den Markt käme für „Rail Alemania" zu spät und ist mit hohen Kosten und unsicheren Erträgen behaftet.

- Handlungsempfehlung: Konzentration auf das Stammgeschäft (als Substitutionsprodukt zu Flugleistungen); Optimierung der eigenen Kostenstrukturen und Einführung eines kundengerechten, transparenten Preissystems.

Lösungshinweise zur Aufgabe 9-2:
MARKTANALYSE – MODELL DER STRATEGISCHEN GRUPPEN
(MM: Abschnitt 9.3)

a) **Strategische Gruppenanalyse:**

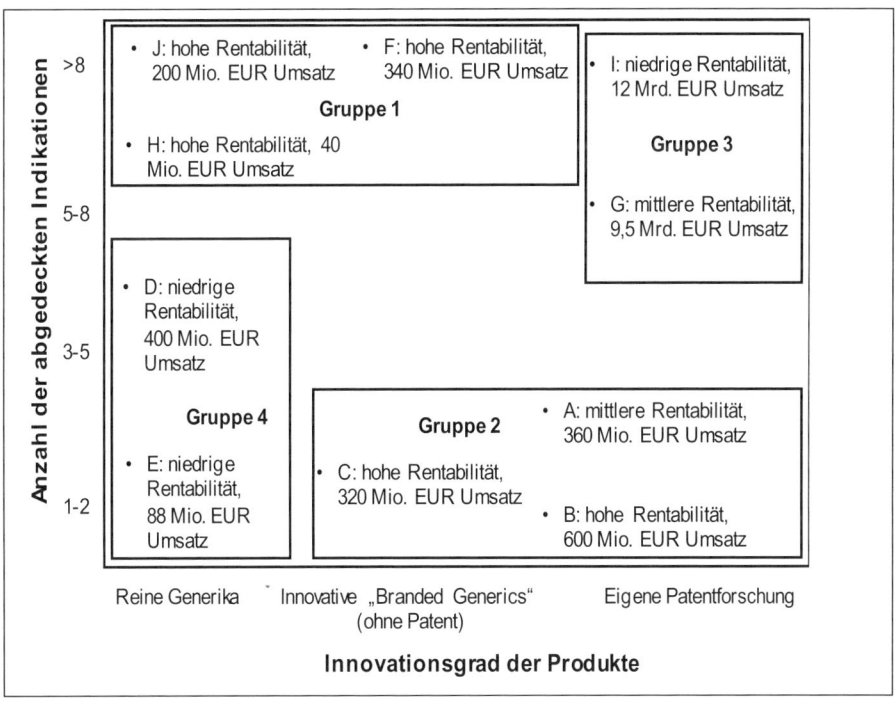

b) **Strategische Implikationen:**

- Die Darstellung der strategischen Gruppen zeigt, welche Variablen die Profitabilität im Pharmamarkt dauerhaft bestimmen und welche keinen Einfluss zu haben scheinen.

- Unternehmen innerhalb einer Gruppe sind am ehesten vergleichbar und von den gleichen externen Ereignissen und Wettbewerbsmaßnahmen betroffen und somit zu ähnlichen Reaktionen veranlasst.

- Im Modell der strategischen Gruppen ist zwischen Intergruppen- und Intragruppenwettbewerb zu unterscheiden. Der Wettbewerb innerhalb einer strategischen Gruppe wird oft durch andere Parameter geprägt als der Wettbewerb zwischen verschiedenen Gruppen. Daraus lassen sich Verhaltensweisen gegenüber verschiedenen Wettbewerbern ableiten.

- Es gibt im Wesentlichen zwei Wettbewerbsstrategien, die in dieser Branche zur Sicherung einer profitablen Position geeignet sind:

  - Zum einen erscheint die Strategie als Generika-Anbieter möglichst viele Indikationsbereiche abzudecken (Gruppe 1) als profitable Strategie. Diese Aussage gilt in diesem Fall unabhängig davon, ob man reiner Generika-Anbieter ist oder eine gewisse Innovation/Forschung im nicht-patent-geschützten „Branded Generics"-Bereich betreibt. Ebenso unabhängig erscheint diese Aussage von der Größe der Unternehmen in der Gruppe.

  - Eine weitere erfolgsversprechende Strategie ist die Kombination aus „richtiger" Patentforschung und Forschung im Bereich der „Branded-Generics". Eine weitere Gemeinsamkeit in der Gruppe 2 besteht darin, dass die Unternehmen eher wenige Indikationen abdecken.

- Keine interessante Konstellation scheinen dagegen die Konzentration auf wenige reine Generika-Indikationen sowie die teure und riskante Patentforschung über ein sehr breites Produkt darzustellen.

- Grundsätzlich sollte Unternehmen A sich fragen, warum es das einzige Unternehmen in Gruppe 2 ist, das keine hohe Profitabilität aufzuweisen hat.

- Die Analyse der strategischen Gruppen kann auch der Prognose möglicher Strategien bzw. Gruppen-Wechsel von Wettbewerbern dienen. Von Unternehmen G droht A beispielsweise größere Gefahr; durch den Verkauf oder das Einstellen einiger seiner Indikationen könnte G versuchen, in Gruppe 2 zu gelangen. Durch seine Größe könnte er einen Niedrigpreiswettbewerb in Gang setzen bzw. mit vielfacher Außendienststärke den Markt aufrollen. Unternehmen A ist derzeit der am wenigsten profitable Anbieter in Gruppe 2 und könnte dadurch besonders anfällig sein.

- Die Aussagekraft des Modells stößt aufgrund seines hohen Aggregationsgrades an seine Grenzen. Das Modell der strategischen Gruppen ist nur ein partielles Erklärungsmodell, da sich die Profitabilität sicherlich nicht ausschließlich aus der Zugehörigkeit zu einer bestimmten strategischen Gruppe ergibt.

c) **Strategische Implikationen:**

- Ist der Intergruppenwettbewerb sehr groß, so wie das zwischen den Gruppen 2 und 4 der Fall ist, so sollte die Strategieformulierung von Unternehmen A Aussagen darüber enthalten, mit welchen Maßnahmen der anderen Gruppe entgegengetreten werden soll und wie die Reaktionen der Wettbewerber aus der eigenen und fremden Gruppen erfolgen wird.

- Eine mögliche Gegenmaßnahme könnte die Verstärkung der eigenen Branded Generics-Aktivitäten sein, die insbesondere durch den großen Generika-Anbieter D gefährdet wären. Dies kann beispielsweise durch eine Verstärkung der Markenstärke der eigenen Produkte erfolgen.

Lösungshinweise zur Aufgabe 9-3:
UNTERNEHMENSANALYSE – SWOT-ANALYSE
(MM: Abschnitt 9.4)

a) **SWOT-Analyse:**

- Chancen:

    - Wachstum des deutschen Marktes

    - Neue Übertragungsstandards bedeuten neues Marktpotenzial

    - Wachstum der internationalen Märkte

    - Technologie wird zunehmend standardisierter (problemlose Übertragbarkeit)

- Risiken:

    - Aggressives Auftreten fernöstlicher Billig-Wettbewerber

    - Vermehrte strategische Allianzen konkurrierender Anbieter

    - Qualifizierte Mitarbeiter werden durch Wettbewerber abgeworben

    - Steigende Anzahl der Konkurrenten

    - Neue Wettbewerber haben keinen Betriebsrat

    - Macht der Telekommunikationsunternehmen

- Stärken:
  - Sehr gutes Image der Produkte
  - Technologieführerschaft
  - Qualifikation der Mitarbeiter (geringe Fluktuation der Mitarbeiter, hohe Mitarbeiterzufriedenheit)
- Schwächen:
  - Keine Kooperationen mit Telekommunikationsunternehmen
  - Überdurchschnittliches Lohnniveau
  - Betriebsrat blockiert Veränderungen
  - Unternehmen zu forschungsgetrieben

b) **Strategieformulierung:**

- Matching-Strategien werden aus einer Stärke und einer dazu passenden Chance abgeleitet; Voraussetzung ist, dass es Chancen gibt, die gut zu einer Stärke passen; eine Strategie ergibt sich aus der Überlegung, wie die Stärke im Hinblick auf die Chance umgesetzt werden kann; eine mögliche Matching-Strategie besteht z.B. im Leverage der eigenen Innovationskraft und des starken Marken-/Unternehmensimages, um die neue (UMTS-) Technologie mit sinnvollen neuen Applikationen auszustatten und (international) zu vermarkten.

- Die Berücksichtigung von Schwächen und Risiken erfolgt in Form von Umwandlungs-/Neutralisations-Strategien. Dazu werden Strategien formuliert, die Schwächen in Stärken umwandeln oder zumindest neutralisieren können. Gleiches gilt für Risiken, die sich durch Strategien in Chancen umwandeln oder neutralisieren lassen. Insbesondere im Zusammenhang mit der zunehmenden Internationalisierung und Standardisierung der Technologien sollte das Unternehmen beispielsweise die eigene Strategie gegenüber Kooperationen mit internationalen Telekommunikationsbetreibern überdenken. Solche Kooperationen könnten den Markteintritt in neue Märkte erleichtern und den Heimatmarkt gegenüber neuen, fernöstlichen Herstellern besser schützen.

10. Formulierung, Bewertung und Auswahl von Marketingstrategien

10.1   **Aufgaben**..**114**

Aufgabe 10-1: Unterstützende Konzepte für die Formulierung von Marketingstrategien – Marktwachstums/Marktanteils-Portfolio....114

Aufgabe 10-2: Unterstützende Konzepte für die Formulierung von Marketingstrategien – Marktattraktivitäts/Wettbewerbspositions-Portfolio 114

Aufgabe 10-3: Bewertung und Auswahl von Marketingstrategien – Entscheidungsregeln zur Auswahl von Marketingstrategien 116

10.2   **Lösungshinweise**..**118**

Lösungshinweise zur Aufgabe 10-1 118

Lösungshinweise zur Aufgabe 10-2 120

Lösungshinweise zur Aufgabe 10-3 122

10.1   Aufgaben

Aufgabe 10-1:
UNTERSTÜTZENDE KONZEPTE FÜR DIE FORMULIERUNG VON MARKETINGSTRATEGIEN –
MARKTWACHSTUMS/MARKTANTEILS-PORTFOLIO

a) Erläutern Sie die Struktur, die grundlegenden Theoriekonzepte und die Anwendungsgebiete des BCG-Portfolios.

b) Ein Pharmaunternehmen besteht aus fünf strategischen Geschäftseinheiten (SGE), die auf unterschiedlichen Märkten agieren. Eine Marktanalyse brachte die folgenden Ergebnisse:

SGE	Umsatz (in Mio. €)	Marktvolumen (in Mio. €)	Markt- wachstum (in %)	Umsatz des größten Wettbewerbers (in Mio. €)
A	400	600	1	200
B	80	450	0	180
C	250	800	3	270
D	400	1.200	4	320
E	90	450	6	180

Skizzieren sie das resultierende Marktwachstums/Marktanteils-Portfolio. Nutzen Sie als Schwellenwert bzgl. des Marktwachstums den mit den Marktvolumina gewichteten Mittelwert der Marktwachstumsraten, der rund 3% beträgt.

c) Welche strategischen Implikationen leiten Sie aus dem skizzierten Portfolio ab?

Aufgabe 10-2:
UNTERSTÜTZENDE KONZEPTE FÜR DIE FORMULIERUNG VON MARKETINGSTRATEGIEN –
MARKTATTRAKTIVITÄTS/WETTBEWERBSPOSITIONS-PORTFOLIO

Die Unternehmensberatung Consult GmbH ist seit Jahren einer der wichtigen Player im Markt. Sie hat im letzten Jahr ein Beratungsvolumen von 137,3 Mio. EUR betreut und dabei einen Gewinn von 8,7 Mio. EUR vor Steuern erwirtschaftet. Dies bedeutet ein Ertragswachstum von 5% gegenüber dem Vorjahr. Das Unternehmen hat die Unternehmensbereiche IT-Beratung (A), Change Management (B) und Strategie (C).

Als Unternehmensberatung ist das Unternehmen mit der Durchführung detaillierter Marktanalysen bestens vertraut und will auf Basis einer sorgfältigen Analyse des deutschen Marktes Strategievorschläge erarbeiten. Die wesentlichen Ergebnisse der Marktbeurteilung für die Unternehmensbereiche A, B und C sind der folgenden Tabelle zu entnehmen:

Kriterien	Bewertung			Skalierung (0 = sehr ungünstig bis 6 = sehr günstig)			Gewichtung der Kriterien
	A	B	C	A	B	C	
Marktvolumen in Mio. EUR	280	215	350	2	1	4	20%
Marktwachstum in %	5	4	2	5	4	2	30%
Wettbewerbsintensität	Hoch	Hoch	Sehr hoch	2	2	1	30%
Durchschnittliche Rentabilität	Hoch	Hoch	Gering	4	4	1	20%

Die Bewertung der Erfolgsfaktoren für die drei Unternehmensbereiche durch die Kunden stellt sich wie folgt dar (Skalierung: 0 = sehr ungünstig, ..., 6 = sehr günstig):

Unternehmensbereiche	A	B	C
Preisstellung	4	1	3
Beratungsqualität	1	5	2
Branchenexpertise	1	4	4
Erfahrung/Know-How	1	3	2
Marktanteil	10%	15%	22%
Marktanteil der Hauptwettbewerbers	21%	16%	20%

Zur strategischen Grobanalyse möchte die Unternehmensberatung das Marktattraktivitäts-/Wettbewerbspositions-Portfolio heranziehen. Dazu sollen die drei betrachteten Unternehmensbereiche in einem solchen Portfolio dargestellt werden, wobei zur Bestimmung der Wettbewerbspositionierung die Erfolgsfaktoren und der relative Marktanteil (mit jeweils gleichen Gewichten) herangezogen werden.

Der relative Marktanteil wird wie folgt skaliert:

Relativer Marktanteil	Bewertung
0,0-0,25	0
0,25-0,5	1
0,5-0,75	2
0,75-1,0	3
1,0-1,25	4
1,25-1,5	5
> 1,5	6

a) Leiten Sie Strategieempfehlungen ab.

b) Der Hauptwettbewerber führt zur gleichen Zeit eine Wettbewerbsanalyse der Consult GmbH durch. Man kommt zu den gleichen Ergebnissen, was die Marktbeurteilung und die Wettbewerbsposition betrifft. Hinsichtlich der Gewichtung der Erfolgsfaktoren geht man aber von anderen Werten aus. Der relative Marktanteil wird nicht in die Bewertung einbezogen.

	Gewichtung
Preisstellung	40%
Beratungsqualität	5%
Branchenexpertise	50%
Erfahrung/Know-How	5%

Im entsprechenden Portfolio wird die Wettbewerbsposition als gewichteter Durchschnitt der Bewertungen bzgl. der Erfolgsfaktoren ermittelt. Erstellen Sie das Portfolio und gehen Sie auf die sich ergebende Problematik bei der Prognose von Wettbewerbsstrategien ein.

c) Zeigen Sie die Problematik der gegenseitigen Kompensation von Faktoren bei diesem Portfoliotyp am Beispiel des Unternehmensbereiches Change Management auf.

Aufgabe 10-3:
BEWERTUNG UND AUSWAHL VON MARKETINGSTRATEGIEN – ENTSCHEIDUNGSREGELN ZUR AUSWAHL VON MARKETINGSTRATEGIEN

Ein Unternehmen steht vor der Verabschiedung seiner Marketingstrategie im Rahmen der Entwicklung des strategischen Plans. Die Stabsabteilung des Unternehmens hat fünf Strategiealternativen (a_1 bis a_5) erarbeitet. Da die zukünftige Entwicklung des strategischen Umfelds als äußerst unsicher empfunden wird, hat die strategische Stabsabteilung insgesamt sechs Szenarien (s_1 bis s_6) entwickelt, die nun bei der Strategieauswahl zu berücksichtigen sind. Entscheidungsgrundlage ist die durch die Stabsabteilung erstellte Pay-off-Matrix. Sie gibt für jede Kombination Strategie/Szenario den (geschätzten) diskontierten Gewinn der nächsten sechs Jahre (in Millionen EUR) an.

Szenarien / Strategien	s_1	s_2	s_3	s_4	s_5	s_6
a_1	22	38,5	-17,3	7,9	-2	25,7
a_2	-13,8	34	8	3,7	-1,9	-55
a_3	10,8	62,2	-18	-4,5	19	36,9
a_4	27,7	9	11	-3,7	-0,3	22
a_5	-33,6	6	23	-1	-26	83,7

Es wird vorausgesetzt, dass für die verschiedenen Szenarien keine Eintrittswahrscheinlichkeiten gegeben sind; es handelt sich also um eine Entscheidung unter Unsicherheit.

a) Ermitteln Sie die jeweils optimale Strategie unter Anwendung der Entscheidungsregeln nach dem Maximin-Prinzip, dem Maximax-Prinzip und dem Hurwicz-Prinzip (je mit den Optimismusparametern δ=0,8 und δ=0,2) sowie mit der Laplace-Regel.

b) Das Management ist mit den durch die Stabsabteilung ausgewählten Ansätzen noch nicht zufrieden. Die Ansätze zur Strategieauswahl erscheinen den Managern doch recht rudimentär. Die Stabsabteilung wird daher in die nächste Runde geschickt und soll zusätzlich unterschiedliche Eintrittswahrscheinlichkeiten für die verschiedenen Szenarien berücksichtigen. Trainees führen Expertenbefragungen durch und ermitteln auf dieser Basis die Eintrittswahrscheinlichkeiten von 0,06, 0,12, 0,09, 0,18, 0,15 und 0,24 für die Szenarien s_1 bis s_6. Nun liegt also eine Entscheidung bei Risiko vor.

Ermitteln Sie die optimale Strategie unter Anwendung der Entscheidungsregeln nach dem μ-Prinzip, dem (μ, σ)-Prinzip mit $\alpha = 0,2$ und dem (μ, σ)-Prinzip mit $\alpha = -0,2$. Bei welchem Parameter α sind a_2 und a_4 äquivalent?

10.2 Lösungshinweise

Lösungshinweise zur Aufgabe 10-1:
UNTERSTÜTZENDE KONZEPTE FÜR DIE FORMULIERUNG VON MARKETINGSTRATEGIEN –
MARKTWACHSTUMS/MARKTANTEILS-PORTFOLIO (GMM: Abschnitt 8.2; MM: Abschnitt
10.2)

a) Der **Portfolioansatz** ist das bekannteste Konzept zur Unterstützung der Formulierung der Marketingstrategie. Hierbei werden die Marktposition anhand des relativen Marktanteils (horizontale Achse) und die Marktattraktivität anhand des Marktwachstums (vertikale Achse) bewertet.

Dabei soll die Frage beantwortet werden, in welchem Umfang ein Unternehmen Ressourcen in die Bearbeitung eines bestimmten Marktes bzw. eines bestimmten Marktsegmentes investieren sollte. Je nach Zuordnung eines Marktes zu einem der vier im Portfolio aufgezeigten Feldern werden Empfehlungen im Hinblick auf die Ressourcenallokation abgeleitet:

- Stars (sehr profitabel; erfordern beträchtliche Ressourcenzuwendung, um starke Position zu halten.)

- Question Marks (in Relation zum Umsatz erhebliche Marketingressourcen nötig, daher oft unprofitabel.)

- Poor Dogs (sollen keine finanzielle Belastung darstellen, daher Rückzug oder Beschränkung auf einzelne Marktnischen.)

- Cash-Cows (Freisetzung von Kapital ist größer als nötige Reinvestitionen; Investitionen lediglich, um Marktposition zu halten.)

Grundlegende Theorie: Während der Bewertung der Marktposition die Ergebnisse des PIMS-Projekts und der Erfahrungskurve zugrunde liegen, basiert die Bewertung der Marktattraktivität auf dem Lebenszyklusmodell.

b) **Marktwachstums/Marktanteils-Portfolio:**

SGE	Umsatz	Markt-volumen	Markt-anteil	Gewicht	Markt-wachstum	Umsatz des größten Wettbe-werbers	Relativer Markt-anteil
A	400	600	67%	17,1%	1%	200	2,00
B	80	450	18%	12,9%	0%	180	0,44
C	250	800	31%	22,9%	3%	270	0,93
D	400	1.200	33%	34,3%	4%	320	1,25
E	90	450	20%	12,9%	6%	180	0,50
		3500					

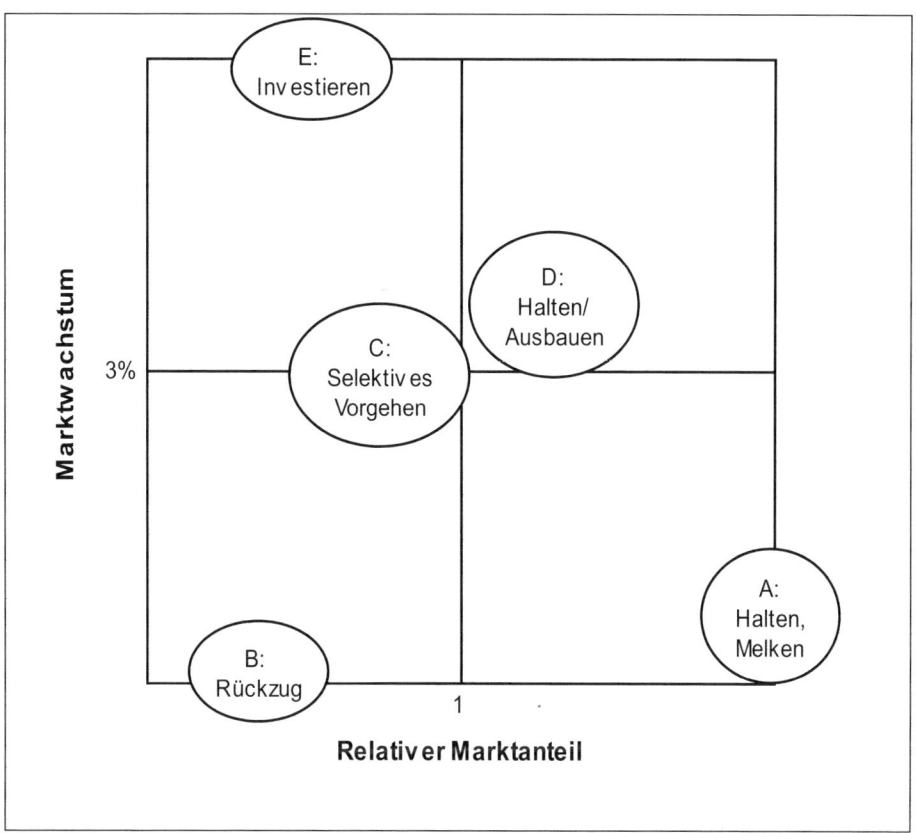

c) **Strategische Implikationen:**

- A (hoher relativer Marktanteil, geringes Marktwachstum): Reinvestition, um Marktposition zu halten, damit die für D erforderlichen Ressourcen zur Verfügung stehen.

- B (geringer relativer Marktanteil, geringes Marktwachstum): Rückzug bzw. Beschränkung der SGE auf einzelne Marktnischen.

- C (mittlerer relativer Marktanteil, durchschnittliches Marktwachstum): Selektives Vorgehen, da sich eine langfristige Zuordnung zu einem bestimmten Feld derzeit schwierig gestaltet.

- D (hoher relativer Marktanteil, hohes Marktwachstum): Möglichkeit, relativen Marktanteil und Marktwachstum zu steigern; intensiver Ressourceneinsatz erforderlich.

- E (geringer Marktanteil, hohes Marktwachstum): Schlüsselfrage, ob Investitionen zur Erreichung des Feldes „Stars" sinnvoll, oder Rückzug erstrebenswert ist.

Lösungshinweise zur Aufgabe 10-2:
UNTERSTÜTZENDE KONZEPTE FÜR DIE FORMULIERUNG VON MARKETINGSTRATEGIEN –
MARKTATTRAKTIVITÄTS/WETTBEWERBSPOSITIONS-PORTFOLIO (GMM: Abschnitt 8.3;
MM: Abschnitt 10.2)

a) **Strategieempfehlungen:**

Die Marktattraktivität ergibt sich als gewichtetes Mittel aus den Einzelkriterien zu
3,3 für den Unternehmensbereich IT-Beratung (A), 2,8 für den Bereich Change Management (B) und 1,9 für den Bereich Strategie (C).

Der relative Marktanteil im Vergleich zum Hauptwettbewerber berechnet sich für A
zu 10% / 21% = 0,48 und wird mit 1 bewertet. Die Wettbewerbsposition für A errechnet sich zu 0,2 * (4 + 1 + 1 + 1 + 1) = 1,6. Analog lässt sich die Wettbewerbsposition für B (3,2) und C (3,0) berechnen.

Die Kreisflächen im Portfolio sind proportional zu den jeweiligen Umsatzvolumina,
die sich aus Marktanteil und Marktvolumen ermitteln lassen: 28 Mio. EUR für A,
32,3 Mio. EUR für B und 77 Mio. EUR für C. Daraus ergibt sich folgendes Portfolio:

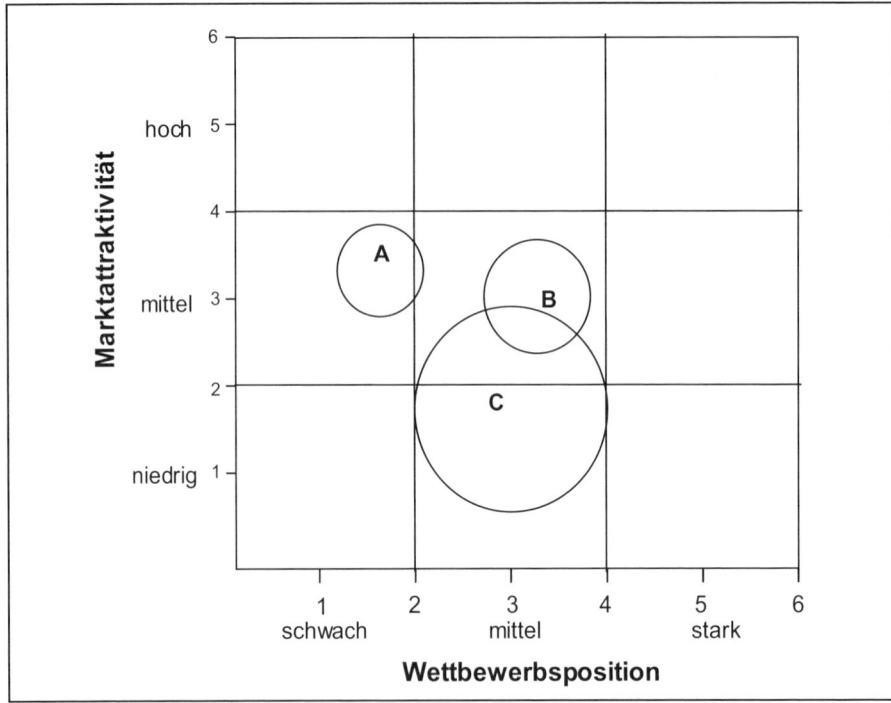

Der Bereich IT-Beratung (A) ist in einer problematischen Situation. Man hat eine
schlechte Wettbewerbsposition in einem relativ attraktiven Markt. Insbesondere die
Serviceleistungen sind zu verbessern, um in den Wachstumsbereich (rechts) zu gelangen. Der größte Bereich Strategie (C) liegt im Segment "Ernten". Die nur mittlere

bis niedrige Marktattraktivität wird hier mittelfristig Desinvestitionen erfordern. Der Unternehmensbereich Change Management (B) ist gezielt auf Wachstumsmöglichkeiten hin zu untersuchen. Hier empfiehlt sich eine selektive Vorgehensweise.

b) Der Hauptwettbewerber kommt aufgrund der unterschiedlichen Gewichtung der Erfolgsfaktoren zu folgender Beurteilung der Wettbewerbspositionen: Unternehmensbereich A verbessert sich auf 2,2, B verschlechtert sich von 3,2 auf 2,8 und C verbessert sich auf 3,4 und erhält damit die beste Bewertung. Daraus ergibt sich folgendes **Portfolio**:

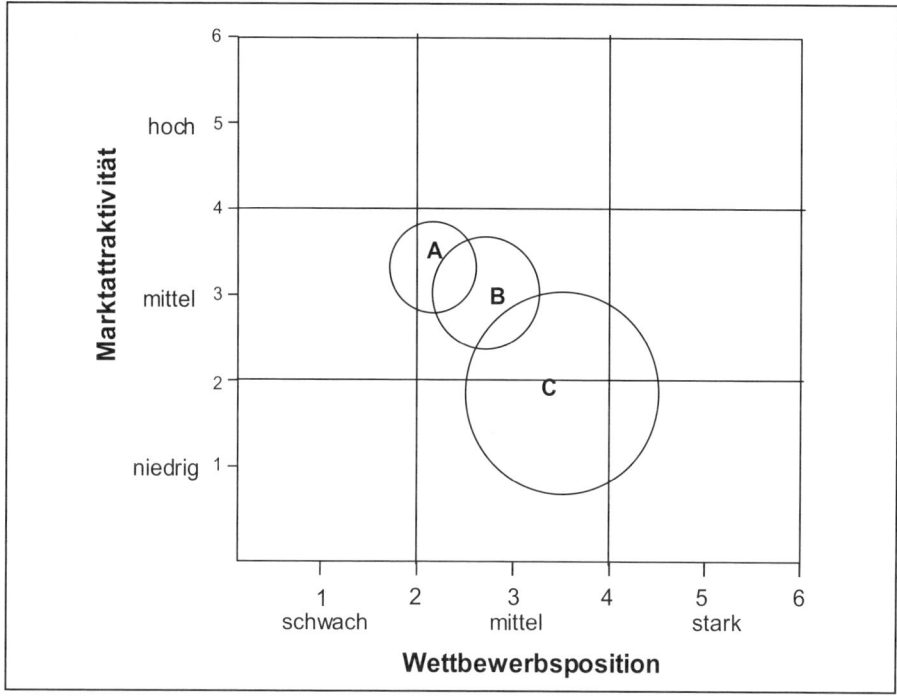

Die Positionen und damit die strategischen Beurteilungen haben sich geändert. Der Bereich Strategie (C) erhält die stärkste Wettbewerbsbeurteilung. Desinvestitionen drängen sich nicht mehr so stark auf. Auch der Bereich IT-Beratung (A) wird durch seine relativ gute Preisstellung (Gewichtung von 40%) erheblich besser bewertet und erscheint nicht mehr so problematisch wie im ersten Portfolio.

Hier zeigt sich eine **Schwäche dieses Portfoliotyps**, nämlich die Abhängigkeit der Ergebnisse von der in der Regel subjektiven Gewichtung der Faktoren.

c) Ein weiterer Schwachpunkt des Marktattraktivitäts/Wettbewerbspositions-Portfolios ist die Kompensation von Schwächen bei bestimmten Faktoren durch Stärken bei anderen relevanten Kriterien. Im Unternehmensbereich Change Management (B) tritt dies deutlich hervor, da eklatante Schwächen bei der Preisstellung durch die Stärken bei der Beratungsqualität und der Branchenexpertise rechnerisch ausgeglichen werden, was sicherlich nicht der Sichtweise der Kunden entspricht. Sowohl im Fall a) als auch b) wird eine mittlere Wettbewerbsposition errechnet. Dies verschleiert die Tatsache, dass man bei der Preisstellung die schwächste Position aller Bereiche hat.

Lösungshinweise zur Aufgabe 10-3:
BEWERTUNG UND AUSWAHL VON MARKETINGSTRATEGIEN – ENTSCHEIDUNGSREGELN ZUR AUSWAHL VON MARKETINGSTRATEGIEN (MM: Abschnitt 10.3)

---

a) Die dargestellte Pay-off-Matrix entspricht der Entscheidungsmatrix des Problems. Die ermittelten optimalen Werte für die einzelnen Entscheidungsregeln sind der nachfolgenden Tabelle zu entnehmen. Der hinsichtlich einer bestimmten Entscheidungsregel optimale Wert ist jeweils gekennzeichnet.

Entscheidungs-regeln / Strategien	Maxi-min	Maxi-max	Hurwicz ($\delta=0,8$)	Hurwicz ($\delta=0,2$)	Laplace
a_1	-17,3	38,5	27,34	-6,14	12,47
a_2	-55	34	16,2	-37,2	-4,17
a_3	-18	62,2	46,16	-1,96	17,73*
a_4	-3,7*	27,7	21,42	2,58*	10,95
a_5	-33,6	83,7*	60,24*	-10,14	8,68

Das Maximin-Prinzip und die Hurwicz-Regel ($\delta=0,2$) entscheiden sich also für a_4, während das Maximax-Prinzip und die Hurwicz-Regel ($\delta=0,8$) die Strategie a_5 als optimal ausweisen. Wendet man die Laplace-Regel an wird man sich für Strategie a_3 entscheiden.

b) Es ergeben sich die Standardabweichungen $\sigma_1 = 15,69$, $\sigma_2 = 28,18$, $\sigma_3 = 23.11$, $\sigma_4 = 10,26$ und $\sigma_5 = 39,70$. Die entsprechenden Kennzahlen für die fünf Strategiealternativen sind in nachfolgender Tabelle zusammengestellt.

Entscheidungsregeln / Strategien	μ-Prinzip	(μ, σ)-Prinzip (α = 0,2)	(μ, σ)-Prinzip (α = -0,2)
a₁	11,67	14,81	8,54
a₂	-8,85	-3,21	-14,48
a₃	17,39*	22,01	12,77*
a₄	8,3	10,35	6,25
a₅	16,78	24,72*	8,84

$-8,85 + \alpha * 28,18 = 8,30 + \alpha * 10,26$

$17,92\ \alpha = 17,15$

$\alpha = 0,96$

11. Produktpolitik

11.1   **Aufgaben**..**126**

Aufgabe 11-1: Innovationsmanagement –
Conjoint-Analyse...126

Aufgabe 11-2: Innovationsmanagement –
ASSESSOR-Modell..127

Aufgabe 11-3: Innovationsmanagement –
Scoringmodelle, ASSESSOR-Modell und Investitionsrechnung..129

Aufgabe 11-4: Innovationsmanagement –
Investitionsrechnung...131

Aufgabe 11-5: Innovationsmanagement –
Bass-Modell..132

Aufgabe 11-6: Innovationsmanagement –
Netzplantechnik...133

Aufgabe 11-7: Innovationsmanagement –
Netzplantechnik...133

Aufgabe 11-8: Management etablierter Produkte –
Komplexitätskostenanalyse...............................134

11.2   **Lösungshinweise**...**135**

Lösungshinweise zur Aufgabe 11-1...............................135

Lösungshinweise zur Aufgabe 11-2...............................137

Lösungshinweise zur Aufgabe 11-3...............................141

Lösungshinweise zur Aufgabe 11-4...............................143

Lösungshinweise zur Aufgabe 11-5...............................144

Lösungshinweise zur Aufgabe 11-6...............................147

Lösungshinweise zur Aufgabe 11-7...............................148

Lösungshinweise zur Aufgabe 11-8...............................149

11.1   Aufgaben

Aufgabe 11-1:

INNOVATIONSMANAGEMENT – CONJOINT-ANALYSE

a) Stellen Sie die Grundidee der Conjoint-Analyse dar.

b) Beschreiben Sie die Anwendungsgebiete der Conjoint-Analyse.

c) Erläutern Sie die Vor- und Nachteile der Conjoint-Analyse.

Nachfolgende Informationen haben Sie im Rahmen einer Studie zur Gestaltung eines Notebooks erhalten:

Eigenschaft	Mögliche Eigenschaftsausprägungen		
Prozessor	1,0 GHz	1,4 GHz	1,8 GHz
Festplattenkapazität	20 GB	40 GB	60 GB
Größe des Displays	13,1 Zoll	14,1 Zoll	15,1 Zoll
Preis	1.000 €	1.500 €	2.000 €

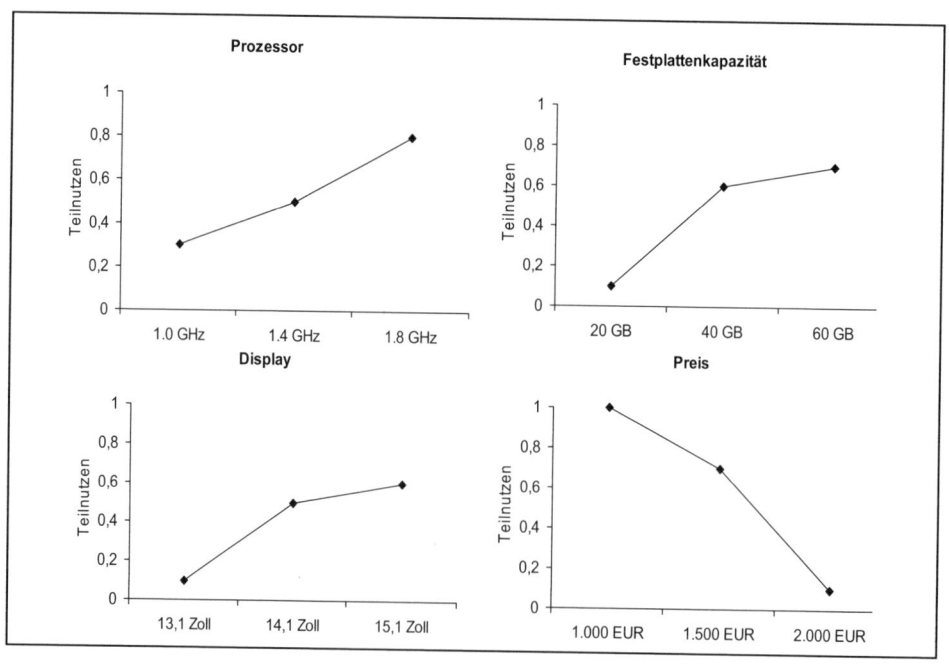

Merkmal	Notebook 1		Notebook 2		Notebook 3	
	Merkmals-ausprägung	Teil-nutzen	Merkmals-ausprägung	Teil-nutzen	Merkmals-ausprägung	Teil-nutzen
Prozessor	1,8 GHz		1,4 GHz		1,8 GHz	
Festplatten-kapazität	40 GB		40 GB		60 GB	
Display	14,1 Zoll		15,1 Zoll		14,1 Zoll	
Preis	1.500 €		1.000 €		2.000 €	
Gesamt-nutzen						

d) Bestimmen Sie die relative Wichtigkeit W für jede Eigenschaft.

e) Bestimmen Sie jeweils den Gesamtnutzenwert der verschiedenen Produktalternativen.

Aufgabe 11-2:
INNOVATIONSMANAGEMENT – ASSESSOR-MODELL

Sie sind Produktmanager bei einem Joghurthersteller und für das neu einzuführende Produkt Fruchtriese verantwortlich. Für ein Treffen mit Ihrem Marketingdirektor bereiten Sie einige Kennzahlen vor.

Mit der Marktforschungsabteilung haben Sie folgende Zahlen identifiziert: Sie gehen davon aus, dass mit einer Wahrscheinlichkeit von 18,5% ein Erstkauf von Fruchtriese über den „klassischen Weg" getätigt wird, nämlich nachdem ein Konsument beispielsweise einen Werbespot von Fruchtriese gesehen hat und Fruchtriese auch tatsächlich in der Einkaufsstätte des Konsumenten verfügbar ist. Neben der klassischen Werbung planen Sie auch die Durchführung einer Coupon-Aktion. Sie nehmen an, dass 10,5% der Konsumenten einen Versuchskauf von Fruchtriese auf Grund des erhaltenen Coupons tätigen werden.

Darüber hinaus erhalten Sie von der Marktforschungsabteilung folgende Darstellung, die Ihnen das Wechselkaufverhalten der Konsumenten aufzeigt (repräsentative Stichprobe von 1.000 Konsumenten):

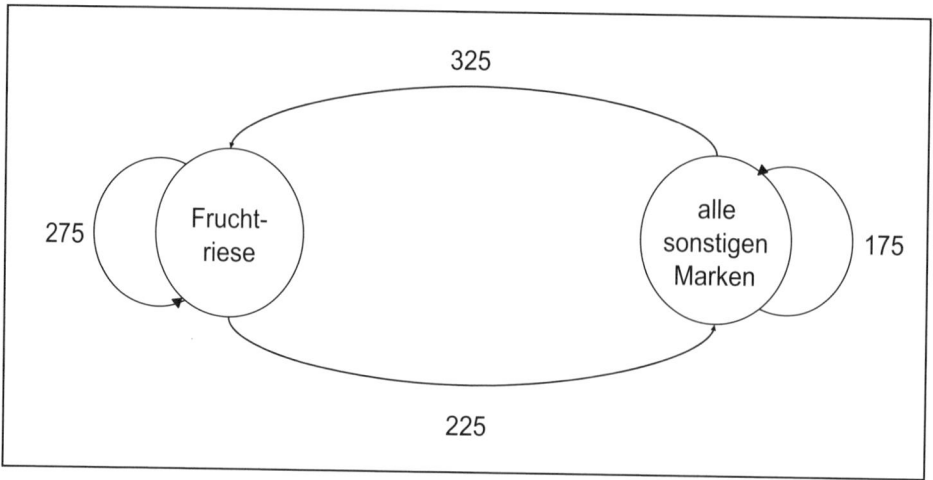

a) Stellen Sie Ihrem Marketingdirektor formal dar, wie sich der Gleichgewichtszustand des Marktanteils für Fruchtriese aus den in der Abbildung dargestellten Daten ergibt. Runden Sie auf die dritte Nachkommastelle.

b) Welche Marktanteilsprognose werden Sie Ihrem Marketingdirektor für Fruchtriese geben, wenn Sie das Trial-Repeat-Modell von ASSESSOR zu Grunde legen? Runden Sie auf die dritte Nachkommastelle.

c) Welche diagnostischen Informationen erhalten Sie aus den vorliegenden Daten und welche Implikationen ergeben sich hieraus für Ihre Markteinführungsstrategie?

d) In einem weiteren Schritt wollen Sie den Marktanteil von Fruchtriese mit Hilfe des Präferenzmodells schätzen. Dazu wurden im Rahmen eines Laborexperimentes Paarvergleiche für die relevanten Marken durchgeführt. Die diesbezüglichen Ergebnisse können Sie der folgenden Tabelle entnehmen.

Proband	Relevant Set	Paarvergleiche			Paarvergleiche unter Einbezug von Fruchtriese			
1	A, C, D	A	C	D	A	C	D	Fruchtriese
		4	7		4	7		
		7		4	7		4	
			8	3		8	3	
					7			4
						7		4
							2	9
2	A, D	A	D					
		4	7					
3	B, D	B	D		B	D	Fruchtriese	
		8	3		8	3		
					3		8	
						4	7	

Proband	Relevant Set	Paarvergleiche			Paarvergleiche unter Einbezug von Fruchtriese			
4	A, B, D	A	B	D				
		5	6					
		3		8				
			5	6				
5	C, D	C	D			C	D	Fruchtriese
		8	3			8	3	
						4		7
							6	5

Ferner ist Ihnen aus Vorstudien bekannt, dass 45% der Personen in der Zielgruppe die neue Marke in ihr „Relevant Set" aufnehmen werden.

- Berechnen Sie den Marktanteil von Fruchtriese nach dem Präferenzmodell. Runden Sie Ihr Ergebnis jeweils auf die dritte Nachkommastelle.

- Berechnen Sie den Marktanteil von Fruchtriese nach dem ASSESSOR-Modell.

- Wie schätzen Sie die Situation Ihres neuen Produktes im Vergleich zu den Wettbewerbsprodukten ein?

Aufgabe 11-3:
INNOVATIONSMANAGEMENT – SCORINGMODELLE, ASSESSOR-MODELL UND INVESTITIONSRECHNUNG

Sie sind Produktmanager bei einem Hersteller von Milchprodukten, der einen neuen Vanillepudding auf den Markt bringen möchte. Im Rahmen der Konzeptbewertung und -selektion wurden die verschiedenen Produktkonzepte bereits von einem funktionsübergreifenden Team aus Spezialisten anhand verschiedener Kriterien bewertet (siehe Tabelle). Für jedes Kriterium haben sich die Spezialisten auf ein relatives Gewicht und einen Punktewert von 1 (sehr niedrig) bis 10 (sehr hoch) geeinigt. Die abschließende Konzeptbewertung und Konzeptselektion soll nun von Ihnen vorbereitet werden.

Beurteilungs-kriterium	Relatives Gewicht	Punktewert Konzept A	Punktewert Konzept B	Punktewert Konzept C
Technische Realisierbarkeit	10%	3	7	2
Unterstützung strategischer Ziele	10%	5	3	9
Befriedigung von Kundennutzen	10%	6	4	9

Beurteilungs-kriterium	Relatives Gewicht	Punktewert Konzept A	Punktewert Konzept B	Punktewert Konzept C
Erschließung neuer Kundensegmente	20%	4	2	10
Profilierung gegenüber dem Handel	5%	1	4	5
Kooperationsbereit-schaft des Handels	15%	3	3	7
Verbesserung der eigenen Marktposition	15%	3	3	8
Erlangung von Wettbewerbsvorteilen	15%	5	3	9

a) Bewerten Sie anhand der Informationen aus der Tabelle die Produktkonzepte und geben Sie eine Empfehlung ab. Was könnte sich im weiteren Verlauf der Produkteinführung als problematisch erweisen? Welche Restriktionen müssen Sie grundsätzlich bei dieser Vorgehensweise beachten?

b) Nun sollen Sie den langfristigen Marktanteil des am besten bewerteten Produktkonzepts auf Basis folgender Annahmen und unter Anwendung eines geeigneten Modells schätzen:

- Unterstellt man einen Bekanntheitsgrad und eine Erhältlichkeit von 100% für das neue Produkt, beträgt die Versuchskaufwahrscheinlichkeit 40%.

- Die Erhältlichkeit des Produktes beträgt 60%, der Bekanntheitsgrad entspricht zwei Drittel des Erhältlichkeitswerts.

- Die Wahrscheinlichkeit, dass ein Kunde das neue Produkt unentgeltlich als Probe erhält und auch nutzt, beträgt 8,2%.

- Die Wahrscheinlichkeit, dass ein Kunde von einem alten Produkt zum neuen Produkt wechselt, beträgt 56%.

- Die Wahrscheinlichkeit für einen Wiederkauf des neuen Produktes liegt bei 91%.

Hinweis: Runden Sie Ihr Ergebnis jeweils auf die dritte Nachkommastelle.

c) Mithilfe des Präferenzmodells von ASSESSOR wurde ein Marktanteil von 13% ermittelt. Der Markt für den Vanillepudding wird auf insgesamt 8.000.000 absetzbare Einheiten pro Jahr geschätzt. Der Preis für den Vanillepudding soll 0,89 EUR betragen. Die variablen Stückkosten betragen 0,25 EUR. Aufgrund von Erfahrungskurveneffekten gehen Sie jedoch davon aus, dass sich dieser Wert ab dem vierten Jahr um 10% reduzieren lässt. Weiterhin fallen jährlich Marketingkosten in Höhe von 600.000 EUR an. Zu Beginn fallen zudem einmalige Fixkosten in Höhe von 300.000 EUR an. Kalkuliert wird mit einem Zinssatz von 8%. Das Management will den Vanillepudding nur einführen, wenn dieser spätestens nach 4 Jahren profitabel ist.

Berechnen Sie den langfristigen Marktanteil basierend auf den Schätzungen aus Aufgabenteil b) und c). Führen Sie eine Investitionsrechnung durch und geben Sie eine abschließende Empfehlung bezüglich der Einführung des Vanillepuddings ab.

Aufgabe 11-4:
INNOVATIONSMANAGEMENT – INVESTITIONSRECHNUNG

Die Innovativ AG beabsichtigt, ihre Marktposition durch die Erweiterung ihres Produktsortiments um ein weiteres hochinnovatives Produkt auszubauen. Die bisherigen Konzepttests sowie die Testmarktsimulation bescheinigen der neuen Produktidee sehr gute Marktchancen. Dennoch möchte die Geschäftsführung ihre Entscheidung über die Umsetzung des Prototyps nicht ohne Informationen über dessen Wirtschaftlichkeit fällen.

Als Ausgangspunkt liegen folgende Daten der Marketing- und Controllingabteilung vor:

Periode	0	1	2	3
Stückpreis	21	19	16	15
Rohstoffe	7	6	5	3
Hilfsstoffe	3	2	1	1
Verpackung	5	4	1	1
Maschinen	100.000	90.000	70.000	60.000
Personal	70.000	70.000	70.000	70.000
Marketing & Distribution	230.000	210.000	180.000	100.000

In der Einführungsperiode rechnet der zuständige Produktmanager mit einem Absatz von 20.000 Einheiten. Hinsichtlich der zukünftigen Absatzentwicklung geht er von einer jährlichen Marktdurchdringung von 20% aus.

a) Ermitteln Sie den Kapitalwert des Produktkonzeptes unter Annahme eines Kapitalzinssatzes von 10%. Wie würde die Entscheidung der Geschäftsführung über die Umsetzung des Konzeptes nach diesem Kriterium ausfallen?

b) Die unbeständige Konjunkturlage sowie die Ankündigung der Konkurrenz, sich ebenfalls in der neuen Produktkategorie etablieren zu wollen, hat die Marketingabteilung dazu veranlasst, ihre bisherige Gewissheit über die potenziellen Absatzzahlen zu revidieren. Es wurden daher für jede Periode folgende unterschiedlich wahrscheinliche Absatzszenarien ermittelt:

- In Periode 0 gehen Sie davon aus, dass Sie mit einer Wahrscheinlichkeit von 20% 15.000 und mit einer Wahrscheinlichkeit von 80% 20.000 Einheiten absetzen können.

- In Periode 1 gehen Sie davon aus, dass Sie mit einer Wahrscheinlichkeit von 30% 18.000 und mit einer Wahrscheinlichkeit von 70% 24.000 Einheiten absetzen können.

- In Periode 2 gehen Sie davon aus, dass Sie mit einer Wahrscheinlichkeit von 40% 25.000 und mit einer Wahrscheinlichkeit von 60% 28.800 Einheiten absetzen können.

- In Periode 3 gehen Sie davon aus, dass Sie mit einer Wahrscheinlichkeit von 50% 30.000 bzw. 34.560 Einheiten absetzen können.

Welcher Kapitalwert ergibt sich unter diesen Bedingungen? Welche Auswirkung hat dies auf die Umsetzungsentscheidung? Gehen Sie von einem Kapitalzinssatz von 10% aus und runden Sie auf ganze Zahlen.

Aufgabe 11-5:
INNOVATIONSMANAGEMENT – BASS-MODELL

Als Leiter der Marktforschung eines Unternehmens, das u.a. Mobiltelefone herstellt, sollen Sie im Auftrag der Marketingleitung die Diffusion eines neuen Produktes berechnen.

Sie unterstellen für den Diffusionsprozess des neuen Produktes, dass dieser mit dem Bass-Modell abgebildet werden kann:

$$q_t = \alpha\,(\bar{Q}\text{-}Q_{t\text{-}1}) + \beta\,\frac{Q_{t\text{-}1}}{\bar{Q}}\,(\bar{Q}\text{-}Q_{t\text{-}1})$$

Zur Kalibrierung des Modells greifen Sie auf die vorhandenen Absatzdaten eines ähnlichen Produktes zurück. Eine Regressionsanalyse auf Basis dieser Daten liefert die folgende Modellstruktur (in der Notation des Bass-Modells):

$$q_t = 1.000 + 0,3\,Q_{t\text{-}1} - 0,0001\,Q_{t\text{-}1}^2 \quad \text{mit} \quad q_t = \text{Absatz in Periode t}$$

$$Q_{t\text{-}1} = \text{Kumulierter Absatz bis zur Periode t-1}$$

a) Ermitteln Sie auf dieser Basis die folgenden Parameter des Bass-Modells: α, β und $\bar{Q}$.

b) Wie interpretieren Sie die Lösung? Was sagen die Parameter α und β aus?

c) Ist die Markteinführung des neuen Produktes wirtschaftlich sinnvoll? Stützen Sie Ihre Argumentation auf folgende grob geschätzten Daten: Sie nehmen an, das neue Produkt zu einem Preis p von rund 250 EUR absetzen zu können. Die variablen Stückkosten k_v betragen ungefähr 50 EUR. Im Zusammenhang mit der Herstellung und Vermarktung unterstellen Sie für die Dauer der gesamten Marktpräsenz einen Fixkostenblock K_f in Höhe von 7.500.000 EUR.

Aufgabe 11-6:
INNOVATIONSMANAGEMENT – NETZPLANTECHNIK

Für eine Neuprodukteinführung sind folgende notwendige Arbeitsschritte identifiziert worden:

Vorgangsbezeichnung	Abkürzung des Vorgangs	Vorher abzuschließende Vorgänge	Dauer des Vorgangs (in Monaten)
Testmarktsimulation	a	-	1
Werbeplanung	b	d	2
Verkaufstraining	c	b	1
Einführungsentscheidung	d	a	1
Produktionsaufbau	e	d	3
Kontrolle des Markterfolges	f	i, l	1
Rohmaterialbeschaffung	g	e	2
Testproduktion	h	g	1
Verschickung	i	h	3
Innerbetriebliche Koordination	j	g	2
Flächendeckende Einführung	k	f	1
Verhandlungen mit Handel	l	c, j	1

a) Zeichnen Sie den sich hieraus ergebenden Netzplan mit den entsprechenden Aktivitäten (Hinweis: Das Projekt ist in einem Netzplan mit 11 Knoten darstellbar).

b) Berechnen Sie mittels Vorwärts- und Rückwärtsrekursion die kürzestmögliche Gesamtdauer, für jeden Vorgang die maximale Pufferzeit sowie den kritischen Pfad.

Aufgabe 11-7:
INNOVATIONSMANAGEMENT – NETZPLANTECHNIK

Aufgrund von Umbauarbeiten der PR-Werbefläche im Eingangsbereich eines Elektronikunternehmens tritt der Abteilungsleiter an Sie heran. Er hat bislang nur Positives über Sie gehört und möchte nun Ihre Meinung zu dem nachfolgenden Projektplan hören. Insbesondere hofft der Abteilungsleiter, dass die Umbauarbeiten bis zum „Tag der offenen Tür", an dem Sie viele neugierige Kunden erwarten, abgeschlossen sein werden. Der „Tag der offenen Tür" wird in 10 Arbeitstagen stattfinden. Ein normaler Arbeitstag beginnt um 9:00 Uhr und endet um 17:00 Uhr mit einer Mittagspause von 12:00 Uhr bis 13:00 Uhr.

Wie lange darf der Vorgang der „Lieferung, Aufbau und Einsortieren der neuen PR-Werbefläche" maximal andauern, damit die Umbauarbeiten rechtzeitig fertig sind?

Nutzen Sie hierzu Ihre Kenntnisse zur Netzplantechnik, indem Sie die kürzeste Projektdauer mit Hilfe der Vorwärtsrekursion der Critical Path Method berechnen.

Ermitteln Sie anschließend, wie viel Puffer Ihnen während der Umbauarbeiten zur Verfügung steht und bei welchen Vorgängen Sie in Abhängigkeit der Dauer des Vorgangs „Lieferung, Aufbau und Einsortieren der neuen PR-Werbefläche" keine Verzögerung zulassen können.

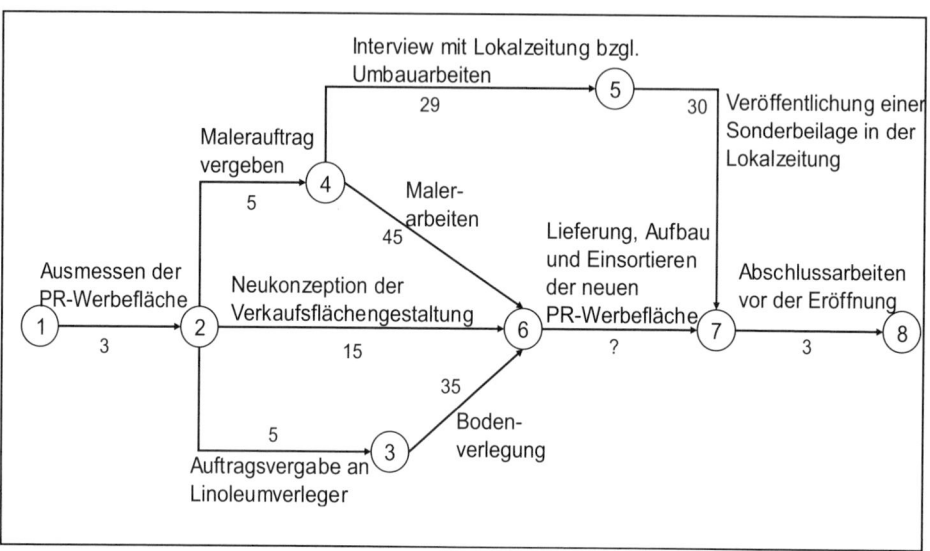

Aufgabe 11-8:

MANAGEMENT ETABLIERTER PRODUKTE – KOMPLEXITÄTSKOSTENANALYSE

Ein Automobilhersteller hat festgestellt, dass die Vielzahl an Varianten hohe Komplexitätskosten verursacht und möchte sie daher besser managen. Hierzu hat er Sie als Berater engagiert.

a) Welche prinzipiellen Möglichkeiten stehen dem Automobilhersteller zur Verfügung?

b) Wenn der Automobilhersteller die Variantenanzahl reduzieren würde, könnte er jährlich rund 12 Mio. EUR an variantenspezifischen Lagerkosten und zudem einen Verwaltungsaufwand von rund 3 Mio. EUR einsparen. Die Einsparungen für die Qualitätsmaßnahmen betragen erfahrungsgemäß rund zwei Drittel der Kosten für den begleitenden Kundendienst. Wie hoch müssten die Einsparungen für Qualitätsmaßnahmen und den begleitenden Kundendienst mindestens sein, wenn der Absatz sich durch die Variantenreduktion um 22.000 Kunden reduziert, wobei eine Durchschnittsmarge von 960 EUR für jeden dieser 22.000 Kunden angenommen wird?

Hinweis: Runden Sie Ihr Ergebnis jeweils auf die dritte Nachkommastelle.

11.2   Lösungshinweise

Lösungshinweise zur Aufgabe 11-1:
INNOVATIONSMANAGEMENT – CONJOINT-ANALYSE
(GMM: Abschnitt 5.2; MM: Abschnitt 11.2)

a)   **Grundidee der Conjoint-Analyse:**

- Gesamtbeurteilung von Produkten (Gesamtnutzen) und damit Rückschlüsse auf die Bedeutung einzelner Merkmalsausprägungen (Teilnutzen).

- Aussagen über die Wirkung von Änderungen einzelner Merkmalsausprägungen auf den wahrgenommenen Nutzen.

- Quantifizierung der Wichtigkeit einzelner Produktmerkmale für den Kunden.

b)   **Anwendungsgebiete der Conjoint-Analyse:**

- Produktgestaltung (z.B. Welches Produkt- bzw. Servicepaket wird vom Kunden gegenüber anderen präferiert?)

- Preispolitik (z.B. Wie viel darf eine neue Produkteigenschaft kosten?)

- Marktsegmentierung (z.B. Welche Produkteigenschaften vermitteln in einzelnen Marktsegmenten einen besonders hohen Nutzen?)

c)   **Vorteile der Conjoint-Analyse:**

- Orientierung am Kundennutzen in einer frühen Phase (Ideenkonkretisierung) des Innovationsprozesses und dadurch Senkung des Risikos für Neuproduktflops.

- Ableitung von Aussagen, wie eine Vielzahl hypothetischer Produkte mit unterschiedlichen Ausprägungen von Kunden bewertet werden, ohne dass alle Produktvarianten zur Bewertung tatsächlich vorliegen (Kosteneinsparung, Geschwindigkeit).

- Vermeidung von Over-Engineering, d.h. Steigerung der Leistungsfähigkeit eines Produktes, der kein nennenswerter Zuwachs an Kundennutzen entgegensteht, wird vermieden.

- Ermittlung der Zahlungsbereitschaft der Kunden für Produktverbesserungen.

Nachteile der Conjoint-Analyse:

- Entwicklung einer völlig neuen Produktkategorie schwierig: Für eine valide Bewertung muss der Kunde einigermaßen mit den Produktmerkmalen und -ausprägungen vertraut sein.

- Annahme einer additiven Nutzenfunktion: Unterstellung der gegenseitigen Kompensation der Nutzenmerkmale, so dass Basisanforderungen der Kunden nicht berücksichtigt werden, wenn sie nicht explizit bei der Conjoint-Analyse vorab als Basisanforderungen definiert werden (z.B. Sicherheit eines Flugzeuges kann nicht durch fünfmalige Essensausgabe während des Fluges kompensiert werden); Lösung: Basisanforderungen nicht in das Design aufnehmen.

- Voraussetzung der Unabhängigkeit der Merkmale: Bei Merkmalen, die eine hohe „Ausstrahlungswirkung", wie bspw. das Merkmal „Marke", auf andere Merkmale besitzen (da i.d.R. Personen bestimmte Marken mit bestimmten Eigenschaften in Verbindung bringen).

- Hohe Komplexität: Bspw. 8 Merkmale mit je 5 Ausprägungen. Das bedeutet, dass 5^8 mögliche Profile vorhanden sind, aber nur ein Bruchteil davon kann bei den Kunden abgefragt werden; Lösung: Adaptive Conjoint-Analysis, d.h. Rückschlüsse werden aus den vorausgehenden Paarvergleichen bei der Selektion der weiteren Paarvergleiche gezogen.

- Wichtigkeitsermittlung: Die Wichtigkeit eines Merkmals ist abhängig vom Spektrum und somit tendenziell von der Spannbreite der Merkmalsausprägungen; bei extremen Merkmalsausprägungen bspw. des Benzinverbrauchs von 3-25 l pro 100 km wird dieses Merkmal künstlich wichtig gemacht. Zusätzlich kann eine Auskunftsperson weit auseinander liegende Ausprägungen nicht mehr richtig durch ihren Erfahrungsbereich erfassen; Lösung: Spannbreiten für alle Merkmale vergleichbar machen und den optimalen Bereich dabei abdecken.

d) **Ermittlung der Wichtigkeit der einzelnen Merkmale:**

Merkmal	Absolute Wichtigkeit	Relative Wichtigkeit
Prozessor	0,8 – 0,3 = 0,5	0,5 / 2,5 * 100 = 20%
Festplattenkapazität	0,7 – 0,1 = 0,6	0,6 / 2,5 * 100 = 24%
Displaygröße	0,6 – 0,1 = 0,5	0,5 / 2,5 * 100 = 20%
Preis	1 – 0,1 = 0,9	0,9 / 2,5 * 100 = 36%
Summe	**0,5 + 0,6 + 0,5 + 0,9 = 2,5**	**100%**

e) **Gesamtnutzenwerte der Produktalternativen:**

Merkmal	Notebook 1		Notebook 2		Notebook 3	
	Merkmals-ausprägung	Teil-nutzen	Merkmals-ausprägung	Teil-nutzen	Merkmals-ausprägung	Teil-nutzen
Prozessor	1,8 GHz	0,8	1,4 GHz	0,5	1,8 GHz	0,8
Festplat-tenkapa-zität	40 GB	0,6	40 GB	0,6	60 GB	0,7
Display	14,1 Zoll	0,5	15,1 Zoll	0,6	14,1 Zoll	0,5
Preis	1.500 €	0,7	1.000 €	1	2.000 €	0,1
Gesamt-nutzen		**2,6**		**2,7**		**2,1**

Lösungshinweise zur Aufgabe 11-2:
INNOVATIONSMANAGEMENT – ASSESSOR-MODELL
(MM: Abschnitt 11.2)

a) **Prognose des langfristigen Marktanteils M:**

$M = T * S$

Schätzung der langfristigen Versuchskaufrate T:

$T = F * K * D + C * U - (F * K * D) * (C * U)$

mit F = Bedingte Versuchskaufwahrscheinlichkeit (Bekanntheit und Distribution von 100%)

   K = Bekanntheitsgrad (Wahrscheinlichkeit für Aufmerksamkeit der neuen Marke)

   D = Distribution (Wahrscheinlichkeit für Verfügbarkeit der neuen Marke)

   C = Wahrscheinlichkeit, dass Konsument Probe der neuen Marke erhält („Couponing")

   U = Bedingte Wahrscheinlichkeit, dass Konsument nach Erhalt der Probe Versuchskauf tätigt

$F * K * D = 0,185$

$C * U = 0,105$

$T = 0,185 + 0,105 - (0,185 * 0,105) = 0,271$

Schätzung der langfristigen Wiederkaufrate S:

$S = p_{01} / (1 + p_{01} - p_{11})$

mit p_{01} = Übergangswahrscheinlichkeit erstmalige Wahl

p_{11} = Übergangswahrscheinlichkeit Wiederwahl

1 = Fruchtriese

0 = Alle sonstigen Produkte

1) Berechnung der Zeilensummen:

		Käufer in t		
		Fruchtriese	Sonstige	Summe
Käufer in t-1	Fruchtriese	275	225	500
	Sonstige	325	175	500

2) Ermittlung der Übergangswahrscheinlichkeiten:

		Käufer in t		
		Fruchtriese	Sonstige	Summe
Käufer in t-1	Fruchtriese	0,55	0,45	1,0
	Sonstige	0,65	0,35	1,0

$S = 0,65 / (1 + 0,65 - 0,55)$

$S = 0,591$

b) Schätzung des langfristigen Marktanteils nach dem Trial-Repeat-Modell:

$M = 0,271 * 0,591$

$M = 0,16$

Die langfristige Marktanteilsprognose für das Produkt Fruchtriese beträgt nach dem Trial-Repeat Modell 16%.

c) Während die Wiederkaufrate (S) mit fast 60% sehr hoch ist, bleibt die Verkaufsrate (T) mit 27% hinter den Erwartungen zurück.

- **Diagnostische Information:**

  - Haben Kunden das Produkt einmal probiert, sind sie mit diesem sehr zufrieden und würden in fast 60% der Fälle das Produkt wieder kaufen.

  - Relativ hohe Präferenzwerte und Kaufwahrscheinlichkeiten auch bei denjenigen Probanden, die Fruchtriese im Rahmen des Präferenzmodells gewählt haben.

- **Implikationen für das Marketing:**

  - Keine Produktverbesserungen bzw. -modifikationen notwendig.

  - Erhöhung der Erstkaufrate durch intensive Marketingmaßnahmen, z.B. Couponing, Vergabe von Produktproben etc.

d) **Schätzung des langfristigen Marktanteils nach dem Präferenzmodell:**

1) Präferenz- und Kaufwahrscheinlichkeitsbestimmung am Beispiel von Kunde 1:

Proband	Relevant Set	Paarvergleiche $p_i(l)$				Vergleich mit Einbeziehung von Fruchtriese $\tilde{p}_i(l)$				
		A	C	D	Σ	A	C	D	Fruchtriese	Σ
1	A, C, D	4	7		11	4	7			11
		7		4	11	7		4		11
			8	3	11		8	3		11
						7			4	11
							7		4	11
								2	9	11
Präferenzwerte		11	15	7	33	18	22	9	17	66
Kaufwahrscheinlichkeiten		0,333	0,455	0,212		0,273	0,333	0,136	0,258	

2) Bestimmung der Kaufwahrscheinlichkeiten (Marktanteilsschätzung Fruchtriese):

	$p_i(l)$				$\tilde{p}_i(l)$					
	A	B	C	D	A	B	C	D	Fruchtriese	
1	0,333		0,455	0,212	0,273		0,333	0,136	0,258	= 1*
2	0,364			0,636						
3		0,727		0,273		0,333		0,212	0,455	= 2*
4	0,242	0,333		0,424						
5			0,727	0,273			0,364	0,272	0,364	= 3*

$$M(*) = E * \frac{1}{n^*} \sum_{i=1}^{n^*} \tilde{p}_i(*)$$

$$M \text{ (Fruchtriese)} = 0,45 * \frac{0,258 + 0,455 + 0,364}{3}$$

M (Fruchtriese) = 0,162

Die Marktanteilsschätzung für Fruchtriese beträgt nach dem Präferenzmodell von ASSESSOR 16,2%.

3) Berechnung des Marktanteils von Fruchtriese nach dem ASSESSOR-Modell:

Marktanteilsschätzung nach Trial-Repeat-Modell: 0,160

Marktanteilsschätzung nach Präferenzmodell: 0,162

M (Fruchtriese) = ½ * (0,160 + 0,162)

M (Fruchtriese) = 0,161

Nach ASSESSOR ergibt sich ein Marktanteil für Fruchtriese von 16,1%.

4) Berechnung der Kaufwahrscheinlichkeiten und der Marktanteile M_1 und M_2:

$$M_1(l) = \frac{1}{n^*} \sum_{i=1}^{n^*} \tilde{p}_i(l) \qquad M_2(l) = \frac{1}{N-n^*} \sum_{i=n^*+1}^{N} p_i(l)$$

	$p_i(l)$				$\tilde{p}_i(l)$					
	A	B	C	D	A	B	C	D	Frucht-riese	
1	0,333		0,455	0,212	0,273		0,333	0,136	0,258	= 1*
2	0,364			0,636						
3		0,727		0,273		0,333		0,212	0,455	= 2*
4	0,242	0,333		0,424						
5			0,727	0,273			0,364	0,272	0,364	= 3*
M_1					0,091	0,111	0,232	0,207	0,359	
M_2	0,303	0,167	0,000	0,530						

5) Marktanteilsschätzung für die etablierten Marken:

M (l) = E* M_1 (l) + (1 – E*) M_2 (l)

M (A) = (0,45 * 0,091) + (0,55 * 0,303) = 0,208 = 20,8%

M (B) = (0,45 * 0,111) + (0,55 * 0,167) = 0,142 = 14,2%

M (C) = (0,45 * 0,232) + (0,55 * 0,000) = 0,104 = 10,4%

M (D) = (0,45 * 0,207) + (0,55 * 0,530) = 0,384 = 38,4%

Fruchtriese = 16,2 %

Schlussfolgerungen:

- Eine Markteinführung ist derzeit nicht ratsam (3. Position).

- Weitere Verbesserung sind notwendig (siehe Aufgabenteil c)).

Lösungshinweise zur Aufgabe 11-3:
INNOVATIONSMANAGEMENT – SCORINGMODELLE, ASSESSOR-MODELL UND INVESTITIONSRECHNUNG (MM: Abschnitt 11.2)

a) **Berechnung des Punktwerts der einzelnen Konzepte:**

Punktwert Konzept A:

0,1 * 3 + 0,1 * 5 + 0,1 * 6 + 0,2 * 4 + 0,05 * 1 + 0,15 * 3 + 0,15 * 3 + 0,15 * 5 = 3,90

Punktwert Konzept B:

0,1 * 7 + 0,1 * 3 + 0,1 * 4 + 0,2 * 2 + 0,05 * 4 + 0,15 * 3 + 0,15 * 3 + 0,15 * 3 = 3,35

Punktwert Konzept C:

0,1 * 2 + 0,1 * 9 + 0,1 * 9 + 0,2 * 10 + 0,05 * 5 + 0,15 * 7 + 0,15 * 8 + 0,15 * 9 = 7,85

Empfehlung für Konzept C:

Problematisch ist der sehr niedrige Wert bei der technischen Realisierbarkeit. Dieser könnte sich im Rahmen der weiteren Produkteinführung als problematisch/kostenintensiv herausstellen.

Zentrale Restriktionen von Scoring-Modellen:

- Subjektivität bei der Auswahl sowie der Gewichtung der Kriterien und bei der Beurteilung der alternativen Produktkonzepte.

- Gegenseitige Kompensation der einzelnen Kriterien kann zu Fehleinschätzungen bei unkritischer Anwendung von Scoring-Modellen führen.

b) **Schätzung des langfristigen Marktanteils nach dem Trial-Repeat-Modell:**

Marktanteil: $M = T * S$

mit T = Versuchskaufrate

        S = Wiederkaufrate

$T = F * K * D + C * U - (F * K * D) * (C * U)$

$\quad = 0{,}40 * 0{,}40 * 0{,}60 + 0{,}082 - (0{,}40 * 0{,}40 * 0{,}60) * 0{,}082$

$\quad = 0{,}096 + 0{,}082 - 0{,}00787 = 0{,}170$

$S = p_{01} / (1 + p_{01} - p_{11})$ mit $p_{01} = 0{,}56$ und $p_{11} = 0{,}91$

$S = 0{,}56 / (1 + 0{,}56 - 0{,}91) = 0{,}56 / 0{,}65 = 0{,}862$

$M = 0{,}170 * 0{,}862 = 0{,}15$

c) **Schätzung des langfristigen Marktanteils:**

$M = (15\% + 13\%) / 2 = 14\%$

Jährlich verkaufte Stückzahl = $8.000.000 * 0{,}14 = 1.120.000$

Durchführung einer Investitionsrechnung (Berechnung des Kapitalwertes):

Zeitraum	t = 1	t = 2	t = 3	t = 4
Stückzahl	1.120.000	1.120.000	1.120.000	1.120.000
Stückpreis	0,89	0,89	0,89	0,89
Variable Stückkosten	0,25	0,25	0,25	0,225
Stückdeckungsbeitrag	0,64	0,64	0,64	0,665
Gesamtdeckungsbeitrag	716.800	716.800	716.800	744.800
Fixe Kosten				
Fixkosten allg.	300.000			
Marketingkosten	600.000	600.000	600.000	600.000
Summe der Fixkosten	900.000	600.000	600.000	600.000
Differenz aus Deckungs- beitrag und Fixkosten	-183.200	116.800	116.800	144.800

Zeitraum	t = 1	t = 2	t = 3	t = 4
Abgezinster Wert dieser Differenz (Kalkulationszinssatz von 8%)	-183.200	108.148,15	100.137,17	114.946,91
Kumulierter abgezinster Wert dieser Differenz	-183.200	-75.051,85	25.085,32	140.032,23

Kapitalwert (t = 4) = 140.032,23 > 0 → Vanillepudding einführen!

Lösungshinweise zur Aufgabe 11-4:
INNOVATIONSMANAGEMENT – INVESTITIONSRECHNUNG
(MM: Abschnitt 11.2)

a) **Ermittlung des Kapitalwertes:**

Periode	0	1	2	3
Stückzahl	20.000	24.000	28.800	34.560
Stückpreis	21	19	16	15
Variable Kosten	15	12	7	5
Fixe Kosten	400.000	370.000	320.000	230.000

Stückdeckungsbeitrag	6	7	9	10
Gesamtdeckungsbeitrag	120.000	168.000	259.200	345.600
Zahlungsdifferenz	-280.000	-202.000	-60.800	115.600
Barwert	-280.000	-183.636	-50.248	86.852

Es ergibt sich ein Kapitalwert von -427.032.

Aufgrund des negativen Kapitalwertes handelt es sich um kein wirtschaftlich vorteilhaftes Produktkonzept. Eine Umsetzung erscheint deshalb nicht sinnvoll.

b) **Ermittlung des Kapitalwertes unter veränderten Rahmenbedingungen:**

Periode	0	1	2	3
Stückzahl	15.000; 20.000	18.000; 24.000	25.000; 28.800	30.000; 34.560
Wahrscheinlichkeit	0,2; 0,8	0,3; 0,7	0,4; 0,6	0,5; 0,5
Stückpreis	21	19	16	15
Variable Kosten	15	12	7	5
Fixe Kosten	400.000	370.000	320.000	230.000

Periode	0	1	2	3
E [Stückzahl]	19.000	22.200	27.280	32.280
Stückdeckungsbeitrag	6	7	9	10
Gesamtdeckungsbeitrag	114.000	155.400	245.520	322.800
Zahlungsdifferenz	-286.000	-214.600	-74.480	92.800
Barwert	-286.000	-195.091	-61.554	69.722

Es ergibt sich ein Kapitalwert von -472.923.

Aufgrund des negativen Kapitalwertes handelt es sich erneut um kein wirtschaftlich vorteilhaftes Produktkonzept. Eine Umsetzung erscheint deshalb nicht sinnvoll.

Lösungshinweise zur Aufgabe 11-5:
INNOVATIONSMANAGEMENT – BASS-MODELL
(GMM: Abschnitt 1.1; MM: Abschnitt 11.2)

a) **Ermittlung der Parameter des Bass-Modells:**

Annahmen:

Innovatorische Komponente: $q_{1,t} = \alpha(\overline{Q} - Q_{t-1})$

Imitatorische Komponente: $q_{2,t} = \beta \dfrac{Q_{t-1}}{\overline{Q}} (\overline{Q} - Q_{t-1})$

$q_t = q_{1,t} + q_{2,t}$

$q_t = \alpha(\overline{Q} - Q_{t-1}) + \beta \dfrac{Q_{t-1}}{\overline{Q}} (\overline{Q} - Q_{t-1})$

$q_t = (\alpha + \beta \dfrac{Q_{t-1}}{\overline{Q}})(\overline{Q} - Q_{t-1})$

$q_t = a_0 + a_1 Q_{t-1} + a_2 Q^2_{t-1}$

$a_0 = \alpha\overline{Q}, \, a_1 = \beta - \alpha, \, a_2 = -\beta / \overline{Q}$

1) Modellstruktur: $q_t = 1.000 + 0{,}3\, Q_{t-1} - 0{,}0001 Q^2_{t-1}$

$$\underbrace{a_0 = \overline{Q}}\quad \underbrace{a_1 = \beta - \alpha}\quad \underbrace{a_2 = -\dfrac{\beta}{\overline{Q}}}$$

Verknüpfung mit den Parametern des Bass-Modells:

$a_0 = \alpha\overline{Q} = 1.000 \quad a_1 = \beta - \alpha = 0{,}3 \quad a_2 = -\dfrac{\beta}{\overline{Q}} = -\dfrac{1}{10^4}$

2) Auflösen der ersten und dritten Gleichung nach α bzw. ß und Einsetzen in die zweite Gleichung:

$$\alpha = \frac{1.000}{\overline{Q}} \qquad \beta = \frac{\overline{Q}}{10^4}$$

$$\beta - \alpha = \frac{\overline{Q}}{10^4} - \frac{1.000}{\overline{Q}} = 0,3$$

Durch Multiplikation mit 10^4 und $\overline{Q}$ sowie Subtraktion von 0,3 erhält man folgende quadratische Gleichung:

$$\overline{Q}^2 - 3.000\,\overline{Q} - 10.000.000 = 0$$

Berechnung anhand folgender Formel:

$$x_{1,2} = -\frac{p}{2} \pm \sqrt{\left(\frac{p}{2}\right)^2 - q}$$

Die Gleichung hat folgende positive Lösung:

$$\overline{Q} = 5.000$$

Durch Einsetzen in die Parameter des Bass-Modells erhält man folgende Lösungen für α und β:

$$\alpha = 1.000 / 5.000$$

$$\alpha = 0,2$$

$$\beta - 0,2 = 0,3$$

$$\beta = 0,5$$

b) **Interpretation der Parameter:**

- Absatzverlauf des Modells ist abhängig von den Parametern α und ß.

- Imitationsrate ß ist deutlich größer als die Innovationsrate α.

- Somit erhält man einen lebenszyklusähnlichen Verlauf der q_t-Kurve:

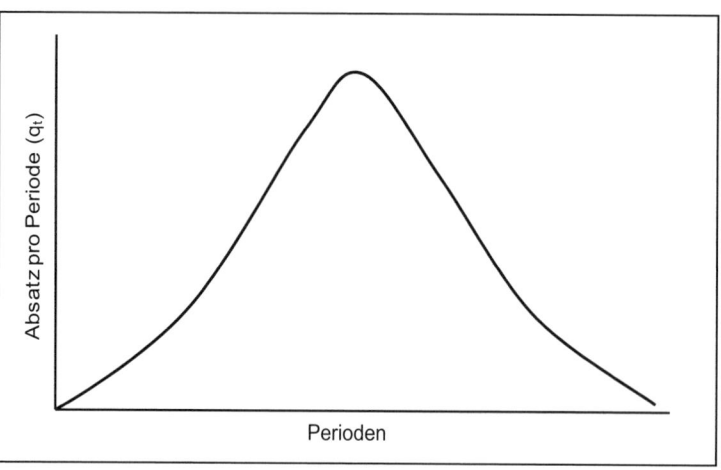

c) **Beurteilung der Wirtschaftlichkeit:**

Beurteilung der Wirtschaftlichkeit anhand der Break-Even-Analyse:

Gewinnschwellenmenge (Break-Even-Point) = Fixe Kosten / Stückdeckungsbeitrag

Fixe Kosten: 7.500.000 EUR

Stückdeckungsbeitrag: 250 – 50 = 200 EUR

Break-Even-Point: 7.500.000 / 200 = 37.500

Da sich das Marktpotenzial des neuen Produktes auf lediglich 5.000 Stück beläuft, ist eine Markteinführung des Produktes nicht sinnvoll.

a) **Erstellung des Netzplans:**

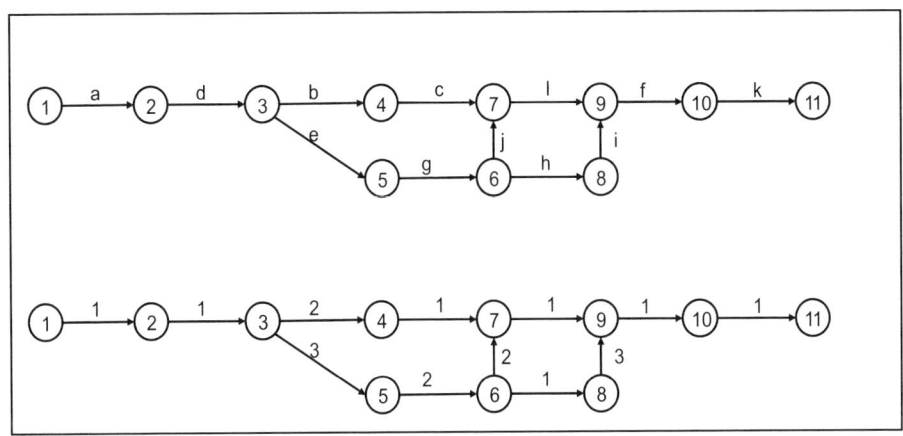

b) **Vorwärts- und Rückwärtsrekursion:**

<i, j>	d_{ij}	Frühester Beginn	Spätester Beginn	Frühester Abschluss	Spätester Abschluss	Max. Puffer
<1, 2>	1	0	0	1	1	0
	1	1	1	2	2	0
<3, 4>	2	2	7	4	9	5
<3, 5>	3	2	2	5	5	0
<4, 7>	1	4	9	5	10	5
<5, 6>	2	5	5	7	7	0
<6, 7>	2	7	8	9	10	1
<6, 8>	1	7	7	8	8	0
<7, 9>	1	9	10	10	11	1
<8, 9>	3	8	8	11	11	0
<9, 10>	1	11	11	12	12	0
<10, 11>	1	12	12	13	13	0

Die kürzestmögliche Gesamtdauer beträgt 13 Monate. Dabei sind die Vorgänge
<1, 2>, <2, 3>, <3, 5>, <5, 6>, <6, 8>, <8, 9>, <9, 10> und <10, 11> kritisch.

Lösungshinweise zur Aufgabe 11-7:
INNOVATIONSMANAGEMENT – NETZPLANTECHNIK
(MM: Abschnitt 11.2)

Vor-gang	<i, j>	Frühes-ter Be-ginn	Frühester Abschluss	Spätester Beginn	Spätes-ter Ab-schluss	Puffer
A_1	<1, 2>	0	30	0	30	**0**
A_2	<2, 3>	30	50	40	60	10
A_3	<2, 4>	30	50	35	55	5
B_1	<2, 6>	30	90	30	90	**0**
B_2	<3, 6>	50	80	60	90	10
C_1	<4, 6>	50	85	55	90	5
C_2	<6, 7>	90	105	90	105	**0**
D_1	<3, 5>	50	70	60	80	10
D_2	<5, 7>	70	95	80	105	10
D_3	<7, 8>	105	125	105	**125**	**0**

10 Arbeitstage = 10 * (17 – 9 – 1) = 70 Stunden

Vorgang	<i, j>	Dauer	Frühes-ter Be-ginn	Frühes-ter Ab-schluss	Spätes-ter Be-ginn	Spätester Abschluss	Puffer
Ausmessen	<1, 2>	3	0	3	19 – X = 0	22 – X = 3	0
Auftrag Linoleum	<2, 3>	5	3	8	15 – X = 13	22 – X = 18	10
Auftrag Maler	<2, 4>	5	3	8	17 – X = 3	22 – X = 8	0
Neukon-zeption	<2, 6>	15	3	18	38	53	35
Boden-verlegen	<3, 6>	35	8	43	18	53	10
Interview	<4, 5>	29	8	37	8	37	0
Maler-arbeiten	<4, 6>	45	8	53	8	53	0
Sonder-beilage	<5, 7>	30	37	67	37	67	0
PR-Werbe-fläche	<6, 7>	X = 14	53	67 – X = 53	53	67	0
Abschluss-arbeiten	<7, 8>	3	67	70	67	70	0

Vorgang <6, 7> darf maximal 14 Stunden dauern:

- Wenn der Vorgang <6, 7> weniger als 14 Stunden andauert, sind <1, 2>, <2, 4>, <4, 5>, <5, 7> und <7, 8> kritisch.

- Wenn der Vorgang <6, 7> genau 14 Stunden beträgt, sind zusätzlich <6, 7> und <4, 6> kritisch.

Lösungshinweise zur Aufgabe 11-8:
MANAGEMENT ETABLIERTER PRODUKTE – KOMPLEXITÄTSKOSTENANALYSE
(MM: Abschnitt 11.3)

a) **Ansätze des Komplexitätskostenmanagements:**

- Komplexitätsvermeidung (antizipative Beschränkung von Komplexität)

- Komplexitätsreduktion (reaktive Beschränkung von Komplexität)

- Komplexitätsbeherrschung (kostengünstige Bewältigung von Komplexität)

b) Vergleich von Erlösrückgang durch Variantenreduktion und Kosteneinsparungen:

Erlösrückgang: 22.000 * 960 EUR = 21,12 Mio. EUR

Kosteneinsparungen: 12 Mio. EUR + 3 Mio. EUR = 15 Mio. EUR, d.h. es müssen noch 6,12 Mio. EUR eingespart werden.

Einsparungen für Kundendienst = x

$6,12 = 2/3\ x + x$

$6,12 = 5/3\ x$

$x = 3,672$

Das heißt die Einsparungen im Kundendienst müssen mindestens 3,672 Mio. EUR betragen. Damit betragen die Einsparungen für Qualitätsmaßnahmen mindestens $3,672 * 2/3 = 2,448$ Mio. EUR.

12. Preispolitik

12.1   **Aufgaben**..**152**

Aufgabe 12-1: Theoretische Grundlagen der Preispolitik –
Lineare Preis-Absatz-Funktion...152

Aufgabe 12-2: Theoretische Grundlagen der Preispolitik –
Lineare Preis-Absatz-Funktion...152

Aufgabe 12-3: Theoretische Grundlagen der Preispolitik –
Multiplikative Preis-Absatz-Funktion 153

Aufgabe 12-4: Theoretische Grundlagen der Preispolitik –
Gutenberg-Modell..153

Aufgabe 12-5: Theoretische Grundlagen der Preispolitik –
Dynamische Preis-Absatz-Funktion 154

Aufgabe 12-6: Theoretische Grundlagen der Preispolitik –
Preisdifferenzierung..155

Aufgabe 12-7: Theoretische Grundlagen der Preispolitik –
Preisbündelung 156

Aufgabe 12-8: Theoretische Grundlagen der Preispolitik –
Sonderpreisaktionen 156

12.2   **Lösungshinweise**...**158**

Lösungshinweise zur Aufgabe 12-1...158

Lösungshinweise zur Aufgabe 12-2...159

Lösungshinweise zur Aufgabe 12-3...160

Lösungshinweise zur Aufgabe 12-4...162

Lösungshinweise zur Aufgabe 12-5...163

Lösungshinweise zur Aufgabe 12-6...164

Lösungshinweise zur Aufgabe 12-7...165

Lösungshinweise zur Aufgabe 12-8...166

12.1 Aufgaben

Aufgabe 12-1:
THEORETISCHE GRUNDLAGEN DER PREISPOLITIK – LINEARE PREIS-ABSATZ-FUNKTION

Die Dumbo AG ist auf die Herstellung von Spielzeugelefanten spezialisiert. Um den Erfolg des neuen Elefanten-Modells „Tuffi" abschätzen zu können, wurde dieses zunächst auf einem abgegrenzten Testmarkt angeboten.

Im August 2008 wurden insgesamt 340 Elefanten zu einem Preis von 41,50 EUR verkauft. Im Folgemonat senkte die Dumbo AG den Preis auf 33 EUR, was zu einer Absatzsteigerung auf 510 Elefanten führte.

a) Ermitteln Sie die Preis-Absatz-Funktion (Annahme: Lineare PAF) und skizzieren Sie diese grafisch.

b) Berechnen Sie die absolute Absatzänderung bei einer Preiserhöhung um eine Einheit.

c) Berechnen Sie die Preiselastizität des Absatzes bei den Preisen p = 20 EUR, 30 EUR, 33 EUR, 41,50 EUR und 50 EUR.

Aufgabe 12-2:
THEORETISCHE GRUNDLAGEN DER PREISPOLITIK – LINEARE PREIS-ABSATZ-FUNKTION

Als Produktmanager des Kosmetikherstellers „Beauty AG" liegen Ihnen die aktuellen Absatzzahlen der Region für den Lippenstift „Miss Beauty" vor. Bei dem derzeitigen Preis von 5 EUR werden 4.000 Lippenstifte verkauft. Ihre Marktforschungsabteilung hat außerdem ermittelt, dass die maximale Absatzmenge bei 10.000 Lippenstiften liegt.

a) Ermitteln Sie mit Hilfe dieser Angaben die Preis-Absatz-Funktion. Unterstellt wird ein linearer Verlauf.

Darüber hinaus sind Sie auch für das Make-up „Dark Skin" zuständig. Über eine Studie konnte für dieses Produkt die Preis-Absatz-Funktion x (p) = 5.000 – 100 p ermittelt werden. Neben der Preis-Absatz-Funktion ist Ihnen auch die Kostenfunktion für dieses Produkt bekannt. Sie lautet K (x) = 1.000 + 8 x.

b) Ermitteln Sie den Preis, bei dem der Umsatz mit „Dark Skin" maximal ist und geben Sie die Elastizität für diesen Preis an.

Aufgabe 12-3:
THEORETISCHE GRUNDLAGEN DER PREISPOLITIK – MULTIPLIKATIVE PREIS-ABSATZ-FUNKTION

Als Marketingleiter des Gebäckherstellers „Krümel GmbH & Co. KG" liegt Ihnen für das Produkt „Keksini" folgende Preis-Absatz-Funktion vor: $x(p) = 17.500 \, e^{-0,5 \, p}$.

a) Ermitteln Sie die Preiselastizität bei folgenden Preisen:

- $p = 1,50$ EUR

- $p = 2,80$ EUR

- $p = 3,60$ EUR

- $p = 5,00$ EUR

b) Ermitteln Sie den Preis, bei dem der Gewinn mit dem Produkt „Keksini" maximiert wird. Legen Sie Ihrer Berechnung die folgende Kostenfunktion zugrunde: $K(x) = 500 + 2\,x$.

Aufgabe 12-4:
THEORETISCHE GRUNDLAGEN DER PREISPOLITIK – GUTENBERG-MODELL

Für das Gesichtswasser „Beautyskin" wurde durch Testmarktsimulationen herausgefunden, dass die Abhängigkeit des Absatzes x vom Preis p näherungsweise durch folgende Beziehung ausgedrückt werden kann:

$$x(p) = \begin{cases} 280 - 23\,p & \text{für } 0 \le p < 6 \\ 232 - 15\,p & \text{für } 6 \le p < 12 \\ 280 - 19\,p & \text{für } 12 \le p \le 14,74 \end{cases}$$

a) Stellen Sie die Preis-Absatz-Funktion grafisch dar.

b) Berechnen Sie die Preiselastizität des Absatzes bei folgenden Preisen:

- $p = 3$ EUR

- $p = 8$ EUR

- $p = 10$ EUR

- $p = 14$ EUR

c) Berechnen Sie die Preiselastizität für $p = 6$ EUR.

d) Berechnen Sie den umsatzmaximalen Preis für das Intervall zwischen 6 EUR und 12 EUR. Wie hoch ist hier die Preiselastizität?

Aufgabe 12-5:

THEORETISCHE GRUNDLAGEN DER PREISPOLITIK – DYNAMISCHE PREIS-ABSATZ-FUNKTION

Sie sind Produktmanager bei einem großen Kosmetikunternehmen. Die Geschäftsführung plant eine Änderung des Preises für das Shampoo „Karastese". Sie werden gebeten, die Auswirkungen der Preisänderung auf den Absatz der Folgeperiode zu berechnen.

Sie wissen, dass der aktuelle Preis (p_0) und Absatz (x_0) einen Einfluss auf die Preis-Absatz-Funktion der Folgeperiode haben. Sie legen deshalb eine dynamische Preis-Absatz-Funktion unter Einbeziehung von Carry-Over- und Referenzpreis-Effekten zu Grunde.

Die Marktforschungsabteilung übermittelt Ihnen folgende Daten:

- Die aktuelle statische Preis-Absatz-Funktion lautet: $x\,(p_0) = 8.000.000\ p_0^{(-2)}$.

- Der aktuelle Preis des Produktes beträgt 4 EUR.

- Der Referenzpreiseffekt einer Preisänderung in $t = 0$ wirkt sich wie folgt auf den Absatz in $t = 1$ aus:

    – Wird der Verkaufspreis um 10 Cent erhöht, sinkt die Absatzmenge um 5.000 Stück.

    – Wird der Verkaufspreis um 10 Cent gesenkt, steigt die Absatzmenge um 3.000 Stück.

- Sie unterstellen für Preiserhöhungen und Preissenkungen jeweils einen linearen Zusammenhang.

- Des Weiteren wissen Sie, dass 25% der aktuellen Käufer (in $t = 0$) unabhängig vom in $t = 1$ fixierten Preis „Karastese" wieder kaufen werden.

- Die statische Preis-Absatz-Funktion für die Folgeperiode wird beschrieben durch: $x\,(p_1) = 625.000 - 50.000\ p_1$.

- Die variablen Kosten von „Karastese" betragen 0,50 EUR pro Stück.

- Fixe Kosten sind zu vernachlässigen.

Berechnen Sie den gewinnmaximalen Preis für „Karastese" in $t = 1$. Welchen Gewinn und welche Absatzmenge erzielen Sie bei diesem Preis? Wenn nötig, runden Sie Ihre Ergebnisse auf zwei Nachkommastellen.

Aufgabe 12-6:
ANSATZPUNKTE ZUR PREISBESTIMMUNG – PREISDIFFERENZIERUNG

Sie sind bei einem großen Mineralölkonzern für die Benzinpreise in Deutschland und der Schweiz verantwortlich. Ihre Marktforschungsabteilung hat für beide Länder folgende Preis-Absatz-Funktionen ermittelt (Absatzmenge x in Millionen Litern pro Tag; Preis p in EUR):

- Deutschland (D): $x_D(p_D) = 3{,}6 - 1{,}8\,p_D$

- Schweiz (S): $x_S(p_S) = 0{,}6 - 0{,}2\,p_S$

Sie produzieren das Benzin für beide Länder in einer Raffinerie. Ihnen entstehen dabei folgende Kosten:

- Fixe Kosten in Höhe von 245.000 EUR

- Variable Kosten von 0,40 EUR/Liter

a) Gehen Sie zunächst davon aus, dass Sie in beiden Ländern einen einheitlichen Benzinpreis setzen. Ermitteln Sie den gewinnmaximalen Preis, die jeweiligen Absatzmengen in beiden Ländern sowie den Gesamtgewinn. Runden Sie Ihre Ergebnisse auf zwei Nachkommastellen.

b) Sie überlegen, ob Sie in beiden Ländern die Preise differenzieren sollten. Sie möchten insbesondere prüfen, ob Sie in der Schweiz einen höheren Benzinpreis als in Deutschland durchsetzen können. Jedoch ergibt sich folgendes Problem: Ist der Preis in der Schweiz höher als in Deutschland, fährt ein Teil Ihrer bisherigen Schweizer Kunden nach Deutschland zum Tanken, aber kein deutscher Kunde fährt lediglich zum Tanken in die Schweiz.

Hinsichtlich dieser Wechselbewegung aus der Schweiz nach Deutschland im Vergleich mit der Einheitspreissetzung (Teilaufgabe a)) ist Ihnen folgender Zusammenhang bekannt:

- Bei 10 Cent Preisunterschied wandert 2/70 des Absatzes, den Sie bei der Einheitspreisbildung in der Schweiz erzielt haben (Teilaufgabe a)), nach Deutschland ab.

- Bei 20 Cent Preisunterschied wandert 4/70 des Absatzes, den Sie bei der Einheitspreisbildung in der Schweiz erzielt haben (Teilaufgabe a)), nach Deutschland ab.

Sie gehen daher davon aus, dass dieser Zusammenhang linear ist.

Welchen Gesamtgewinn erzielen Sie, wenn Sie in der Schweiz einen höheren Benzinpreis als in Deutschland setzen? Welche Preise setzen Sie und wie viel Liter Benzin verkaufen Sie in den jeweiligen Ländern pro Tag? Ist diese Strategie im Vergleich zur Einheitspreissetzung (Teilaufgabe a)) sinnvoll? Runden Sie Ihre Endergebnisse auf zwei Nachkommastellen.

Aufgabe 12-7:

ANSATZPUNKTE ZUR PREISBESTIMMUNG – PREISBÜNDELUNG

Anlässlich der Weltmeisterschaft möchten sich fünf Kunden ein Shirt und eine Fahne in einem Sportgeschäft kaufen. Die maximalen Preisbereitschaften der Kunden A, B, C, D und E für das Shirt und die Fahne sind in der folgenden Tabelle aufgeführt:

Kunden	Preisbereitschaften bzw. Maximalpreise in EUR		
	Shirt	Fahne	Bündel: Shirt und Fahne
A	30	25	55
B	70	10	80
C	90	5	95
D	70	20	90
E	50	40	90

Das Sportgeschäft verfolgt das Ziel der Gewinnmaximierung. Variable Stückkosten sind zu vernachlässigen. Fixkosten fallen nicht an.

a) Bestimmen Sie zunächst die optimalen Preise, die optimalen Absatzmengen und die optimalen Erlöse für den Fall der Einzelpreisbildung und für den Fall der reinen Preisbündelung.

b) Wodurch lässt sich im vorliegenden Beispiel die Differenz der Erlöse zwischen der Einzelpreisbildung und der reinen Preisbündelung erklären?

c) Erläutern Sie, unter welchen Bedingungen die gemischte Preisbündelung tendenziell zu höheren Erlösen führt als die reine Preisbündelung.

Aufgabe 12-8:

ANSATZPUNKTE ZUR PREISBESTIMMUNG – SONDERPREISAKTIONEN

Sie sind Geschäftsführer einer großen deutschen Supermarktkette (250 vergleichbare Supermärkte) und beabsichtigen, bei ihrem Joghurt „Fruchti" eine dreitägige Sonderpreisaktion (Mi., Do., Fr.) mit einem Preis in Höhe von 0,99 EUR pro Joghurt durchzuführen. Sie verfügen über Absatzdaten aus der Vergangenheit, die besagen, dass ihre Kette bei normalem Preis in Höhe von 1,09 EUR folgenden Absatz (in Stück aller Supermärkte) erzielt:

Tag	Montag	Dienstag	Mittwoch	Donnerstag	Freitag	Samstag
Absatz	15.000	9.000	9.000	21.000	12.000	24.000

Gehen Sie aus Vereinfachungsgründen davon aus, dass alle Supermärkte bei gleichen Preisen identische Absatzzahlen erzielen. Während einer kürzlich bei dem Joghurt „Fruchti" durchgeführten Sonderpreisaktion (Preissenkung um 0,10 EUR; Aktionstage: Mi., Do., Fr.) wurde der Absatzverlauf in 10 Supermärkten der Kette verfolgt.

Dabei sank der Absatz am Tag der Ankündigung (Di.) von 360 auf 50 Einheiten. Am 1. und 2. Aktionstag konnten je 3.000 Stück und am 3. Aktionstag 1.500 Einheiten abgesetzt werden. Am Samstag wurden nur 250 Einheiten verkauft. In der folgenden Woche war der Absatz wieder normal. Der normale Stückdeckungsbeitrag (d.h. bei dem Normalpreis von 1,09 EUR) beträgt 0,20 EUR. Die zusätzlichen Kosten der Sonderpreisaktion belaufen sich auf 7.500 EUR.

a) Wie hoch ist der zusätzliche Deckungsbeitrag durch die Sonderpreisaktion? Sollte die Supermarktkette die Sonderpreisaktion durchführen? (Lösungshinweis: Wie ändert sich der Stückdeckungsbeitrag durch die Sonderpreisaktion?)

b) Welche zusätzlichen Überlegungen sind bei der Beurteilung von Sonderpreisaktionen zu treffen? Denken Sie hierbei an weitere Effekte, die von Sonderpreisaktionen ausgehen können.

12.2   Lösungshinweise

Lösungshinweise zur Aufgabe 12-1:
THEORETISCHE GRUNDLAGEN DER PREISPOLITIK – LINEARE PREIS-ABSATZ-FUNKTION
(GMM: Abschnitt 10.2; MM: Abschnitt 12.2)

a) **Ermittlung der Preis-Absatz-Funktion:**

$x(p) = a - b * p$

$340 = a - 41,5 * b$

$510 = a - 33 * b$

$a = 1.170$

$b = 20$

$x(p) = 1.170 - 20 * p$

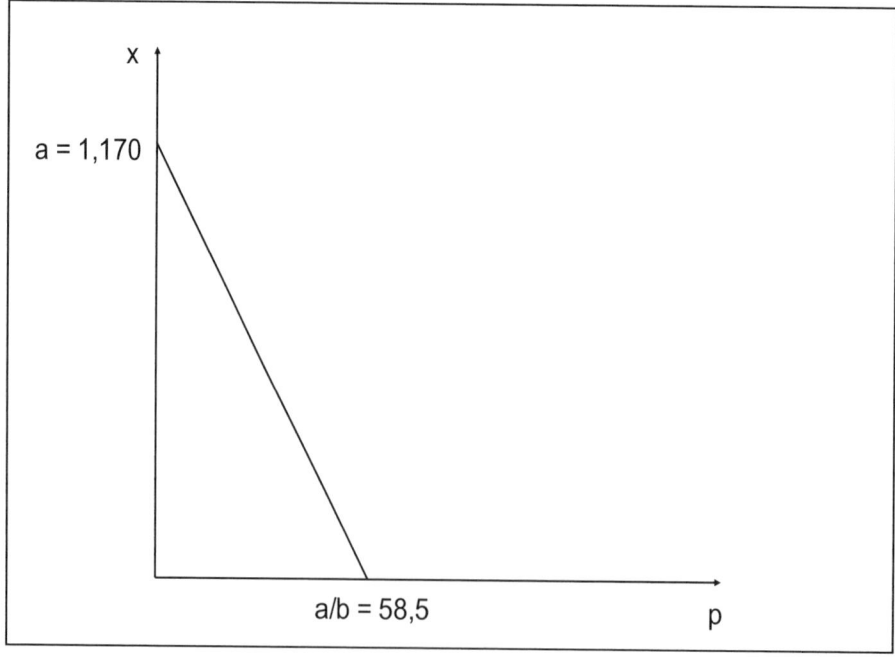

b) **Ermittlung der absoluten Absatzänderung:**

-b = -20

c) **Berechnung der Preiselastizität des Absatzes:**

$$\varepsilon = \frac{\dfrac{dx(p)}{x}}{\dfrac{dp}{p}} = \frac{dx(p)}{dp} \bullet \frac{p}{x}$$

$$\varepsilon = -20 \bullet \frac{p}{1.170 - 20p}$$

$\varepsilon\,(20) = -0,52$

$\varepsilon\,(30) = -1,05$

$\varepsilon\,(33) = -1,29$

$\varepsilon\,(41,5) = -2,44$

$\varepsilon\,(50) = -5,88$

Lösungshinweise zur Aufgabe 12-2:
THEORETISCHE GRUNDLAGEN DER PREISPOLITIK – LINEARE PREIS-ABSATZ-FUNKTION
(GMM: Abschnitt 10.2; MM: Abschnitt 12.2)

a) **Ermittlung der Preis-Absatz-Funktion:**

x (p) = a – b * p

10.000 = a – b * 0

a = 10.000

4.000 = 10.000 – b * 5

b = 1.200

x (p) = 10.000 – 1.200 p

b) **Einfache Lösung:** Die Preiselastizität des Absatzes beträgt beim umsatzmaximalen Preis -1:

$\varepsilon = -1$

$\varepsilon = -dx\,(p)/dp * p/x\,(p) = -1$

$-100 * p/(5.000 - 100\,p) = -1$

$p = 25$

Alternative Lösung: Aufstellen einer Umsatzfunktion mit anschließender Maximierung:

$U\,(p) = x\,(p) * p = (5.000 - 100p) * p \rightarrow max!$

$dU\,(p)/dp = 5.000 - 200\,p = 0$

$p = 25$

Lösungshinweise zur Aufgabe 12-3:
THEORETISCHE GRUNDLAGEN DER PREISPOLITIK – MULTIPLIKATIVE PREIS-ABSATZ-FUNKTION (GMM: Abschnitt 10.2; MM: Abschnitt 12.2)

a) **Berechnung der Preiselastizität:**

$\varepsilon = dx\,(p)/dp * p/x\,(p)$

$\quad = 17.500\ e^{-0,5\,p} * (-0,5) * p\ /\ 17.500\ e^{-0,5\,p}$

$\quad = -0,5\,p$

$\varepsilon\,(1,50) = -0,75$

$\varepsilon\,(2,80) = -1,4$

$\varepsilon\,(3,60) = -1,8$

$\varepsilon\,(5,00) = -2,5$

b) **1. Alternative:** Einsetzen in die Amoroso-Robinson-Relation:

$p_{opt} = [\varepsilon\ /\ 1 + \varepsilon] * K'$

$p = [-0,5\,p\ /\ (1 - 0,5\,p)] * 2$

$p\,(1 - 0,5\,p) = -p$

$p - 0.5\ p^2 = -p$

$2\ p = 0.5\ p^2$

$2 = 0.5\ p$

$p = 4$

2. Alternative: Herleitung über die Gewinnfunktion:

$G\ (p) = 17.500\ e^{-0.5\ p} * p - [500 + 2\ (17.500\ e^{-0.5\ p})]$

$\quad\quad = 17.500\ e^{-0.5\ p} * p - 500 - 35.000\ e^{-0.5\ p}$

$dG\ (p)/dp = 17.500\ e^{-0.5\ p} * (-0.5)\ p + 17.500\ e^{-0.5\ p} - 35.000\ e^{-0.5\ p} * (-0.5)$

$\quad\quad\quad = -8.750\ e^{-0.5p} * p + 35.000\ e^{-0.5p}$

$\quad\quad\quad = 0$ (Bedingung für Gewinnmaximum)

$35.000\ e^{-0.5\ p} = 8.750\ e^{-0.5\ p} * p$

$p = 4$

Lösungshinweise zur Aufgabe 12-4:
THEORETISCHE GRUNDLAGEN DER PREISPOLITIK – GUTENBERG-MODELL
(GMM: Abschnitt 10.2; MM: Abschnitt 12.2)

a) **Preis-Absatz-Funktion:**

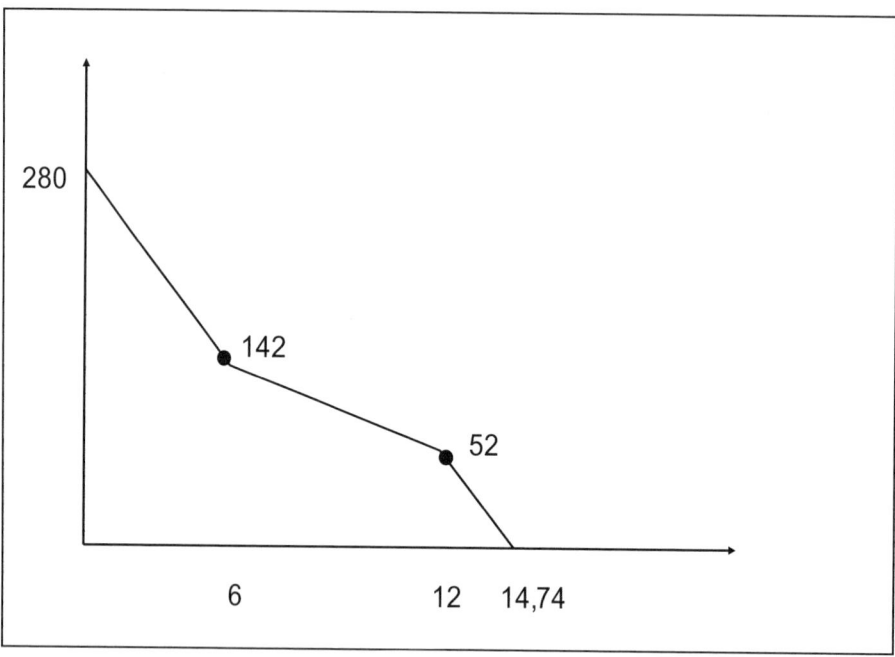

b) **Berechnung der Preiselastizität:**

$$x(p) = \begin{cases} 280 - 23\,p & \text{für } 0 \le p < 6 \\ 232 - 15\,p & \text{für } 6 \le p < 12 \\ 280 - 19\,p & \text{für } 12 \le p \le 14{,}74 \end{cases}$$

$$dx(p)/dp = \begin{cases} -23 & \text{für } 0 < p < 6 \\ -15 & \text{für } 6 < p < 12 \\ -19 & \text{für } 12 < p < 14{,}74 \end{cases}$$

Berechnung der Elastizität für: $p_1 = 3$, $p_2 = 8$, $p_3 = 10$, $p_4 = 14$

$$\varepsilon(p_1) = -23 \cdot \frac{3}{280 - 23 \cdot 3} = -0,327 \approx 0,33 \qquad \varepsilon(p_3) = -15 \cdot \frac{10}{232 - 15 \cdot 10} = -1,83$$

$$\varepsilon(p_2) = -15 \cdot \frac{8}{232 - 15 \cdot 8} = -1,07 \qquad \varepsilon(p_4) = -19 \cdot \frac{14}{280 - 19 \cdot 14} = -19$$

c) **Berechnung der Preiselastizität für $p = 6$:**

$$\varepsilon^-(6) = -23 \cdot \frac{6}{142} = -0,97 \qquad \text{für Preisreduktion}$$

$$\varepsilon^+(6) = -15 \cdot \frac{6}{142} = -0,63 \qquad \text{für Preisanhebung}$$

d) **Berechnung des umsatzmaximalen Preises:**

$$U(p) = p * x(p) = p * (a - b * p) = p * a - b * p^2$$

$$dU(p)/dp = a - 2b * p = 0$$

$$p* = a / 2b = 232 / 2 * 15 = 7,73$$

$$\varepsilon = -b \cdot \frac{\frac{a}{2b}}{a - b \cdot \frac{a}{2b}} = -1$$

Lösungshinweise zur Aufgabe 12-5:
THEORETISCHE GRUNDLAGEN DER PREISPOLITIK – DYNAMISCHE PREIS-ABSATZ-FUNKTION (MM: Abschnitt 12.2)

Aktueller Absatz: $x(4) = 8.000.000 * 4^{(-2)} = 8.000.000 / 16 = 500.000$

Carry-Over-Effekt von $t = 0$ nach $t = 1$: $0,25 * 500.000 = 125.000$

Preis-Absatz-Funktion für Preiserhöhung:

$x(p_1) = 625.000 - 50.000\, p_1 - (p_1 - 4) * 5.000 / 0,10 + 125.000$

$x(p_1) = 950.000 - 100.000\, p_1$

Anwendung des Cournot-Preises zur Bestimmung von p_1^*:

$p_1^* = \frac{1}{2}\,(a\,/\,b + k) = \frac{1}{2}\,(950.000\,/\,100.000 + 0{,}50) = \frac{1}{2} * 10 = 5{,}00$ EUR

$x_1^* = 950.000 - 500.000 = 450.000$

$G^* = 450.000 * (5{,}00 - 0{,}50) = 2.025.000$ EUR

Preis-Absatz-Funktion für Preissenkung:

$x\,(p_1) = 625.000 - 50.000\,p_1 + (4 - p_1) * 3.000\,/\,0{,}10 + 125.000$

$x\,(p_1) = 870.000 - 80.000\,p_1$

$p_1^* = \frac{1}{2}\,(a\,/\,b + k) = \frac{1}{2}\,(870.000\,/\,80.000 + 0{,}50) = 5{,}6875$ EUR

Dieser Preis ist fundamental unlogisch, da die Funktion für eine Preissenkung formuliert wurde, p_1^* hingegen eine Preiserhöhung impliziert.

Preis-Absatz-Funktion bei Konstanthaltung des Preises $p_1 = 4{,}00$ EUR:

$x\,(4) = 625.000 - 50.000 * 4 + 125.000$

$x\,(4) = 750.000 - 200.000 = 550.000$

$G = 550.000 * (4{,}00 - 0{,}50) = 1.925.000$ EUR

Der gewinnmaximale Preis beträgt in t = 1 5,00 EUR. Bei diesem Preis wird eine Menge von 450.000 abgesetzt und ein Gewinn von 2.025.000 EUR erzielt.

Lösungshinweise zur Aufgabe 12-6:
ANSATZPUNKTE ZUR PREISBESTIMMUNG – PREISDIFFERENZIERUNG
(MM: Abschnitt 12.3)

a) **Berechnung des gewinnmaximalen Preises:**

Gemeinsame Preis-Absatz-Funktion: $x\,(p) = 4{,}20 - 2\,p$

Anwendung des Cournot-Preises:

$$p^* = \frac{1}{2}\left(\frac{a}{b} + k\right) = \frac{1}{2}\left(\frac{4{,}2}{2} + 0{,}4\right) = 0{,}5 * 2{,}5 = 1{,}25$$

$x_D = 1.350.000$ Liter

$x_S = 350.000$ Liter

$G^* = 1.200.000$ EUR

b) **Berechnung des Gesamtgewinns:**

Es gilt: $p(S) > p(D)$

Preis-Absatz-Funktionen unter Berücksichtigung der Wanderungsbewegungen:

$x(p_D) = 3,6 - 1,8\ p_D + (p_S - p_D) * 10 * 2 / 70 * 0,35 = 3,6 - 1,9\ p_D + 0,1\ p_S$

$x(p_S) = 0,6 - 0,2\ p_S - (p_S - p_D) * 10 * 2 / 70 * 0,35 = 0,6 - 0,3\ p_S + 0,1\ p_D$

$p_D* = \frac{1}{2}\ (a / b + k)$

$p_D* = \frac{1}{2}\ ((3,6 + 0,1\ p_S) / 1,9 + 0,4)$

I: $p_D* = 1,1475 + 0,0265\ p_S$

$p_S* = \frac{1}{2}\ (a / b + k)$

$p_S* = \frac{1}{2}\ ((0,6 + 0,1\ p_D) / 0,3 + 0,4)$

II: $p_S* = 1,2 + 0,16667\ p_D$

II in I einsetzen und nach p_D auflösen:

$p_D = 1,18$ EUR

$p_S = 1,40$ EUR

$x_D = 1,498$ Millionen Liter

$x_S = 0,298$ Millionen Liter

G (Gesamt) $= 1.168.440 + 298.000 - 245.000 = 1.221.440$ EUR

Der Gewinn ist höher als in Aufgabenteil a). Folglich ist eine Preisdifferenzierung zwischen beiden Ländern sinnvoll.

Lösungshinweise zur Aufgabe 12-7:
ANSATZPUNKTE ZUR PREISBESTIMMUNG – PREISBÜNDELUNG
(MM: Abschnitt 12.3)

a) **Einzelpreisbildung:**

Preis	Kunden, die das Shirt kaufen	Gewinn
30 €	Kunde A, B, C, D und E kaufen das Shirt	150 €
50 €	Kunde B, C, D und E kaufen das Shirt	200 €
70 €	Kunde B, C und D kaufen das Shirt	210 €
90 €	Kunde C kauft das Shirt	90 €

Preis	Kunden, die die Fahne kaufen	Gewinn
5 €	Kunde A, B, C, D und E kaufen die Fahne	25 €
10 €	Kunde A, B, D und E kaufen die Fahne	40 €
20 €	Kunde A, D und E kaufen die Fahne	60 €
25 €	Kunde A und E kaufen die Fahne	50 €
40 €	Kunde E kauft die Fahne	40 €

Gesamtgewinn = 270 EUR

Reine Preisbündelung:

Preis	Kunden, die das Bündel kaufen	Gewinn
55 €	Kunde A, B, C, D und E kaufen das Bündel	275 €
80 €	Kunde B, C, D und E kaufen das Bündel	320 €
90 €	Kunde C, D und E kaufen das Bündel	270 €
95 €	Kunde C kauft das Bündel	95 €

b) Die Zahlungsbereitschaften sind tendenziell asymmetrisch verteilt bzw. negativ korreliert. So hat Kunde C die höchste Zahlungsbereitschaft für das Shirt und die geringste Zahlungsbereitschaft für die Fahne, bei Kunde A bzw. E ist es tendenziell umgekehrt.

c) Die Zahlungsbereitschaften der Kunden für das Bündel (Produkt A + Produkt B) müssen ausreichend heterogen sein, damit für einige Kunden der Kauf einzelner Produkte optimal ist und für andere Kunden der Kauf des Bündels.

Lösungshinweise zur Aufgabe 12-8:
ANSATZPUNKTE ZUR PREISBESTIMMUNG – SONDERPREISAKTIONEN
(MM: Abschnitt 12.3)

a) **Berechnung des Deckungsbeitrags (DB) ohne Sonderpreisaktion:**

	Montag	Dienstag	Mittwoch	Donnerstag	Freitag	Samstag
Absatz	15.000	9.000	9.000	21.000	12.000	24.000
Stück-DB	0,20 €	0,20 €	0,20 €	0,20 €	0,20 €	0,20 €
Gesamt-DB	3.000 €	1.800 €	1.800 €	4.200 €	2.400 €	4.800 €

Gesamt-DB = 18.000 EUR

Berechnung des Deckungsbeitrages (DB) mit Sonderpreisaktion:

	Mon-tag	Diens-tag	Mitt-woch	Donners-tag	Frei-tag	Sams-tag
Absatz (in 10 SM)	600	50	3.000	3.000	1.500	250
Absatz (in 250 SM)	15.000	1.250	75.000	75.000	37.500	6.250
Stück-DB	0,20 €	0,20 €	**0,10 €**	**0,10 €**	**0,10 €**	0,20 €
Gesamt-DB	3.000 €	250 €	7.500 €	7.500 €	3.750 €	1.250 €

Gesamt-DB = 23.250 EUR

Der zusätzliche Deckungsbeitrag durch die Sonderpreisaktion beträgt 5.250 EUR (= 23.250 EUR – 18.000 EUR). Die Sonderpreisaktion sollte nicht durchgeführt werden, da nach Abzug der Kosten (7.500 EUR) der Deckungsbeitrag der Aktion nur noch 15.750 EUR (= 23.250 EUR – 7.500 EUR) beträgt und somit geringer ist als der Deckungsbeitrag ohne Sonderpreisaktion.

b) **Zusätzliche Überlegungen:**

- Referenzpreiseffekt: Falls der Sonderpreis zu einem neuen Referenzpreis wird, wird die Rückkehr zum ursprünglichen (höheren) Preis als Preiserhöhung wahrgenommen.

- Kannibalisierungseffekt: Die Kunden kaufen in sehr großen Mengen ein und lagern diese, d.h. Auswirkungen auf späteren Absatz (in den nächsten Wochen / Monaten).

- Lockvogeleffekt: Bisherige Nichtkunden werden durch die Aktion ins Geschäft gelockt, mit dem Ziel, dass sie auch andere Produkte kaufen bzw. zu neuen Kunden werden.

- Imageeffekt: Auswirkung (positiv, weil Wahrnehmung als preisgünstig) ist meist ausschließlich auf einzelne Produkte bezogen und nicht auf das durchführende Unternehmen.

13. Kommunikationspolitik

13.1   **Aufgaben**...**170**

Aufgabe 13-1: Grundlagen der Kommunikationspolitik –
Prozess der Kommunikationspolitik...................................170

Aufgabe 13-2: Budgetierung und Budgetallokation –
Werbewirkungsfunktionen..170

Aufgabe 13-3: Budgetierung und Budgetallokation –
Intramedienverteilung..171

Aufgabe 13-4: Budgetierung und Budgetallokation –
Intermedienverteilung..172

Aufgabe 13-5: Gestaltung der Kommunikationsmaßnahmen –
Gestaltung der Kommunikationsinstrumente.......................172

Aufgabe 13-6: Gestaltung der Kommunikationsmaßnahmen –
Gestaltung des Kommunikationsauftritts.............................172

Aufgabe 13-7: Gestaltung der Kommunikationsmaßnahmen –
Gestaltung des Kommunikationsauftritts.............................173

Aufgabe 13-8: Kontrolle der Kommunikationswirkung –
Pretests..174

13.2   **Lösungshinweise**...**175**

Lösungshinweise zur Aufgabe 13-1...175

Lösungshinweise zur Aufgabe 13-2...176

Lösungshinweise zur Aufgabe 13-3...177

Lösungshinweise zur Aufgabe 13-4...178

Lösungshinweise zur Aufgabe 13-5...179

Lösungshinweise zur Aufgabe 13-6...180

Lösungshinweise zur Aufgabe 13-7...180

Lösungshinweise zur Aufgabe 13-8...181

13.1 Aufgaben

Sie sind frischgebackener Marketingleiter eines mittelständischen Herstellers für Speiseeis. Die von Ihrem Vorgänger zuletzt (im Rahmen einer Repositionierung) durchgeführte Kommunikationskampagne für das Produkt „Miam" brachte aus Sicht der Geschäftsführung nicht den gewünschten Erfolg. Sie werden deshalb beauftragt, nach Gründen für das Scheitern der Kampagne zu suchen. Aus der Analyse von Unterlagen sowie Gesprächen mit Mitarbeitern rekonstruieren Sie den nachfolgenden Ablauf und Inhalt der Kommunikationskampagne.

Ziel der Kampagne war es, den Absatz des Produktes „Miam" um 20% zu steigern. Aufgrund der angespannten finanziellen Situation des Unternehmens sowie der geringen Höhe des Kommunikationsbudgets der Wettbewerber wurde ein eher bescheidenes Budget von 100.000 EUR festgelegt. Wie im Unternehmen traditionell üblich wählte man Tageszeitungen als Kommunikationsmedium. Auf Basis des Tausenderkontaktpreises entschied man sich für die regionalen Tageszeitungen „Mannheimer Morgen", „Fränkische Allgemeine Zeitung" und „Hamburger Abendblatt".

Den Empfehlungen der Werbeagentur folgend wurden die Printanzeigen im Zeitraum September bis November geschalten. Bei der Gestaltung der Printanzeige wurde auf sprachliche Elemente (mit Ausnahme des relativ klein gedruckten Produktnamens in der rechten oberen Ecke) komplett verzichtet, so dass der Betrachter nicht von den innovativen Anzeigenmotiven (abstrakte geometrische Formen in unterschiedlichen Farben) abgelenkt wird. Nach der Anzeigenschaltung erfolgte ein Test, wie die Kampagne dem Publikum gefiel. Zudem wurden der Bekanntheitsgrad und Absatz des Produktes nach der Anzeigenschaltung ermittelt.

Erläutern Sie der Geschäftsleitung auf Basis der vorliegenden Informationen sowie des idealtypischen Prozesses der Kommunikationspolitik, welche grundlegenden Fehler im Rahmen der Planung, Umsetzung und Kontrolle der Kommunikationskampagne begangen wurden. Gehen Sie dabei auch auf Verbesserungspotenziale für die nächste Kommunikationskampagne für das Produkt „Miam" ein.

Sie sind Assistent des Marketingleiters der Bierbrauerei „PfalzBräu". Auf Basis des Werbebudgets in EUR (W) und der resultierenden Anzahl der abgesetzten Flaschen (x) der letzten 10 Jahren konnten Sie für die Marke „PfalzBräu Urhell" folgende Werbewirkungsfunktion schätzen: $x(W) = 2.500.000 + 6.700 * W^{0,5}$.

Der durchschnittlich erzielte Preis pro Flasche beträgt aktuell 0,50 EUR. Dem stehen variable Kosten in Höhe von 0,32 EUR und fixe Kosten in Höhe von 410.000 EUR entgegen.

Für die bevorstehende Sitzung der Geschäftsführung bittet Sie Ihr Vorgesetzter, folgende Aufgaben zu erledigen:

a) Stellen Sie die Werbewirkungsfunktion grafisch dar.

b) Identifizieren Sie den Typ der Werbewirkungsfunktion.

c) Ermitteln Sie den Grundabsatz und markieren Sie diese Größe in der grafischen Abbildung der Werbewirkungsfunktion.

d) Berechnen Sie die Werbeelastizität des Absatzes für ein Werbebudget von 360.000 EUR und für ein Werbebudget von 1.690.000 EUR.

e) Berechnen Sie die gewinnoptimale Höhe des Werbebudgets und den resultierenden Absatz und Gewinn Ihres Unternehmens für die Marke „PfalzBräu Urhell".

f) Seit 10 Jahren werden die Werbekampagnen von der Werbeagentur „Schmidt & Friends" umgesetzt. Ihr Vorgesetzter verspricht sich von einem Agenturwechsel zu „Läufer & Jacoby" eine Steigerung der Qualität der Mediaplanung und der Werbemittel. Erläutern Sie Ihrem Vorgesetzten, wie sich dies auf die obenstehende Werbewirkungsfunktion unmittelbar auswirkt und welche Folge sich hieraus für die optimale Höhe des Werbebudgets ergibt.

Aufgabe 13-3:
BUDGETIERUNG UND BUDGETALLOKATION – INTRAMEDIENVERTEILUNG

Ein Unternehmen hat im Rahmen seiner Werbemaßnahmen das Ziel, die Kontaktzahl zu maximieren. Dafür stehen vier Zeitungen zur Verfügung. Das jährliche Werbebudget ist festgelegt und beträgt 0,53 Mio. EUR. Es stehen folgende Angaben zur Verfügung:

Zeitung	Leser (in Mio.)	Kosten/Ausgabe	Ausgaben/Jahr
1	4,5	45.000 €	4
2	2,6	65.000 €	2
3	2,4	84.000 €	6
4	1,8	50.400 €	4

Berechnen Sie folgende Größen:

a) Tausenderkontaktpreis pro Zeitung

b) Streuplanung für die einzelnen Zeitungen

c) Bruttoreichweite

Aufgabe 13-4:
BUDGETIERUNG UND BUDGETALLOKATION – INTERMEDIENVERTEILUNG

Drei Medien stehen für die Werbung in einem Jahr zur Verfügung. Das Werbebudget beträgt 66.000 EUR. Es stehen folgende Angaben zur Verfügung:

Medium	Nutzer	Kosten/Ausgabe	Ausgaben/Jahr
1	25.000	5.000 €	12
2	40.000	6.000 €	6
3	30.000	7.500 €	6

a) Führen Sie eine Mediaplanung durch, so dass möglichst viele Werbekontakte erzielt werden. Wie viele Personen werden maximal erreicht? Wie viele Ausgaben werden belegt?

b) Sie verhandeln mit einem weiteren Medienbesitzer, der 75.000 Personen pro Ausgabe erreicht. Wie hoch dürften die Kosten pro Ausgabe höchstens liegen, um einen besseren TKP als bei den anderen drei Medien zu erreichen?

Aufgabe 13-5:
GESTALTUNG DER KOMMUNIKATIONSMAßNAHMEN – GESTALTUNG DER KOMMUNIKATIONSINSTRUMENTE

Sie sind Assistent des Marketingleiters eines Limonadenherstellers. Im Rahmen der Planung einer neuen Kommunikationskampagne für das Produkt „Brause Max" beschäftigt sich Ihr Vorgesetzter gerade mit der Festlegung der Kommunikationsinstrumente.

Erläutern Sie Ihrem Vorgesetzten, welche Kommunikationsinstrumente für die geplante Kampagne grundsätzlich zur Verfügung stehen. Illustrieren Sie zudem jeweils anhand eines Beispiels, wie die relevanten Instrumente im Rahmen der Kommunikationskampagne für das Produkt „Brause Max" eingesetzt werden können.

Aufgabe 13-6:
GESTALTUNG DER KOMMUNIKATIONSMAßNAHMEN – GESTALTUNG DES KOMMUNIKATIONSAUFTRITTS

Seit kurzem arbeiten Sie in der Marketingabteilung eines großen deutschen Konsumgüterherstellers. Die in den vergangenen Jahren durchgeführten TV-Werbekampagnen haben meist nicht den gewünschten Erfolg gebracht. In Kürze soll mit der Gestaltung der neuen TV-Werbespots begonnen werden. Um zukünftig die Erfolgswahrscheinlichkeit der TV-Werbekampagnen Ihres Unternehmens zu erhöhen, erhalten Sie im Rahmen Ihres ersten großen Projektes von Ihrem Vorgesetzten die Aufgabe, allgemeine Ursachen für den Misserfolg von TV-Werbespots zu identifizieren.

a) Als erste mögliche Ursache machen Sie eine mangelhafte Gestaltung des Werbeauftritts aus. Erläutern Sie Ihrem Vorgesetzten, auf welche drei Kategorien von Elementen bei der Gestaltung von TV-Werbespots geachtet werden sollte. Geben Sie zudem jeweils ein konkretes Beispiel für einen möglichen Gestaltungsfehler.

b) Als zweite mögliche Ursache ermitteln Sie die mangelnde Berücksichtigung von situativen Faktoren bei der Gestaltung des Werbeauftritts. Beschreiben Sie drei situative Faktoren, die einen Einfluss auf die Wirkung von TV-Werbespots besitzen. Zeigen Sie Ihrem Vorgesetzten auch jeweils anhand eines konkreten Beispiels auf, welche Fehler in diesem Zusammenhang bei der Gestaltung gemacht werden können.

Aufgabe 13-7:
GESTALTUNG DER KOMMUNIKATIONSMAßNAHMEN – GESTALTUNG DES KOMMUNIKATIONSAUFTRITTS

Nachfolgend sehen Sie eine Printanzeige eines großen Speiseeisherstellers. Diskutieren Sie die Gestaltung der Anzeige, indem Sie auf mögliche Stärken und Schwächen eingehen.

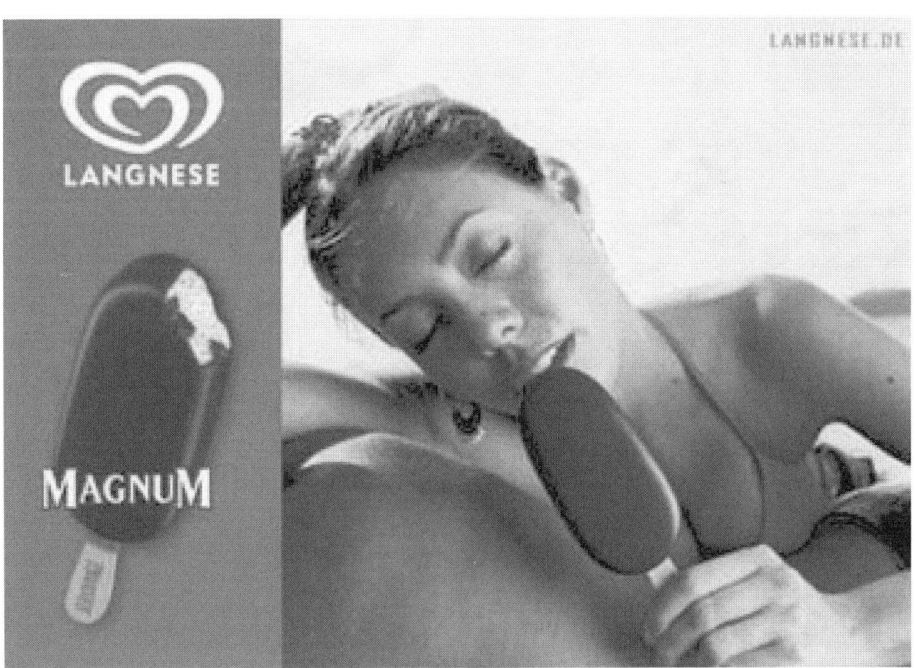

Sie sind Außendienstmitarbeiter in einer großen Werbeagentur. Für Ihren Kunden, den Waschmittelhersteller „Retcorp & Elbmag", koordinieren Sie die Printkampagne für die neue Premium-Marke „Star". Ziel der Kampagne ist es, Aufmerksamkeit für die Marke „Star" zu erzeugen und dadurch einen hohen Bekanntheitsgrad in der Zielgruppe zu erreichen. In einer Woche werden Sie verschiedene Entwürfe für die Printanzeigen erhalten. Sie überlegen, vor der endgültigen Gestaltung und Durchführung der Kampagne einen Pretest zu machen.

a) Nennen Sie zwei Argumente, die für die Durchführung eines Pretests sprechen.

b) Erläutern Sie drei befragungsgestützte Verfahren, die im Rahmen des Pretests eingesetzt werden können. Formulieren Sie für jedes dieser Verfahren auch eine konkrete Frage, mit der die beabsichtigte Werbewirkung getestet werden kann.

c) Während und nach Durchführung der Printkampagne möchte Ihr Kunde über den Erfolg der Kommunikationsaktivitäten unterrichtet werden. Erläutern Sie ein zeitpunktbezogenes und ein zeitraumbezogenes Verfahren, um diesem Wunsch gerecht zu werden. Gehen Sie im Zuge dessen auch darauf ein, wie diese Verfahren im vorliegenden Fall konkret ausgestaltet sein könnten.

13.2   Lösungshinweise

Lösungshinweise zur Aufgabe 13-1:
GRUNDLAGEN DER KOMMUNIKATIONSPOLITIK – PROZESS DER KOMMUNIKATIONSPOLITIK
(GMM: Abschnitt 11.1; MM: Abschnitt 13.1)

Grundlegende Fehler im Rahmen der Kommunikationskampagne:

- Bestimmung der Kommunikationsziele und -zielgruppen:
    - Mit der Variable „Absatz" wurde nur ein markterfolgsbezogenes aber kein potentialbezogenes Marketingziel (z.B. Bekanntheitsgrad, Einstellung) definiert.
    - Es wurde kein Zeitraum festgelegt, bis wann dieses Ziel erreicht werden soll.
    - Es erfolgte keine Definition der Zielgruppen.

- Durchführung der Budgetierung und Mediaplanung:
    - Lediglich heuristische Methoden zur Budgetierung wurden verwendet.
    - Der Intermedienvergleich erfolgte nicht auf Basis rationaler Überlegungen. Stattdessen wurde der Unternehmenstradition gefolgt.
    - Die Fokussierung auf regionale Tageszeitungen ist problematisch. Der Einsatz von überregionalen Zeitschriften wäre besser gewesen.
    - Der Zeitraum für die Schaltung von Werbeanzeigen für das vorliegende Produkt „Speiseeis" war ungünstig. Besser wäre es gewesen, die Anzeigen im Frühsommer/Sommer zu schalten.
    - Die Konzentration auf Printanzeigen als einziges Kommunikationsinstrument ist fragwürdig. Denkbar wären auch andere Kommunikationsinstrumente (z.B. Verkaufsförderung, Sponsoring) gewesen.

- Gestaltung der Kommunikationsmaßnahmen:
    - Komplett auf sprachliche Elemente zu verzichten, d.h. keinen Slogan oder Werbetext zu verwenden, ist bei einer Repositionierung eines Produktes problematisch. Der Produktname sollte zudem leichter erkannt werden können.

- Kontrolle der Kommunikationswirkung:
    - Es fand scheinbar kein Pretest der Kommunikationswirkung statt, obwohl dies aufgrund des innovativen Anzeigendesigns ratsam gewesen wäre.

- Kontrolle des Kommunikationserfolgs:
    - Der Posttest des Kommunikationserfolges bezog keine einstellungsbezogenen und konativen Wirkungen mit ein, die jedoch wichtige Voraussetzungen für eine Erhöhung des Absatzes darstellen.

Lösungshinweise zur Aufgabe 13-2:
BUDGETIERUNG UND BUDGETALLOKATION – WERBEWIRKUNGSFUNKTIONEN
(GMM: Abschnitt 11.3; MM: Abschnitt 13.3)

a) **Werbewirkungsfunktion:**

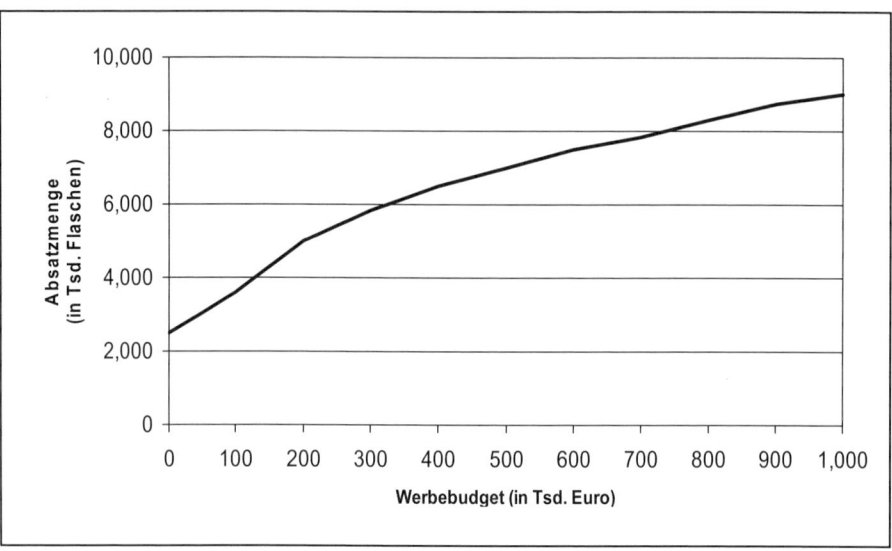

b) **Typ der Werbewirkungsfunktion:** Es handelt sich um eine degressive Werbewirkungsfunktion ohne Sättigungsmenge.

c) **Ermittlung des Grundabsatzes:** Der Grundabsatz ist derjenige Absatz, der bei einem Werbebudget von W = 0 erzielt wird. Folglich beträgt der Grundabsatz im vorliegenden Beispiel 2.500.000 Flaschen.

d) **Berechnung der Werbeelastizität des Absatzes:** Für die vorliegende degressive Werbewirkungsfunktion ergibt sich die Werbeelastizität als:

$$\alpha = 0{,}5 * (b * W^{0,5}) / (a + b * W^{0,5})$$

$$= 0{,}5 * (6.700 * W^{0,5}) / (2.500.000 + 6.700 * W^{0,5})$$

Während sich für W = 360.000 EUR eine Werbeelastizität des Absatzes von α_1 = 0,31 ergibt, beträgt die Werbeelastizität des Absatzes für W = 1.690.000 EUR α_2 = 0,39.

e) **Berechnung des gewinnoptimalen Werbebudgets:** Für die vorliegende degressive Werbewirkungsfunktion ergibt sich folgende Gewinnfunktion:

$$G(W) = (p - k_{var}) * (a + b * W^{0,5}) - K_{fix} - W$$

Im Rahmen des Maximierungsproblems ergibt sich nach weiteren Rechenschritten die Formel zur Berechnung des gewinnoptimalen Werbebudgets:

$$W^* = (b^2 * (p - k_{var})^2) / 4$$
$$= (6.700^2 * 0,18^2) / 4 = 363.609 \text{ EUR}$$

Durch Einsetzen des gewinnoptimalen Werbebudgets in die Werbewirkungsfunktion erhält man: x (W*) = 6.540.100 Flaschen.

Durch Einsetzen der ermittelten Variablen in die Gleichung G (W*) = $(p - k_{var})$ * x (W*) – K_{fix} – W* erhält man den Gewinn des Unternehmens bei optimaler Höhe des Werbebudgets:

$$G = 0,18 \text{ EUR/Flasche} * 6.540.100 \text{ Flaschen} - 410.000 \text{ EUR} - 363.609 \text{ EUR}$$
$$= 403.609 \text{ EUR}$$

f) **Auswirkungen auf die Werbewirkungsfunktion:** Die vorliegende Werbewirkungsfunktion besitzt die allgemeine Form: x (W) = $a + b * W^{0,5}$.

Der Parameter a stellt den Grundabsatz dar und bleibt bei einer Steigerung der Qualität der Mediaplanung unverändert. Beim Parameter b hängt die Absatzwirkung vom Kommunikationsbudget ab. Eine Steigerung der Qualität der Mediaplanung und Werbemittel führt dazu, dass der Parameter b steigt (d.h. b_{neu} > 6.700):

$$W^* = \tfrac{1}{4} b^2 * (p - k_{var})^2$$

$$dW^*/db = \tfrac{1}{2} b * (p - k_{var})^2 > 0$$

Folglich geht eine Erhöhung des Parameters b in der Werbewirkungsfunktion mit einer Erhöhung des optimalen Werbebudgets einher.

Lösungshinweise zur Aufgabe 13-3:

BUDGETIERUNG UND BUDGETALLOKATION – INTRAMEDIENVERTEILUNG
(GMM: Abschnitt 11.3; MM: Abschnitt 13.3)

a) **Berechnung des Tausenderkontaktpreises:**

$$TKP_1 = (45.000 \text{ EUR} / 4,5 \text{ Mio.}) * 1.000 = 10 \text{ EUR}$$

$$TKP_2 = (65.000 \text{ EUR} / 2,6 \text{ Mio.}) * 1.000 = 25 \text{ EUR}$$

$TKP_3 = (84.000\ EUR\ /\ 2,4\ Mio.)\ *\ 1.000 = 35\ EUR$

$TKP_4 = (50.400\ EUR\ /\ 1,8\ Mio.)\ *\ 1.000 = 28\ EUR$

b) **Streuplanung für die einzelnen Zeitungen:**

- Anhand des TKP werden zuerst möglichst viele Ausgaben von Zeitung 1 belegt:

  $530.000\ EUR - 4\ *\ 45.000\ EUR = 350.000\ EUR$

- Im zweiten Schritt möglichst viele Ausgaben von Zeitung 2 belegen:

  $350.000\ EUR - 2\ *\ 65.000\ EUR = 220.000\ EUR$

- Im dritten Schritt werden möglichst viele Ausgaben von Zeitung 4 belegt:

  $220.000\ EUR - 4\ *\ 50.400\ EUR = 18.400\ EUR$ (18.400 EUR < 84.000 EUR $\rightarrow$ Restbudget 18.400 EUR)

c) **Bruttoreichweite** (Summe aller Kontakte mit der Werbebotschaft):

$4\ *\ 4,5\ Mio.\ +\ 2\ *\ 2,6\ Mio.\ +\ 4\ *\ 1,8\ Mio. = 30,4\ Mio.$

Andere Reichweiten sind ohne Daten über Wiederholungskontakte und Duplizität nicht errechenbar.

Lösungshinweise zur Aufgabe 13-4:
BUDGETIERUNG UND BUDGETALLOKATION – INTERMEDIENVERTEILUNG
(GMM: Abschnitt 11.3; MM: Abschnitt 13.3)

a) **Ermittlung der erreichten Personen:**

  1) Berechnung des Tausenderkontaktpreises:

  $TKP_1 = (5.000\ EUR\ /\ 25.000)\ *\ 1.000 = 200\ EUR$

  $TKP_2 = (6.000\ EUR\ /\ 40.000)\ *\ 1.000 = 150\ EUR$

  $TKP_3 = (7.500\ EUR\ /\ 30.000)\ *\ 1.000 = 250\ EUR$

2) Streuplanung für die einzelnen Medien:

Zuerst werden möglichst viele Ausgaben von Medium 2 belegt: 66.000 EUR – 6 * 6.000 EUR = 30.000 EUR ≈ 240.000 Leser

Im zweiten Schritt möglichst viele Ausgaben von Medium 1: 30.000 EUR – 6 * 5.000 EUR = 0 EUR ≈ 150.000 Leser

Mit einem Budget von 66.000 EUR können max. 240.000 Leser von Medium 2 und 150.000 Leser von Medium 1, also insgesamt 390.000 Leser erreicht werden.

Ausgaben (insgesamt): 6 (Medium 2) + 6 (Medium 1) = 12

b) **TKP bei 75.000 Personen:**

x / 75.000 * 1.000 < 150 EUR

Die Kosten dürfen 11.250 EUR nicht übersteigen.

Lösungshinweise zur Aufgabe 13-5:
GESTALTUNG DER KOMMUNIKATIONSMAßNAHMEN – GESTALTUNG DER KOMMUNIKATIONSINSTRUMENTE (GMM: Abschnitt 11.4; MM: Abschnitt 13.4)

Im Rahmen der Kommunikationskampagne können grundsätzlich die folgenden **Kommunikationsinstrumente** eingesetzt werden:

- Klassische Mediawerbung (z.B. Schaltung von TV-Werbespots oder Printanzeigen für das Produkt.)

- Werbung mit neuen Medien (z.B. Banner-Werbung auf Webseiten, die über das Produkt informieren und über die der Nutzer per Mausklick auf die Webseite des eigenen Unternehmens geleitet wird.)

- Verkaufsförderung (z.B. kostenloses Probieren der Limonade direkt am Point of Sale.)

- Messen (z.B. Mieten eines Messestandes auf der Nahrungsmittelmesse „Anuga".)

- Events (z.B. Organisation und Durchführung einer Veranstaltung rund um das Produkt inkl. Unterhaltungsprogramm in Fußgängerzonen von großen deutschen Städten.)

- Sponsoring (z.B. Sportsponsoring durch Förderung von Sportveranstaltungen wie Fußballspiele, Skirennen etc.)

- Direktmarketing (z.B. adressierte postalische Werbesendung, in der über die Vorzüge des Produktes informiert wird.)

Lösungshinweise zur Aufgabe 13-6:
GESTALTUNG DER KOMMUNIKATIONSMAßNAHMEN – GESTALTUNG DES KOMMUNIKATI-
ONSAUFTRITTS (GMM: Abschnitt 11.4; MM: Abschnitt 13.4)

a) **Mögliche Gestaltungsfehler:**

- Inhaltliche Elemente (z.B. unverständlicher Slogan)

- Visuelle Elemente (z.B. zu kleine Schriftgröße des beworbenen Markennamens)

- Auditive Elemente (z.B. gewählte Musik passt nicht zu beworbener Marke)

b) **Mögliche Gestaltungsfehler:**

- Involvement der angesprochenen Kunden (z.B. umfangreiche Vermittlung von nutzenstiftenden Eigenschaften eines bestimmten Produktes bei gleichzeitigem Low Involvement auf Seite der Zielgruppe.)

- Beeinflussungsmodalität (z.B. Versuch, nutzenstiftende Eigenschaften eines bestimmten Produktes vor allem über Bilder statt über textliche Elemente zu vermitteln.)

- Zahl der Wiederholungen (z.B. geringe Anzahl an Wiederholungen bei gleichzeitigem Low Involvement auf Seite der Zielgruppe.)

Lösungshinweise zur Aufgabe 13-7:
GESTALTUNG DER KOMMUNIKATIONSMAßNAHMEN – GESTALTUNG DES KOMMUNIKATI-
ONSAUFTRITTS (GMM: Abschnitt 11.4; MM: Abschnitt 13.4)

Mögliche Stärken:

- Visuelle Elemente: Prägnante Anordnung der Bildelemente. Die Verwendung emotionaler (erotischer) Reize sowie eines großen Bildes mit wenig Text steigern die Wahrscheinlichkeit, dass die Zielgruppe auf die Anzeige aufmerksam wird und sie für einige Sekunden betrachtet.

- Speiseeis ist für die meisten Personen tendenziell ein Low Involvement-Produkt, weshalb die Kundenansprache primär emotional erfolgen sollte. Dies ist bei der vorliegenden Anzeige der Fall.

- Wahl der Beeinflussungsmodalität: Bilder als geeignete Übermittlung von Emotionen.

Mögliche Schwächen:

- Visuelle Elemente: Möglicherweise wird durch die Verwendung dieser Art von emotionalen (erotischen) Reizen vor allem der männliche Teil der Zielgruppe angesprochen. Dies wäre insofern unvorteilhaft, als dass die Zielgruppe dieses Produktes auch Frauen umfasst.

- Inhaltliche Elemente: Weder Slogan noch werblicher Text in der Anzeige. Hierdurch wird verpasst, die Werbebotschaft noch intensiver und eindeutiger zu kommunizieren.

Lösungshinweise zur Aufgabe 13-8:
KONTROLLE DER KOMMUNIKATIONSWIRKUNG – PRETESTS
(GMM: Abschnitt 11.5; MM: Abschnitt 13.5)

a) **Durchführung eines Pretests:** Zum einen können durch einen Pretest diejenigen Printanzeigen ausgewählt werden, die bezüglich der erhofften Wirkungen (und unter Berücksichtigung der erforderlichen Aufwendungen) am besten geeignet sind. Zum anderen ermöglicht ein Pretest die Identifikation von zielführenden Veränderungen in der Gestaltung der Printanzeigen.

b) **Befragungsgestützte Verfahren:** Testpersonen könnten beispielsweise präparierte Zeitschriften vorgelegt werden, in denen die neuen Printanzeigen integriert wurden. Anschließend könnten z.B. folgende Fragen gestellt werden:

- Kennen Sie diese Waschmittelwerbung? („Recognition")

- Welche Waschmittelwerbung kennen Sie? („Unaided Recall")

- Kennen Sie Werbung des Waschmittelherstellers „Retcorp & Elbmag"? („Aided Recall")

c) Bei **zeitpunktbezogenen Tests** wird die Werbewirkung zu einem bestimmten Zeitpunkt analysiert. Als Beispiel sei die Messung von „Recognition", „Unaided Recall" und „Aided Recall" für die Marke „Star" vier Wochen nach Ende der Printkampagne genannt.

Bei **zeitraumbezogenen Tests** handelt es sich um sogenannte Tracking-Studien, bei denen Werbewirkungskriterien über einen längeren Zeitraum hinweg regelmäßig gemessen werden. Im vorliegenden Fall könnten z.B. „Recognition", „Unaided Recall" und „Aided Recall" für die Marke „Star" wöchentlich über den kompletten Zeitraum der Printkampagne (sowie u.U. auch darüber hinaus) ermittelt werden.

14. Vertriebspolitik

14.1 **Aufgaben** **184**

Aufgabe 14-1: Gestaltung des Vertriebssystems –
Auswahl der Vertriebsorgane 184

Aufgabe 14-2: Gestaltung des Vertriebssystems –
Gestaltung der Vertriebswege...185

Aufgabe 14-3: Gestaltung des Vertriebssystems –
Gestaltung der Vertriebswege...185

Aufgabe 14-4: Gestaltung der Beziehungen zu Vertriebspartnern und
Key Accounts – Kooperation..185

Aufgabe 14-5: Gestaltung der Verkaufsaktivitäten –
Persönlicher Verkauf 186

Aufgabe 14-6: Vertriebslogistik –
Lagerhaltungspolitik...186

Aufgabe 14-7: Vertriebslogistik –
Lagerhaltungspolitik...187

Aufgabe 14-8: Vertriebslogistik –
Lagerhaltungspolitik...188

14.2 **Lösungshinweise**...**189**

Lösungshinweise zur Aufgabe 14-1...189

Lösungshinweise zur Aufgabe 14-2...189

Lösungshinweise zur Aufgabe 14-3...190

Lösungshinweise zur Aufgabe 14-4...193

Lösungshinweise zur Aufgabe 14-5...193

Lösungshinweise zur Aufgabe 14-6...194

Lösungshinweise zur Aufgabe 14-7...195

Lösungshinweise zur Aufgabe 14-8...197

14.1 Aufgaben

Aufgabe 14-1:
GESTALTUNG DES VERTRIEBSSYSTEMS – AUSWAHL DER VERTRIEBSORGANE

Das neu gegründete deutsche Konsumgüterunternehmen „Solex" ist auf die Herstellung und den Vertrieb von Sonnenschutzprodukten spezialisiert. Um den Markt zügig erschließen zu können, müssen bei Solex die folgenden Vertriebsaufgaben professionell wahrgenommen werden. Bitte nennen Sie den Fachausdruck für das jeweilige Vertriebsorgan, welches die beschriebenen Tätigkeiten wahrnehmen sollte:

a) Ein Vertriebsorgan soll für die Abwicklung der Kundenaufträge zuständig sein. Hierbei soll insbesondere die Koordination zwischen den Kunden und den unternehmensinternen Bereichen wahrgenommen werden. Auch soll der Vertriebsaußendienst durch diese Funktion entlastet werden.

b) Ein Vertriebsorgan von Solex soll als Koordinationsstelle für Kunden eingerichtet werden, denen beispielsweise aufgrund ihres Einkaufsvolumens eine herausragende Bedeutung zukommt. Diese Funktion soll Analyse-, Planungs-, Umsetzungs- und Kontrollaufgaben im Hinblick auf diese Schlüsselkunden wahrnehmen.

c) Solex möchte auch viele Kleinkunden in Deutschland beliefern, deren persönliche Betreuung über den Außendienst nicht rentabel wäre. Die akquisitorischen Aktivitäten im Hinblick auf diese Kunden sollen über das Telefon erfolgen.

d) Solex möchte sich sehr stark auf seine Kernkompetenzen fokussieren. Deshalb sollen die Verpackungs-, Transport- und Lagerhaltungsaufgaben von einem von Solex unabhängigen Vertriebsorgan wahrgenommen werden.

e) Das Unternehmen strebt auch den Export seiner Produkte an. Hierzu möchte sich Solex eines unternehmensexternen Vertriebsorgans bedienen, welches sowohl den Kontakt zu potentiellen Kunden herstellt als auch bei der Auftragsabwicklung entsprechend unterstützend wirkt.

f) Solex wird die privaten Nachfrager (Endverbraucher) auf dem deutschen Markt nicht direkt beliefern, sondern über unternehmensexterne zwischengeschaltete Vertriebsorgane. Diese nehmen beispielsweise folgende Funktionen für die Produkte von Solex wahr: Raumüberbrückungsfunktion, Zeitüberbrückungsfunktion, quantitative und qualitative Sortimentsfunktion.

Aufgabe 14-2:
GESTALTUNG DES VERTRIEBSSYSTEMS – GESTALTUNG DER VERTRIEBSWEGE

Für die in der Folge dargestellten Situationen soll eine Empfehlung für die Wahl des primären Vertriebsweges erarbeitet werden: Direkter oder indirekter Vertrieb der Produkte:

1) Sie sind ein neuer Anbieter von Gesichtskosmetik. Ihr Sortiment umfasst zehn standardisierte Produkte, die allerdings auf einer geheimen Mischung verschiedenster Kaviarextrakte beruhen und in vergoldeten Tiegeln angeboten werden. Sie zielen auf ein exklusives Marktsegment von ca. 1.000 potentiellen Kundinnen in Deutschland ab.

2) Als Hersteller von sehr exklusiven Krawatten möchten Sie das gehobene Preissegment bedienen. Es ist wichtig für Sie, dass Sie auf den Markenauftritt und die Preisdurchsetzung am Point-of-Sale Einfluss ausüben können.

3) Sie sind ein Anbieter von PCs, der das schmale Marktsegment äußerst zahlungskräftiger PC-Freaks mit sehr teuren kundenindividuell konfigurierten PCs bedienen möchte. Um sich in diesem hart umkämpften Markt zu behaupten, möchten Sie ein gezieltes internetgestütztes One-to-One-Marketingkonzept etablieren.

Erstellen Sie hierzu zunächst eine Bewertungsmatrix mit zentralen effizienz- und effektivitätsbezogenen Kriterien und bewerten Sie anschließend die beschriebenen Situationen anhand dieser Matrix und sprechen Sie eine Empfehlung aus.

Aufgabe 14-3:
GESTALTUNG DES VERTRIEBSSYSTEMS – GESTALTUNG DER VERTRIEBSWEGE

Sie arbeiten für den Haushaltswarenhersteller MasterClean. Für den neuen Staubsauger „Dumbo" muss der Vertriebsweg gestaltet werden. Beschreiben Sie kurz alle relevanten Entscheidungen, die in diesem Rahmen getroffen werden müssen und begründen Sie, anhand welcher Kriterien Sie sich für die einzelnen Alternativen pro Entscheidungsfeld entscheiden.

Aufgabe 14-4:
GESTALTUNG DER BEZIEHUNGEN ZU VERTRIEBSPARTNERN UND KEY ACCOUNTS – KOOPERATION

Als Inhaber eines Foto-Fachhandelsgeschäftes kämpfen Sie im Wettbewerb mit den großen Fachmärkten um Ihr Überleben. Der größte Hersteller von Fotokameras bietet Ihnen im Rahmen seiner Fachhandelsoffensive eine Kooperation an. Das zentrale Ziel dieser

Offensive besteht darin, die Marktbearbeitung der kleinen Fachhändler im Sinne des Herstellers zu optimieren und damit gleichzeitig deren Wettbewerbsposition zu stärken.

Nennen Sie die zentralen Felder einer Kooperation und finden Sie dafür mögliche konkrete Ansatzpunkte anhand des vorliegenden Beispiels.

Aufgabe 14-5:
GESTALTUNG DER VERKAUFSAKTIVITÄTEN – PERSÖNLICHER VERKAUF

Analysieren Sie die nachfolgend dargestellten Situationen im persönlichen Verkauf und zeigen Sie entsprechende Optimierungspotentiale für den Verkäufer auf:

a) Sie stehen als Staubsaugerverkäufer gerade bei der Hausfrau Luise Müller im Wohnungseingang. Mithilfe folgender Verkaufsargumente versuchen Sie, zu überzeugen:

- „Dieser Staubsauger hat eine überragende Saugleistung."

- „Dieser Staubsauger ist ausgesprochen leise."

b) Sie sind Key Account Manager eines Konsumgüterunternehmens und haben über Ihr Sekretariat einen sehr kritischen Gesprächstermin mit Herrn Maier vereinbart, dem Category Manager einer großen Handelskette. Als Sie dort ankommen, sitzen Ihnen ganz unerwartet drei Personen gegenüber: Herr Maier, Herr Müller (Leiter Gesamteinkauf) und Herr Schmidt (Leiter Controlling). Sie werden unruhig.

c) Sie sind Autoverkäufer und stehen kurz vor einem Verkaufsabschluss. Herr Schulze, Ihr Kunde, ist ein sehr analytischer und wenig emotionaler Mensch. Zudem tritt er sehr wenig bestimmend auf. Herr Schulze ist durchaus interessiert an Ihrem Angebot. Als Sie jedoch sagen: „Dieses Angebot, Herr Schulze, gilt nur noch heute", scheitert der Verkauf.

Aufgabe 14-6:
VERTRIEBSLOGISTIK – LAGERHALTUNGSPOLITIK

Sie sind Inhaber eines Restaurants und möchten Ihre bis dato sehr unsystematisch vorgenommene Lagerhaltungspolitik optimieren. Gehen Sie zur Vereinfachung davon aus, dass es lediglich um die Optimierung der Bestellpolitik für Bierfässer geht. Nach der Analyse Ihres bisherigen Verbrauchs unterstellen Sie die in der folgenden Abbildung dargestellte Lagerbestandskurve.

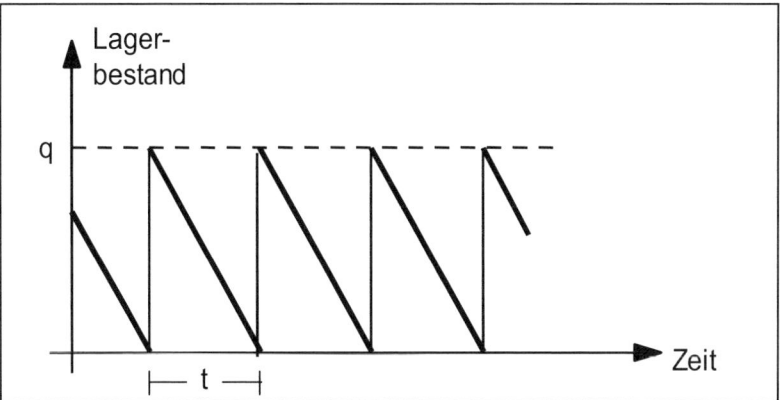

Sie kalkulieren einen konstanten Bedarf von r = 100 Fässern Bier pro Monat zu einem Stückpreis von k = 20 EUR. Bei jeder Bestellung beim Großhändler werden Ihnen Lieferkosten von K = 10 EUR in Rechnung gestellt. Zusätzlich kalkulieren Sie variable Lagerhaltungskosten von h = 0,05 EUR pro Fass und Monat. Eine mögliche Lieferzeit zwischen der Bestellung und dem Eintreffen der bestellten Menge bleibt vorerst unberücksichtigt. Fehlmengen sind ebenfalls ausgeklammert. Ermitteln Sie die kostenminimale Bestellmenge sowie die sich ergebenden zeitlichen Bestellintervalle.

Aufgabe 14-7:
VERTRIEBSLOGISTIK – LAGERHALTUNGSPOLITIK

a) Als Vertriebsleiter des Unternehmens „Schleckermaul GmbH" stehen Sie vor der Frage, wann Sie wie viele Einheiten des Produktes „Schoki leicht" bestellen sollen. Ihnen liegen für diese Entscheidung folgende Angaben vor:

- Pro Woche liefern Sie konstant 70.000 Riegel „Schoki leicht" an Ihre Kunden aus.

- Pro Bestellung fallen Kosten in Höhe von 2.450 EUR an.

- Die Lagerhaltungskosten betragen pro Stück und Tag 0,01 EUR.

Geben Sie die optimale Bestellmenge und den optimalen Bestellzeitraum an. Verdeutlichen Sie Ihr Ergebnis anhand einer Grafik.

b) Welche Lagerhaltungskosten pro Stück und Woche liegen zugrunde, wenn Sie folgende Daten berücksichtigen?

- Die optimale Bestellmenge beträgt 50.000 Stück.

- Der optimale Bestellzeitraum beträgt 2 Wochen.

- Pro Bestellung fallen Kosten in Höhe von 5.000 EUR an.

Aufgabe 14-8:
VERTRIEBSLOGISTIK – LAGERHALTUNGSPOLITIK

Ein Großhändler möchte seine bislang unsystematische Lagerhaltungspolitik neu konzipieren. Für das zu lagernde Gut wird ein konstanter Bedarf von r = 4.000 Stück pro Woche unterstellt. Die bestellfixen Kosten betragen K = 2.000 EUR pro Bestellung, die Lagerhaltungskosten werden mit h = 0,04 EUR pro Stück und Woche veranschlagt. In Abhängigkeit von der Bestellmenge q gelten die folgenden Stückpreise:

$$k\,(q) = \begin{cases} 30\ \text{EUR} & \text{für} \quad q < 5.000 \\ 28\ \text{EUR} & \text{für} \quad 5.000 \le q < 15.000 \\ 25\ \text{EUR} & \text{für} \quad 15.000 \le q < 25.000 \\ 22\ \text{EUR} & \text{für} \quad 25.000 \le q < 30.000 \\ 20\ \text{EUR} & \text{für} \quad q \ge 30.000 \end{cases}$$

Berechnen Sie für den Großhändler die optimale Bestellmenge.

14.2 Lösungshinweise

Lösungshinweise zur Aufgabe 14-1:
GESTALTUNG DES VERTRIEBSSYSTEMS – AUSWAHL DER VERTRIEBSORGANE
(GMM: Abschnitt 12.1; MM: Abschnitt 14.2)

a) Administrativer Vertriebsinnendienst

b) Key Account Management

c) Outbound Call Center

d) Externer Logistikdienstleister

e) Externe Vertriebsagentur

f) Einzelhandelsunternehmen

Lösungshinweise zur Aufgabe 14-2:
GESTALTUNG DES VERTRIEBSSYSTEMS – GESTALTUNG DER VERTRIEBSWEGE
(GMM: Abschnitt 12.1; MM: Abschnitt 14.2)

Bewertungsmatrix:

Bewertungsmatrix		Bewertung der Situationen		
		1) Kosmetik	2) Krawatten	3) PCs
Effizienz	Spezifität der Produkte	Niedrig	Niedrig	Hoch
	Komplexität der Produkte	Niedrig	Niedrig	Hoch
	Anzahl der Kunden	Niedrig	Mittel	Niedrig
	Existenz von Nachfrageverbünden	Mittel	Hoch	Niedrig
	Relativer monetärer Wert der Produkte in der Kategorie	Hoch	Hoch	Hoch
Effektivität	Erforderlicher Grad an Kundennähe	Hoch	Niedrig	Hoch
	Geforderter Grad der Kontrolle der Vertriebsaktivitäten	Hoch	Hoch	Hoch
	Geforderter Umfang der Gewinnung kundenbezogener Informationen	Hoch	Niedrig	Hoch

Handlungsempfehlung:

1) Kosmetik: Direktvertrieb über den eigenen Außendienst

   Hauptgründe:

   - Effizienzbezogene Gründe: Niedrige Anzahl an Kunden

   - Effektivitätsbezogene Gründe: Hoher Grad an erforderlicher Kundennähe bei diesem exklusiven Marktsegment

2) Krawatten: Indirekter Vertrieb über ausgesuchte Händler

   Hauptgründe:

   - Effizienzbezogene Gründe: Existenz von Nachfrageverbünden und hoher relativer monetärer Wert der Produkte

   - Effektivitätsbezogene Gründe: Hoher geforderter Grad der Kontrolle der Vertriebsaktivitäten am Point-of-Sale

3) PCs: Direktvertrieb über das Internet

   Hauptgründe:

   - Effizienzbezogene Gründe: Hohe Spezifität und hoher relativer Wert der Produkte

   - Effektivitätsbezogene Gründe: Hoher Grad an erforderlicher Kundennähe

Lösungshinweise zur Aufgabe 14-3:
GESTALTUNG DES VERTRIEBSSYSTEMS – GESTALTUNG DER VERTRIEBSWEGE
(GMM: Abschnitt 12.1; MM: Abschnitt 14.2)

Der Vertriebsweg ist der Weg, auf dem das Angebotsprogramm eines Herstellers an die Nachfrager gelangt, und lässt sich anhand folgender Abbildung veranschaulichen.

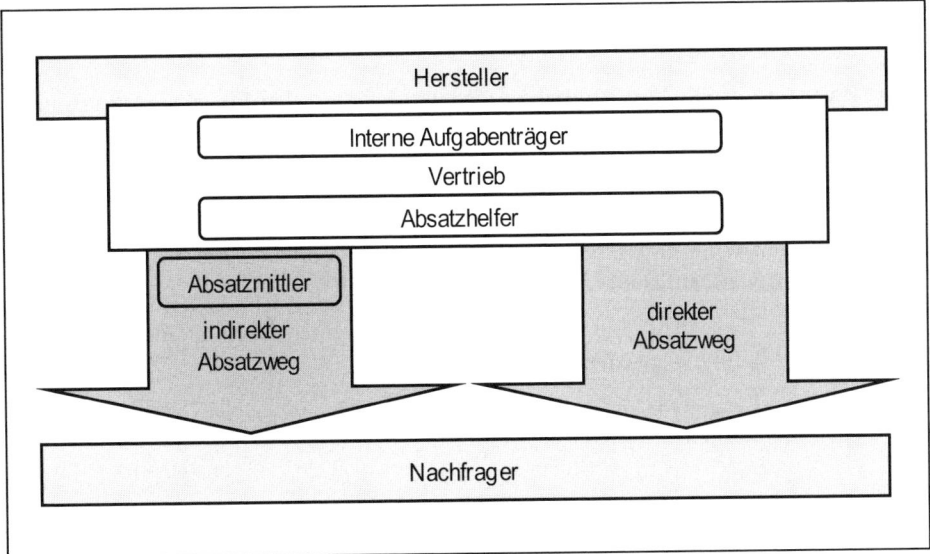

Zwei grundsätzliche Alternativen im Hinblick auf die Vertriebswegegestaltung sind der direkte sowie der indirekte Vertrieb (siehe nachfolgende Tabelle).

Absatzweg	Beschreibung	Vorteile	Nachteile
Direkt	Unmittelbarer Kontakt zwischen Hersteller und Endverbraucher	▪ Unmittelbare Kontrolle des Absatzgeschehens ▪ Unmittelbare Kommunikation mit Endabnehmer	▪ Hoher eigener absatzorganisatorischer Aufwand ▪ Keine Massendistribution möglich
Indirekt	Einschaltung von Absatzmittlern, wie Einzel- und Großhandel	▪ Breite Massendistribution möglich ▪ „Abwälzung" der Absatzfunktion auf Handel/Absatzmittler	▪ Kein unmittelbarer Zugriff auf das Absatzgeschehen ▪ Erschwerte Kommunikation (Informationsaustausch) mit Endabnehmer

Darüber hinaus muss im Falle eines indirekten Vertriebsweges über die Tiefe und über die Breite des Vertriebsweges entschieden werden:

▪ Tiefe des Vertriebsweges: „Wie viele Vertriebsstufen durchläuft ein Produkt vom Anbieter zum Kunden?" (Zahl der zwischengeschalteten Vertriebsstufen)

   − Nullstufig (direkter Vertrieb)

- – Einstufig (indirekter Vertrieb): Eine Vertriebsstufe (z.B. der Einzelhandel) wird zwischengeschaltet.

- – Zweistufig (indirekter Vertrieb): Hersteller beliefert den Einzelhandel z.B. nicht direkt, sondern über den Großhandel.

- Breite des Vertriebsweges: „Wie viele parallel eingesetzte Vertriebspartner bieten innerhalb eines Vertriebsweges das Produkt am Markt an?"

  - – Exklusiv: Wenige ausgewählte Vertriebspartner (Vorteil: Möglichkeit eines konsistenten Marktauftritts)

  - – Intensiv: Viele (bzw. alle denkbaren) Vertriebspartner (Vorteil: Umfassende Präsenz der Produkte am Markt)

  - – Selektiv: Liegt zwischen dem exklusiven und dem intensiven Vertrieb; es wird nach bestimmten Kriterien ausgewählt.

Mögliche Kriterien der Vertriebswegeentscheidung sind in nachfolgender Abbildung veranschaulicht.

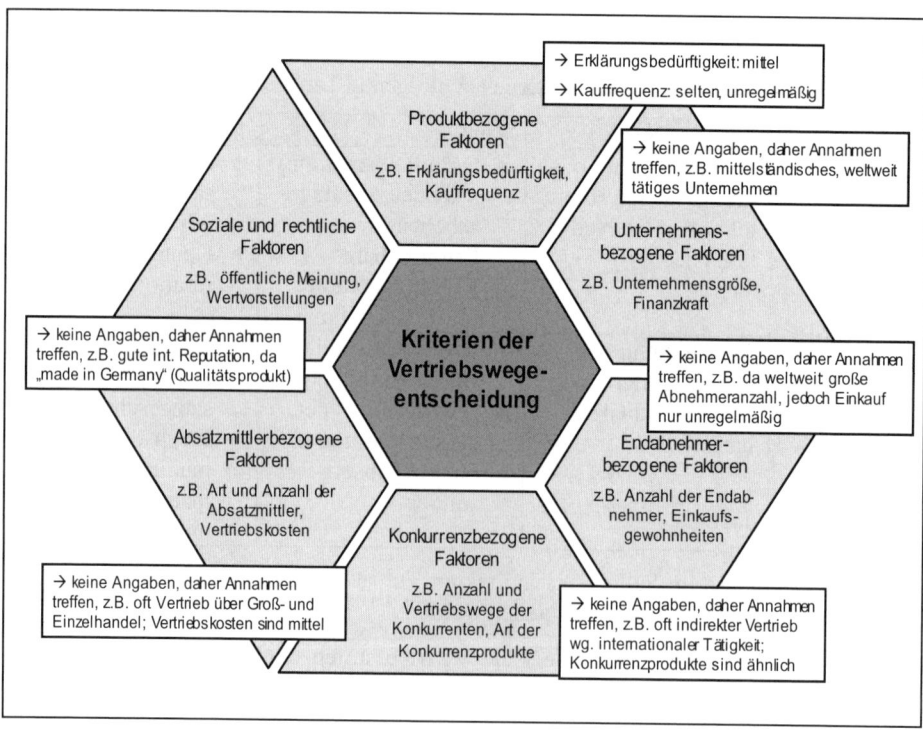

Lösungshinweise zur Aufgabe 14-4:
GESTALTUNG DER BEZIEHUNGEN ZU VERTRIEBSPARTNERN UND KEY ACCOUNTS – KOO-
PERATION (GMM: Abschnitt 12.2; MM: Abschnitt 14.3)

Mögliche Ansatzpunkte für eine Kooperation innerhalb der fünf Felder:

- Vertikales Marketing: Gemeinsame Verkaufsförderung (z.B. Hersteller berät Sie gezielt im Hinblick auf die Optimierung Ihres Verkaufsprozesses und versorgt Sie mit Material zur Verkaufsförderung (spezielle Schaufensterdisplays, Broschüren).)

- Informationen: Austausch von Informationen über Marktentwicklungen (z.B. Hersteller stellt eigene Marktforschungsdaten zum Verbraucherverhalten zur Verfügung und ermöglicht damit die Adaption Ihres Marketing-Mix an die geänderten Marktbedürfnisse.)

- Produkte: Entscheidungen über die Struktur des Produktprogramms (z.B. Hersteller berät Sie im Hinblick auf ein optimales Produktsortiment für Fachhändler.)

- Preise: Gestaltung des Konditionensystems (z.B. Hersteller räumt Ihnen spezielle Konditionen für Fachhändler ein, die den erhöhten Aufwand Ihrer Endkunden-Beratung entsprechend honorieren.)

- Prozesse: Vertriebslogistische Prozesse (z.B. Hersteller gestattet Ihnen kleinere Bestellmengen, um Ihr Abverkaufsrisiko und Ihre Lagerkosten zu reduzieren.)

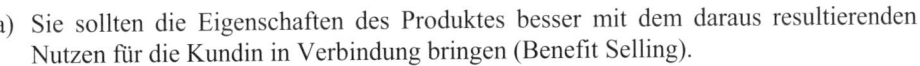

Lösungshinweise zur Aufgabe 14-5:
GESTALTUNG DER VERKAUFSAKTIVITÄTEN – PERSÖNLICHER VERKAUF
(GMM: Abschnitt 12.3; MM: Abschnitt 14.4)

a) Sie sollten die Eigenschaften des Produktes besser mit dem daraus resultierenden Nutzen für die Kundin in Verbindung bringen (Benefit Selling).

Beispiele:

- „Mit diesem leistungsstarken Staubsauger sparen Sie bei jedem Saugen Ihrer Wohnung 10 min Zeit."

- „Dieser Staubsauger ist so leise, dass Sie nebenbei Radio hören können."

b) Im Rahmen der Vorbereitung von Verkaufsgesprächen ist es sehr wichtig, alle Gesprächsteilnehmer beim Kunden im Vorfeld des Gesprächs in Erfahrung zu bringen. Dadurch können Sie die möglichen Zielsetzungen, Erwartungen, Kompetenzen und deren Einfluss auf die Kaufentscheidung in die Vorbereitung Ihrer Gesprächstaktik einfließen lassen.

c) Der in der beschriebenen Situation dargestellte Kundentyp („der Analytische") benötigt durch seine systematische Herangehensweise für seine Kaufentscheidung in der Regel viel Zeit. Druckvolle Abschlusstechniken, wie die hier angewandte

Zeitdrucktechnik, sind deshalb eher kontraproduktiv. Die Argumentation sollte vielmehr über Daten und Fakten zum Produkt und Wettbewerb erfolgen.

Lösungshinweise zur Aufgabe 14-6:
VERTRIEBSLOGISTIK – LAGERHALTUNGSPOLITIK
(MM: Abschnitt 14.5)

Ermittlung der kostenminimalen Bestellmenge:

- Beschaffungskosten einer Periode: $K + kq$

- Länge einer Bestellperiode: $t = q / r$

- Beschaffungskosten einer Zeiteinheit: $[r * K / q] + k * r$

- Durchschnittlich gelagerte Menge: $q / 2$

- Durchschnittliche Lagerhaltungskosten pro Zeiteinheit: $h * q / 2$

- Kosten pro Zeiteinheit: $C (q) = [r * K / q] + k * r + [h * q / 2]$

Die kostenminimale Bestellmenge q* ergibt sich durch die Nullstelle der ersten Ableitung, da die Funktion C (q) konvex ist (siehe Abbildung):

$dC (q)/dq = -[r * K / q^2] + [h / 2]$

$q^* = [(2 * r * K) / h]^{1/2}$

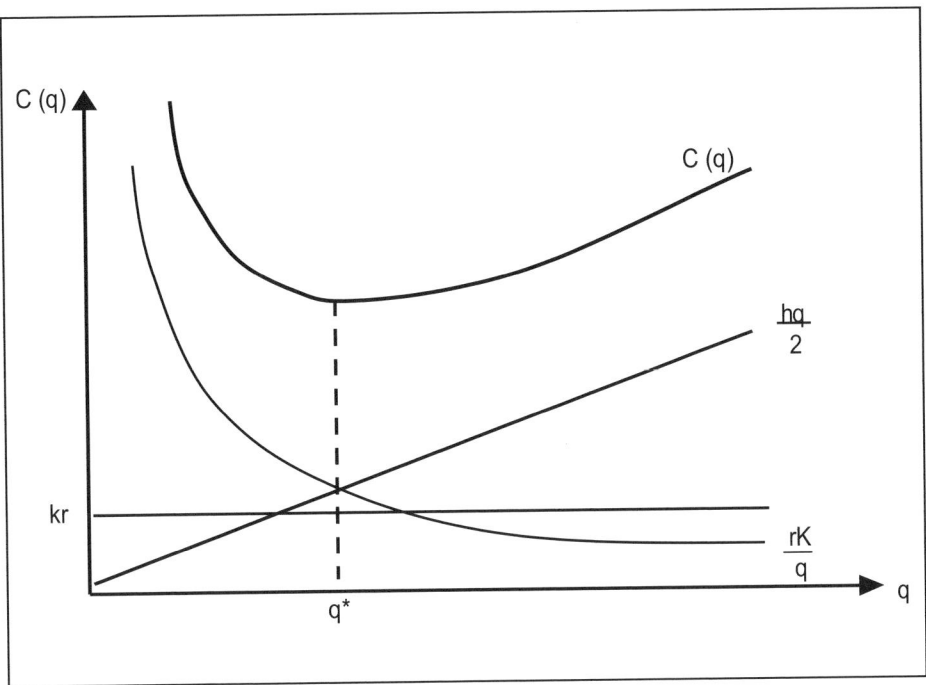

Der Preis k der Fässer ist nicht entscheidungsrelevant bei der Ermittlung der optimalen Bestellmenge. Aus den Daten ergibt sich die kostenminimale Bestellmenge zu:

$q^* = [(2 * 100 * 10) / 0,05]^{1/2} = 200$ Fässer

Die optimale Lagerhaltungspolitik besteht folglich darin, alle zwei Monate ($t^* = q^* / r$) 200 Fässer Bier beim Großhändler zu bestellen.

Lösungshinweise zur Aufgabe 14-7:
VERTRIEBSLOGISTIK – LAGERHALTUNGSPOLITIK
(MM: Abschnitt 14.5)

a) **Ermittlung der optimalen Bestellmenge:**

Zur Lösung dieser Aufgabe muss man eine einheitliche Zeiteinheit verwenden:

Alternative 1 (Berechnung in Wochen):

$q^* = [(2 * r * K) / h]^{1/2} = [(2 * 70.000 * 2.450) / 0,07]^{1/2} = 70.000$ Stück

$t = q^* / r^* = 70.000 / 70.000 = 1$ Woche (jede Woche Bestellung von 70.000 Stück)

Alternative 2 (Berechnung in Tagen):

$q* = [(2 * r * K) / h]^{1/2} = [(2 * 10.000 * 2.450) / 0,01]^{1/2} = 70.000$ Stück

$t = q* / r* = 70.000 / 10.000 = 7$ Tage (alle 7 Tage Bestellung von 70.000 Stück)

Die nachfolgende Abbildung veranschaulicht die Ergebnisse:

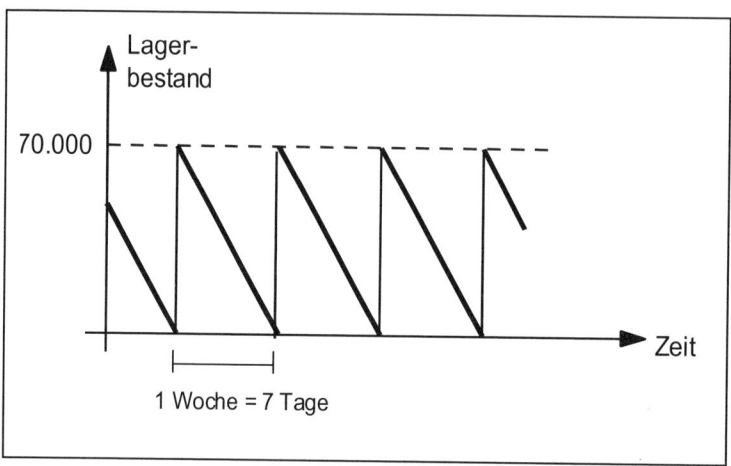

b) Berechnung der Lagerhaltungskosten:

In dieser Teilaufgabe wird bereits eine optimale Bestellmenge und ein optimaler Bestellzeitraum vorausgesetzt. Mit Hilfe der fixen Bestellkosten können durch Umstellung der bekannten Formel aus dem Losgrößenmodell von Harris/Wilson die Lagerhaltungskosten berechnet werden. Dabei muss zunächst die wöchentliche Abgangsrate berechnet werden.

Berechnung der konstanten Abgangsrate:

$t = q* / r*$

$r* = q* / t = 25.000$ Stück/Woche

Berechnung der Lagerhaltungskosten:

$q* = [(2 * r * K) / h]^{1/2}$

$h = (2 * r * K) / q^2$

$h = (2 * 25.000 * 5.000) / 50.000^2 = 0,1$ EUR pro Stück und Woche

Lösungshinweise zur Aufgabe 14-8:
VERTRIEBSLOGISTIK – LAGERHALTUNGSPOLITIK
(MM: Abschnitt 14.5)

Zu minimierende Gesamtkostenfunktion nach dem Modell von Harris/Wilson:

$C(q) = (r * K / q) + k * r + (h * q / 2)$

Berechnung der optimalen Bestellmenge (ohne Berücksichtigung von Mengenrabatten):

$dC(q)/dq = -(r * K / q^2) + (h / 2) = 0$

$q^* = [(2 * r * K) / h]^{1/2}$

$q^* = [(2 * 4.000 * 2.000) / 0,04]^{1/2} = 20.000$ ME

Berechnung der optimalen Bestellmenge (mit Berücksichtigung von Mengenrabatten):

$C(q) = (r * K / q) + k(q) * r + (h * q / 2)$

$C(q) = 8.000.000 / q + k(q) * 4.000 + 0,02 * q$

Bildet man die Ableitung, entfällt der Preis nicht. Folglich erweist sich der Preis in dieser Modellvariante (im Gegensatz zum Grundmodell) als entscheidungsrelevant.

Das Gesamtkosten-Minimum wird entweder durch q* oder durch einen rechts davon liegenden Schwellenwert realisiert. Die nachfolgende Abbildung verdeutlicht in diesem Zusammenhang die Auswirkungen von Mengenrabatten auf die Gesamtkosten. Dabei sind die unterschiedlichen Stückpreise mit k_n und die jeweiligen Schwellenwerte mit I_n gekennzeichnet.

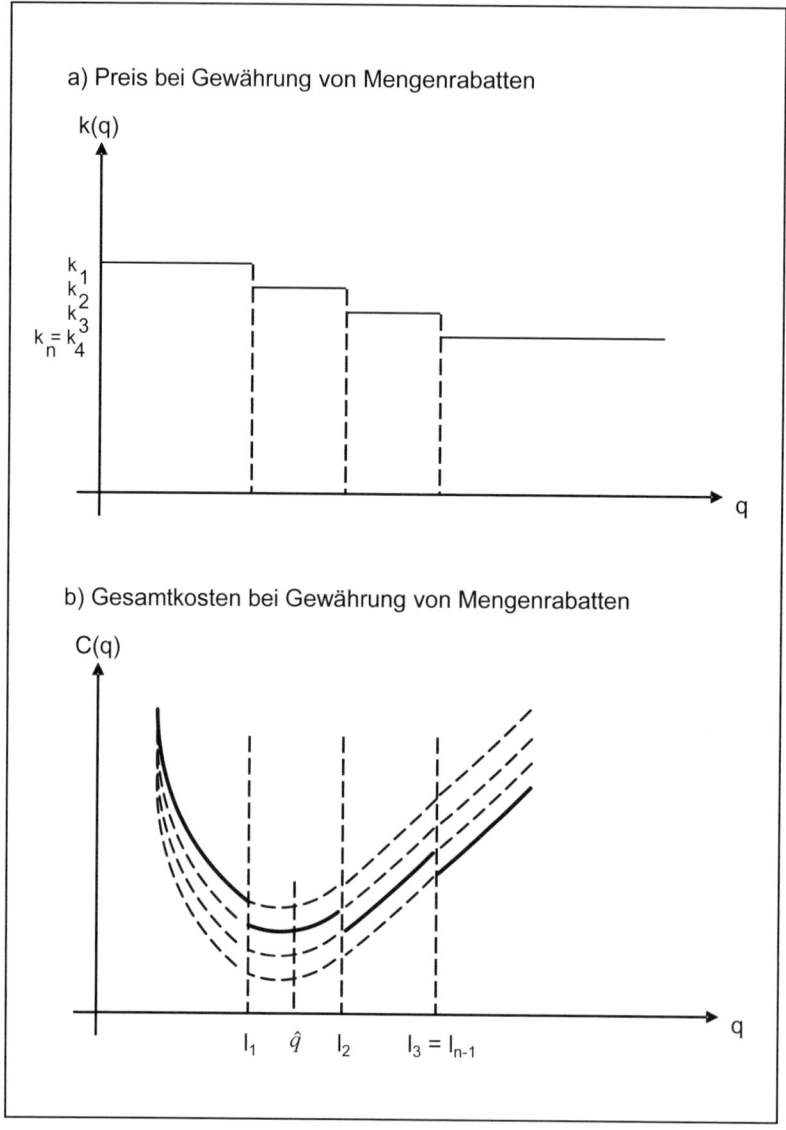

a) Preis bei Gewährung von Mengenrabatten

b) Gesamtkosten bei Gewährung von Mengenrabatten

Mögliche optimale Bestellmengen:

q = 20.000

q = 25.000

q = 30.000

Daraus ergeben sich Kosten in der Höhe von:

C (20.000) = 100.800 EUR

C (25.000) = 88.820 EUR

C (30.000) = 80.866,67 EUR

Die kostenminimale Bestellmenge beträgt demnach 30.000 Stück. Dieses Ergebnis lässt sich leicht durch den vergleichsweise niedrigen Lagerkostensatz erklären. Die durch höhere Bestellmengen bewirkten erhöhten Lagerkosten sind gegenüber den Einsparungen beim Einkaufspreis nahezu unbedeutend.

15. Integrative analytische Betrachtung des Marketingmix

15.1   **Aufgaben** **202**

Aufgabe 15-1: Interaktionseffekte im Marketingmix –
Analyse von Interaktionseffekten 202

Aufgabe 15-2: Interaktionseffekte im Marketingmix –
Analyse von Ausstrahlungseffekten 202

Aufgabe 15-3: Ansätze zur Optimierung des Marketingmix –
Dorfman-Steiner-Theorem..203

15.2   **Lösungshinweise**...**204**

Lösungshinweise zur Aufgabe 15-1 204

Lösungshinweise zur Aufgabe 15-2 207

Lösungshinweise zur Aufgabe 15-3 208

15.1   Aufgaben

Aufgabe 15-1:

INTERAKTIONSEFFEKTE IM MARKETINGMIX – ANALYSE VON INTERAKTIONSEFFEKTEN

Interaktionseffekte zwischen Marketinginstrumenten können mit Hilfe von Reaktions-funktionen (Response Models) dargestellt werden. Die allgemeine Form einer solchen Funktion lautet: $y = f(x_1, ..., x_n)$.

Hierbei stellt y die Zielgröße dar (z.B. Gewinn, Absatz), x_1 bis x_n bezeichnen die be-trachteten Marketinginstrumente. Gehen Sie davon aus, dass dem Unternehmen „Elekt-rofuchs", einem Hersteller von Haushaltsgeräten, die folgende Reaktionsfunktion vor-liegt:

$$y = 5.625 - 4\,p + 1{,}5\,Q * W \qquad \text{mit} \qquad y = \text{Absatz des Produktes}$$

$$p = \text{Preis des Produktes}$$

$$Q = \text{Produktqualität (Index)}$$

$$W = \text{Werbeausgaben}$$

Prüfen Sie diese Reaktionsfunktion auf

a) marginale Reaktionsinteraktion,

b) Elastizitätsinteraktion sowie

c) Optimalitätsinteraktion (Zielgröße: Gewinn, Annahme einer linearen Kostenfunktion, Optimierung über den Preis).

Aufgabe 15-2:

INTERAKTIONSEFFEKTE IM MARKETINGMIX – ANALYSE VON AUSSTRAHLUNGSEFFEKTEN

In einem Markt für Eistee gibt es nur zwei Produkte. Marktforschungsergebnisse haben gezeigt, dass sich die Attraktivität A_k dieser beiden Produkte „Icetea Fresh" (Produkt 1) und „Icetea Fruit" (Produkt 2) folgendermaßen bestimmen lässt:

$$A_1 = 1.200\,p_1^{-1,2}\,Q_1^{0,4} \qquad \text{mit} \quad p_k = \text{Preis des Produktes k}$$

$$A_2 = 1.700\,p_2^{-1,5}\,Q_2^{0,5} \qquad \qquad Q_k = \text{Qualität des Produktes k}$$

a) Berechnen Sie die Marktanteile von „Icetea Fresh" und „Icetea Fruit", wenn von $p_1 = 23$ EUR, $p_2 = 20$ EUR, $Q_1 = 105$ sowie $Q_2 = 100$ ausgegangen werden kann.

b) Berechnen Sie die Verschiebungen der Marktanteile gegenüber a), wenn „Icetea Fresh" in der Qualität um 4% verbessert wird und der Preis gleichzeitig um 2% sinkt.

Aufgabe 15-3:
ANSÄTZE ZUR OPTIMIERUNG DES MARKETINGMIX – DORFMAN-STEINER-THEOREM

Einem Nahrungsmittelhersteller ist für seine Pralinen „Rêve en Chocolat" folgende Reaktionsfunktion bekannt:

$y = 15.000 \, p^{-2} \, W^{0,5}$ mit   y = Absatz von „Rêve en Chocolat"

p = Preis von „Rêve en Chocolat"

W = Werbeausgaben für „Rêve en Chocolat"

Wie hoch sollten die Werbeausgaben für „Rêve en Chocolat" sein, wenn von folgenden Preisen ausgegangen wird?

p = 4,50 EUR

p = 5,00 EUR

p = 5,50 EUR

15.2 Lösungshinweise

Lösungshinweise zur Aufgabe 15-1:
INTERAKTIONSEFFEKTE IM MARKETINGMIX – ANALYSE VON INTERAKTIONSEFFEKTEN
(MM: Abschnitt 15.1)

a) **Überprüfung auf marginale Reaktionsinteraktion:**

Marginale Reaktionsinteraktion wird über die zweite partielle Ableitung überprüft. Sie liegt vor, wenn die partielle Ableitung zweiter Ordnung der Reaktionsfunktion nach den jeweiligen Marketingvariablen von Null verschieden ist:

$$\frac{d\left(\frac{dy}{dx_i}\right)}{dx_j} \neq 0$$

Nachfolgend werden die Ableitungen erster und zweiter Ordnung der Reaktionsfunktion nach den Marketingvariablen gebildet:

	Preis	**Qualität**	**Werbeausgaben**
Erste Ableitung	$dy/dp = -4$	$dy/dQ = 1,5\,W$	$dy/dW = 1,5\,Q$
Zweite Ableitung	$d(dy/dp)/dQ = 0$ $d(dy/dp)/dW = 0$	$d(dy/dQ)/dp = 0$ $d(dy/dQ)/dW = 1,5$	$d(dy/dW)/dp = 0$ $d(dy/dW)/dQ = 1,5$

Die partiellen Ableitungen zweiter Ordnung sind teilweise von Null verschieden. Zwischen W und Q liegt marginale Reaktionsinteraktion vor. Beispielsweise führt eine Erhöhung der Werbeausgaben umso stärker zu Absatzsteigerungen, je höher die Produktqualität ist. Bei Betrachtung von p und Q bzw. p und W hingegen zeigt sich, dass keine marginale Reaktionsinteraktion vorliegt, da hier die partiellen zweiten Ableitungen gleich Null sind.

b) **Überprüfung auf Elastizitätsinteraktion:**

Elastizitätsinteraktion zwischen zwei Marketingvariablen liegt vor, wenn die Elastizität der Zielgröße (y) bezüglich x_i vom Wert von x_j abhängt. Formal muss dann also gelten:

$$\frac{d\left(\frac{dy}{dx_i} \cdot \frac{x_i}{y}\right)}{dx_j} \neq 0$$

In einem ersten Schritt wird die Elastizität des Absatzes y bzgl. der betrachteten Marketingvariablen (p, Q oder W) gebildet. In einem zweiten Schritt wird dann diese Elastizität nach den jeweils anderen Marketingvariablen abgeleitet. Für die Überprüfung der Elastizitätsinteraktion können alternativ die Elastizität des Absatzes bzgl. des Preises, der Produktqualität oder der Werbeausgaben herangezogen werden.

Alternative 1: Betrachtung der Elastizität des Absatzes bzgl. des Preises:

1. Schritt: Elastizität des Absatzes bzgl. des Preises:

$$\varepsilon_p = \frac{dy}{dp} \cdot \frac{p}{y} = -4 \cdot \frac{p}{5.625 - 4p + 1,5QW}$$

2. Schritt: Ableitungen der Elastizität des Absatzes bzgl. des Preises nach Produktqualität und Werbeausgaben:

$$\frac{d\varepsilon_p}{dQ} \neq 0 ; \quad \frac{d\varepsilon_p}{dW} \neq 0$$

Der Ausdruck ε_p (Elastizität des Absatzes bzgl. des Preises) enthält die beiden übrigen Marketingvariablen Q (Produktqualität) und W (Werbeausgaben). Somit werden die Ableitungen von ε_p nach Q und W ungleich Null. Bei dieser Reaktionsfunktion liegt also Elastizitätsinteraktion vor. Dies bedeutet, dass die Elastizität des Absatzes bzgl. des Preises sich ändert, wenn Produktqualität bzw. Werbeausgaben verändert werden.

Alternative 2: Betrachtung der Elastizität des Absatzes bzgl. der Produktqualität:

1. Schritt: Elastizität des Absatzes bzgl. der Produktqualität:

$$\varepsilon_Q = \frac{dy}{dQ} \cdot \frac{Q}{y} = 1,5W \cdot \frac{Q}{5.625 - 4p + 1,5QW}$$

2. Schritt: Ableitungen der Elastizität des Absatzes bzgl. der Produktqualität nach Preis und Werbeausgaben:

$$\frac{d\varepsilon_Q}{dp} \neq 0 ; \quad \frac{d\varepsilon_Q}{dW} \neq 0$$

Der Ausdruck ε_Q (Elastizität des Absatzes bzgl. der Produktqualität) enthält die beiden übrigen Marketingvariablen p (Preis) und W (Werbeausgaben). Somit werden die Ableitungen von ε_Q nach p und W ungleich Null. Bei dieser Reaktionsfunktion liegt also Elastizitätsinteraktion vor. Dies bedeutet, dass die Elastizität des Absatzes bzgl. der Produktqualität sich ändert, wenn Preis bzw. Werbeausgaben verändert werden.

Alternative 3: Betrachtung der Elastizität des Absatzes bzgl. der Werbeausgaben:

1. Schritt: Elastizität des Absatzes bzgl. der Werbeausgaben:

$$\varepsilon_W = \frac{dy}{dW} \cdot \frac{W}{y} = 1,5Q \cdot \frac{W}{5.625 - 4p + 1,5QW}$$

2. Schritt: Ableitungen der Elastizität des Absatzes bzgl. der Werbeausgaben nach Preis und Produktqualität:

$$\frac{d\varepsilon_W}{dp} \neq 0 \, ; \; \frac{d\varepsilon_W}{dQ} \neq 0$$

Der Ausdruck ε_W (Elastizität des Absatzes bzgl. der Werbeausgaben) enthält die beiden übrigen Marketingvariablen p (Preis) und Q (Produktqualität). Somit werden die Ableitungen von ε_W nach p und Q ungleich Null. Bei dieser Reaktionsfunktion liegt also Elastizitätsinteraktion vor. Dies bedeutet, dass die Elastizität des Absatzes bzgl. der Werbeausgaben sich ändert, wenn Preis bzw. Produktqualität verändert werden.

c) **Überprüfung auf Optimalitätsinteraktion:**

Bei der Betrachtung der Optimalitätsinteraktion wird von der Optimierung einer Größe (z.B. Gewinn) ausgegangen. Man spricht von Optimalitätsinteraktion, wenn der optimale Wert einer Marketingvariablen x_i vom Wert einer anderen Marketingvariablen x_j abhängt. Formal lässt sich dieser Zusammenhang folgendermaßen darstellen:

$$\frac{dx_i{}^*}{dx_j} \neq 0$$

Die zu optimierende Größe ist hier der Gewinn. Des Weiteren wird unterstellt, dass die Kostenfunktion linear verläuft. Somit kann die Formel für den Cournot-Preis angewendet werden. Bezeichnet man die variablen Grenzkosten mit k, so lautet der Ausdruck für den gewinnoptimalen Preis:

$$p^* = \frac{1}{2} \cdot \left(\frac{5.625 + 1{,}5QW}{4} + k \right)$$

Betrachtet man die Ableitungen des gewinnoptimalen Preises nach Q und W, so erhält man die folgenden Zusammenhänge:

$$\frac{dp^*}{dQ} \neq 0 \, ; \; \frac{dp^*}{dW} \neq 0$$

Der gewinnoptimale Preis hängt hier sowohl von Q als auch von W ab. Somit liegt bei diesem Reaktionsfunktionstyp Optimalitätsinteraktion vor. Der optimale Preis ist also umso höher, je höher Werbeausgaben und Produktqualität sind.

Lösungshinweise zur Aufgabe 15-2:
INTERAKTIONSEFFEKTE IM MARKETINGMIX – ANALYSE VON AUSSTRAHLUNGSEFFEKTEN
(MM: Abschnitt 15.1)

Gemäß der Aufgabenstellung kann hier von folgender allgemeiner Formel für die Attraktivität eines Produktes ausgegangen werden:

$$A_k = \alpha_k \cdot p_k^{\beta_{p_k}} \cdot Q_k^{\beta_{Q_k}}$$

Zur Berechnung der Marktanteile der beiden Produkte wird nun ein Attraktionsmodell herangezogen. Dieses bildet den Quotienten aus der Attraktivität eines Produktes und der Summe der Attraktivitäten aller Produkte. Formal lässt sich dieser Zusammenhang folgendermaßen darstellen:

$$M_k = \frac{A_k}{\sum\limits_{h=1}^{m} A_h} \qquad \text{mit} \quad M_k = \text{Marktanteil des k-ten Produktes}$$

$$A_h = \text{Attraktivität des h-ten Produktes (h = 1, ..., m)}$$

Führt man beide Formeln zusammen, so erhält man zur konkreten Berechnung des Marktanteils folgende Formel:

$$M_k = \frac{\alpha_k \cdot p_k^{\beta_{p_k}} \cdot Q_k^{\beta_{Q_k}}}{\sum\limits_{h=1}^{m} \alpha_h \cdot p_h^{\beta_{p_h}} \cdot Q_h^{\beta_{Q_h}}}$$

Unter Zuhilfenahme der aufgezeigten Formel ergeben sich folgende Ergebnisse:

a) **Marktanteile der beiden Produkte:**

$$M_1 = \frac{1.200 \cdot p_1^{-1,2} \cdot Q_1^{0,4}}{1.200 \cdot p_1^{-1,2} \cdot Q_1^{0,4} + 1.700 \cdot p_2^{-1,5} \cdot Q_2^{0,5}} = 48,5\%$$

$$M_2 = \frac{1.700 \cdot p_2^{-1,5} \cdot Q_2^{0,5}}{1.200 \cdot p_1^{-1,2} \cdot Q_1^{0,4} + 1.700 \cdot p_2^{-1,5} \cdot Q_2^{0,5}} = 51,5\%$$

Der Marktanteil für Produkt 1 beträgt 48,5%, der Marktanteil für Produkt 2 beträgt 51,5%.

b) **Marktanteilsveränderungen der beiden Produkte:**

Erster Schritt: Berechnung der neuen Werte für p_1 und Q_1:

$p_1 = 23 * 0,98 = 22,54$ EUR

$Q_1 = 105 * 1,04 = 109,2$

Zweiter Schritt: Einsetzen der neuen Werte in die aufgezeigte Formel:

$$M_{1\,neu} = \frac{1.200 \cdot p_1^{-1,2} \cdot Q_1^{0,4}}{1.200 \cdot p_1^{-1,2} \cdot Q_1^{0,4} + 1.700 \cdot p_2^{-1,5} \cdot Q_2^{0,5}} = 49,5\%$$

$$M_{2\,neu} = \frac{1.700 \cdot p_2^{-1,5} \cdot Q_2^{0,5}}{1.200 \cdot p_1^{-1,2} \cdot Q_1^{0,4} + 1.700 \cdot p_2^{-1,5} \cdot Q_2^{0,5}} = 50,5\%$$

„Icetea Fresh" gewinnt einen Prozentpunkt Marktanteil von „Icetea Fruit" hinzu.

Lösungshinweise zur Aufgabe 15-3:
ANSÄTZE ZUR OPTIMIERUNG DES MARKETINGMIX – DORFMAN-STEINER-THEOREM
(MM: Abschnitt 15.2)

Ausgangspunkt für die Lösung dieser Aufgabe ist das **Dorfman-Steiner-Theorem**:

$$\frac{W^*}{p^* \cdot y} = -\frac{\varepsilon_W}{\varepsilon_p}$$

Durch Umformungen lassen sich die Werbeausgaben W in Abhängigkeit des Preises p ausdrücken:

$$W^* = -\frac{\varepsilon_W}{\varepsilon_p} \cdot p \cdot y$$

$$W = -\frac{\varepsilon_W}{\varepsilon_p} \cdot p \cdot 15.000 \cdot p^{-2} \cdot W^{0,5}$$

$$W = -15.000 \cdot \frac{\varepsilon_W}{\varepsilon_p} \cdot p^{-1} \cdot W^{0,5}$$

$$W^{0,5} = -15.000 \cdot \frac{\varepsilon_W}{\varepsilon_p} \cdot p^{-1}$$

$$W = \left[-15.000 \cdot \frac{\varepsilon_W}{\varepsilon_p} \cdot p^{-1} \right]^2$$

Aus der Reaktionsfunktion sind die Preis- und Werbeelastizität bekannt. Durch weiteres Einsetzen ergibt sich also:

$$W = \left[-15.000 \cdot \frac{0,5}{-2} \cdot p^{-1} \right]^2$$

$$W = \left[3.750 \cdot p^{-1} \right]^2$$

Mit Hilfe dieses Zusammenhangs können nun die Werbeausgaben bei vorgegebenen Preisen berechnet werden:

$W = (3.750 * 4{,}50^{-1})^2 = 694.444 \text{ EUR}$

$W = (3.750 * 5{,}00^{-1})^2 = 562.500 \text{ EUR}$

$W = (3.750 * 5{,}50^{-1})^2 = 464.876 \text{ EUR}$

16. Einsatz des Marketingmix im Kundenbeziehungsmanagement

16.1   **Aufgaben**...**212**

     Aufgabe 16-1:   Beschwerdemanagement als Instrument des Kunden-
                          beziehungsmanagements – Probleme im Beschwerde-
                          prozess 212

     Aufgabe 16-2:   Cross-Selling als Instrument des Kundenbeziehungs-
                          managements – Identifikation von Cross-Selling-
                          Potenzialen...212

     Aufgabe 16-3:   Kundenrückgewinnung als Instrument des Kunden-
                          beziehungsmanagements – Kundenrückgewinnung 215

16.2   **Lösungshinweise**...**217**

     Lösungshinweise zur Aufgabe 16-1...217

     Lösungshinweise zur Aufgabe 16-2...218

     Lösungshinweise zur Aufgabe 16-3...220

16.1 Aufgaben

Aufgabe 16-1:
BESCHWERDEMANAGEMENT ALS INSTRUMENT DES KUNDENBEZIEHUNGSMANAGEMENTS
– PROBLEME IM BESCHWERDEPROZESS

Herr Sauer hat vor einigen Tagen direkt beim Hersteller ein Produkt über das Internet gekauft. Als er dieses nutzt, treten für ihn leider unlösbare Probleme auf. Herr Sauer beschließt deshalb, sich zu beschweren. Er versucht verzweifelt, eine Telefonnummer ausfindig zu machen, unter der er das Unternehmen erreichen kann. Schließlich erhält er über die Auskunft die entsprechende Rufnummer. Nach einem Anruf erfährt er, dass diese Nummer nur die der Zentrale des Unternehmens sei und erhält daraufhin die Nummer des Call Centers, an das er sich wenden solle. Nachdem er schließlich einen Mitarbeiter des Call Centers erreicht, wird ihm mitgeteilt, dass man für Beschwerden nicht zuständig sei. Dies mache, so sagt man ihm, eine andere Unternehmenseinheit.

Daraufhin erhält Herr Sauer eine neue Telefonnummer, an die er sich mit seinen Problemen wenden soll. Der Mitarbeiter, mit dem Herr Sauer spricht, versteht das geschilderte Problem nicht und findet deshalb auch keine Lösung. Während des Gesprächs wird der Mitarbeiter sogar unfreundlich und versucht, die Ursache für das Problem Herrn Sauer anzulasten. Nach einer längeren Diskussion verspricht der Mitarbeiter schließlich, dass er sich bei dem Kunden nach interner Klärung der Sachlage melden werde.

Es vergehen zwei Tage ohne Rückmeldung, weshalb sich der inzwischen wütende Herr Sauer entschließt, erneut anzurufen. Leider erreicht er aber nicht den Mitarbeiter, mit dem er zuvor gesprochen hatte, und muss deshalb sein Problem noch einmal schildern. Dennoch hat Herr Sauer „Glück im Unglück". Der Mitarbeiter, der ihn jetzt telefonisch berät, kann auf Anhieb sein Problem lösen. Es stellt sich heraus, dass das von Herrn Sauer geschilderte Problem aus einem üblichen Anwendungsfehler resultierte.

Wo gibt es in dem geschilderten Beschwerdeprozess Probleme? Wie können diese gelöst werden? Nehmen Sie hierzu Bezug auf die Entscheidungsfelder des Beschwerdemanagements.

Aufgabe 16-2:
CROSS-SELLING ALS INSTRUMENT DES KUNDENBEZIEHUNGSMANAGEMENTS – IDENTIFIKATION VON CROSS-SELLING-POTENZIALEN

Der Maschinenbauer ROBOCOP stellt Industrieroboter her, die er vornehmlich an produzierende Unternehmen der Automobil-, Maschinenbau- und Chemiebranche liefert. Zusätzlich zu dem Kernprodukt Industrieroboter bietet die ROBOCOP AG über ein Tochterunternehmen klassische Wartungsverträge für diese Maschinen an. Neuerdings werden auch Beratungsleistungen angeboten, die im Rahmen der Analyse von Produktionsprozessen zu einer Steigerung der Effizienz führen sollen.

Die aktuell schwierige wirtschaftliche Lage und die damit verbundene Kaufzurückhaltung der Nachfrager veranlasst das Unternehmen, über Maßnahmen zur Ankurbelung der Nachfrage nachzudenken. Im Rahmen einer Vorstandssitzung verabschieden die Vorstände deshalb einen Maßnahmenplan zur Steigerung von Umsatz und Gewinn. Zentraler Gegenstand dieses Plans ist die Durchführung von Cross-Selling-Aktivitäten, die den Kunden zur Abnahme möglichst vieler Produkte des Unternehmens bewegen sollen.

Dabei will das Unternehmen seine Cross-Selling-Aktivitäten zunächst auf zwei Zielgruppen fokussieren:

- Zielgruppe 1 besteht aus 1.000 Kunden, die dadurch gekennzeichnet sind, dass sie Industrieroboter des Unternehmens in der Produktion einsetzen, aber nur externe Dienstleister für deren Wartung heranziehen. Ferner herrscht für diese Zielgruppe ein Bedarf an den von der ROBOCOP AG angebotenen Beratungsleistungen, der aber von dieser Zielgruppe bislang noch nicht gedeckt wird.

- Zielgruppe 2 umfasst 500 Kunden, die derzeit nur einen Wartungsvertrag mit der ROBOCOP AG abgeschlossen haben, aber ausschließlich Industrieroboter des Wettbewerbs nutzen. Auch für diese Gruppe gilt, dass sie zwar einen Bedarf an den von der ROBOCOP AG angebotenen Beratungsleistungen hat, solche Leistungen aber bislang noch nicht in Anspruch nimmt.

Die Abbildung stellt noch einmal zusammenfassend die Bedarfsdeckung der Zielgruppen dar.

Verfügbarkeit der Produkte	Zielgruppe (ZG)	Bedarf des Kunden		
			Cross-Selling Potential	
		Bedarfsdeckung zumindest teilweise	Bedarfsdeckung ausschließlich beim Wettbewerb	Vorhandener, aber ungedeckter Bedarf
Bereits vorhandene Produkte	Zielgruppe 1 (1.000 Kunden)	Industrieroboter	Wartungsverträge	Beratungsverträge
	Zielgruppe 2 (500 Kunden)	Wartungsverträge	Industrieroboter	Beratungsverträge

Das Cross-Selling-Potential stellt hierbei die für die jeweilige Zielgruppe maximal erzielbare Absatz- bzw. Umsatzsteigerung dar, die entweder durch Verdrängung der ausschließlich beim Wettbewerb bezogenen Leistungen oder durch Befriedigung des ungedeckten Bedarfs erreicht werden kann.

Um zu klären, ob sich die geplanten Cross-Selling-Aktivitäten finanziell auszahlen, hat das Unternehmen im Rahmen einer internen Analyse weitere relevante Informationen erhoben.

Zum einen wurden Informationen über die mit der Erschließung des Cross-Selling-Potentials verbundenen Kosten pro Zielgruppe und Produkt ermittelt. Diese bestehen aus den folgenden Blöcken:

- Jährliches Budget für das Anreizsystem zur Honorierung der Mitarbeiter bei Cross-Selling-Erfolgen: 10% vom jeweils erzielten Umsatzplus durch Cross-Selling-Aktivitäten (Anzahl der Mitarbeiter: 500 je Zielgruppe).

- Jährliche Ausgaben für die Schulung der Mitarbeiter bezüglich Produkt-, Kunden- und Methodenkompetenz: 50.000 EUR (25.000 EUR je Zielgruppe).

- Sonstige Cross-Selling bezogenen Ausgaben (Kundenbesuche, Mailings, Promotions etc.): Jährlich 500 EUR pro Kunde in der jeweiligen Zielgruppe.

- Variable Kosten je Leistungseinheit (im Durchschnitt): Wartungsvertrag 20.000 EUR, Beratungsvertrag: 30.000 EUR, Industrieroboter: 80.000 EUR.

Zum anderen wurden mögliche Einnahmen erfasst:

- Je Wartungsvertrag, der über den Zeitraum eines Jahres verläuft, werden 50.000 EUR erhoben.

- Je Beratungsauftrag zur Analyse der Produktionsprozesse werden pro Kunde pauschal 100.000 EUR veranschlagt.

- Der Preis eines Industrieroboters beläuft sich auf 250.000 EUR.

Außerdem weist die Untersuchung für die beiden Zielgruppen den bisher ungedeckten und den bereits bei Wettbewerbern gedeckten Bedarf der jeweiligen Produkte mengenmäßig aus.

Darüber hinaus weist die interne Analyse den prozentualen Anteil am Cross-Selling-Potential aus, der durch die geplanten Cross-Selling-Aktivitäten (Kundenbesuche, Mailings, Promotions etc.) ausgeschöpft werden kann. Dieser Anteil wird auf Basis von Erfahrungswerten aus ähnlichen Initiativen in anderen Märkten und einer Bewertung der Wettbewerbssituation und anderer zentraler Parameter (wirtschaftliche Lage des Kunden, Image des Unternehmens etc.) ermittelt.

Folgende Tabelle fasst die zentralen Ergebnisse der Analyse zusammen:

Ziel-gruppe (ZG)	Leistung	Jährliche Bedarfsde-ckung ausschließlich beim Wettbewerb (Anzahl/ Stück)	Unge-deckter Bedarf (Anzahl/ Stück)	Ausge-schöpfter Anteil des Cross-Selling Po-tentials (in %)	Preis der Leistung in € je Vertrag/ Produkt	Variab-le Kos-ten je Leis-tungs-einheit in €
ZG 1 (1.000 Kunden)	Wartungs-verträge	1.000	-	50	50.000	20.000
	Beratungs-verträge	-	500	50	100.000	30.000
ZG 2 (500 Kunden)	Industrie-roboter	500	-	30	250.000	80.000
	Beratungs-verträge	-	300	60	100.000	30.000

a) Ermitteln Sie zunächst die zu erwartende Steigerung des Umsatzes durch Cross-Selling-Aktivitäten je Zielgruppe.

b) Lohnt sich eine Investition in Cross-Selling-Aktivitäten für die ROBOCOP AG? Betrachten Sie bitte jede Zielgruppe gesondert.

Aufgabe 16-3:
KUNDENRÜCKGEWINNUNG ALS INSTRUMENT DES KUNDENBEZIEHUNGSMANAGEMENTS –
KUNDENRÜCKGEWINNUNG

Die Loose AG, ein Telekommunikationsanbieter, verzeichnete Ende des letzten Jahres einen Kundenstamm von 1 Mio. Mobilfunkkunden. Während noch vor einigen Jahren in diesem Bereich zweistellige Wachstumsraten üblich waren, ist mittlerweile eine Marktsättigung zu verzeichnen. Die Unternehmen versuchen deshalb mit immer aggressiveren Methoden, Kunden der Wettbewerber zu gewinnen. Auch die Loose AG verliert jährlich 100.000 seiner Kunden. Diese kündigen in der Regel den Vertrag, weil sie von den Wettbewerben proaktiv abgeworben werden oder weil sie unzufrieden sind.

Eine Rückgewinnung von Kunden wird derzeit eher reaktiv durchgeführt, weshalb die aktuelle Rückgewinnungsrate (zurückgewonnene Kunden in Relation zu erfolgreich kontaktierten Kunden) nur bei 10% der Kunden liegt. Um dem Verlust der Kunden stärker entgegenzuwirken als bisher, beschließt das Unternehmen, sich mit dem Thema der Kundenrückgewinnung intensiv auseinander zu setzen. Der Fokus der Rückgewinnungsaktivitäten soll in Zukunft auf eine proaktive telefonische Rückgewinnung gelegt werden. Da bei Kunden, die unzufrieden sind, die Wahrscheinlichkeit einer Rückgewinnung am höchsten ist, soll zunächst diese Kundengruppe bearbeitet werden.

Aus den bisherigen Rückgewinnungsaktivitäten hat die Loose AG gelernt, dass das Rückgewinnungsbudget (die Kosten der Rückgewinnung) mit der Rückgewinnungsrate nicht linear, sondern exponentiell zusammenhängt.

Folgende Funktion stellt den Zusammenhang von Rückgewinnungskosten und -rate dar:

$$RR\left(RGB\right) = RR^{max} * (1 - e^{-\beta * RGB})$$

Über den Funktionsverlauf lässt sich eine maximale Rückgewinnungsrate (RRmax) abbilden, an die sich die Rückgewinnungsrate mit steigenden Rückgewinnungskosten asymptotisch annähert. Diese stellt die maximal erreichbare Rückgewinnungsrate dar, die auch bei maximalem Rückgewinnungsbudget nicht überschritten werden kann.

Der ß Koeffizient ist ein segmentspezifischer Responseparameter, der die Neigung des funktionalen Zusammenhangs von Rückgewinnungsrate und Rückgewinnungsbudget beeinflusst. Je höher ß, desto steiler der Anstieg des Funktionsverlaufs.

Für die Zielgruppe wird auf Basis von Plausibilitätsüberlegungen und der unternehmensspezifischen Markt- und Wettbewerbssituation eine maximale Rückgewinnungsquote (RRmax) von 60% angenommen. Der durchschnittliche Wert eines Kunden wird über die durchschnittliche Vertragslaufzeit von 3 Jahren (RCLTV) ermittelt und beträgt 1.450 EUR.

Das aktuelle Budget der Rückgewinnung bzw. die Kosten der Rückgewinnung lassen sich in variable und fixe Kosten unterteilen, die sich wie folgt zusammensetzen:

Art der Rückgewinnungskosten	Kosten in Euro
Fixkosten (Personalkosten/Call Center, Sachkosten, wie IT-Nutzung, Miete)	640.000
Variable Kosten (hier: Telefonkosten, Kosten der Wiedergutmachung, Angebotskosten)	160.000
Aktuelle Rückgewinnungskosten	**800.000**

a) Ermitteln Sie auf Basis der Ihnen vorliegenden Informationen über das Rückgewinnungsbudget bzw. die Rückgewinnungskosten und die Kenntnisse über die maximale Rückgewinnungsrate den segmentspezifischen Responseparameter ß.

b) Welche Rückgewinnungsrate ergibt sich ceteris paribus, wenn die Loose AG Ihr aktuelles Rückgewinnungsbudget verdoppelt? Hinweis: Nutzen Sie den in a) ermittelten Koeffizienten β_i.

c) Wie hoch wäre das optimale Rückgewinnungsbudget, wenn Sie den Rückgewinnungsgewinn maximieren wollen?

d) Welche Rückgewinnungsrate ergibt sich für das Unternehmen, wenn der Gewinn maximiert werden soll?

e) Wie hoch ist der Gewinn der Loose AG, wenn dem Unternehmen das optimale Rückgewinnungsbudget zu Verfügung stünde?

16.2   Lösungshinweise

Lösungshinweise zur Aufgabe 16-1:
BESCHWERDEMANAGEMENT ALS INSTRUMENT DES KUNDENBEZIEHUNGSMANAGEMENTS
– PROBLEME IM BESCHWERDEPROZESS (MM: Abschnitt 16.4)

Das Beschwerdemanagement umfasst neun Entscheidungsfelder. Der dargestellte Beschwerdeprozess weist insbesondere in sieben Entscheidungsfeldern **Potenziale zur Verbesserung des Beschwerdemanagements** auf.

Relevante Entschei-dungsfelder	Wo gibt es ein Problem im Prozess?	Was ist zu tun (mögliche Lösung)?
1. Beschwerde-definition	Der Mitarbeiter versucht, die Beschwerde des Kunden auszuklammern bzw. stellt die Berechtigung der Beschwerde in Frage.	Das Verständnis darüber, was eine Beschwerde ist oder nicht, muss so breit wie möglich gefasst werden. Mitarbeiter dürfen Beschwerden nicht selbst definieren.
2. Beschwerde-stimulierung	Der Kunde muss erhebliche Hindernisse überwinden, bevor er seine Beschwerde äußern kann.	Es muss die Möglichkeit geschaffen werden, Beschwerden zu äußern (z.B. Angabe einer Telefonnummer für Anfragen).
3. Beschwerde-annahme	Der Mitarbeiter erfasst und versteht das Kundenproblem nicht richtig. Er versucht, die Schuld für das Problem auf den Kunden abzuwälzen.	Es muss klar definiert werden, wie die Mitarbeiter Beschwerden annehmen und wie auf diese reagiert werden soll. Eine Schuldzuweisung dem Kunden gegenüber ist unzulässig.
4. Beschwerde-bearbeitung	Der Mitarbeiter hält seine Zusage bzgl. einer Rückantwort nicht ein.	Eine Einführung von Standardzeiten zur Beschwerdebearbeitung. Bei Überschreitung der Zeit wird die Beschwerde an den Vorgesetzten weitergeleitet.
5. Beschwerde-analyse	Das vom Kunden geschilderte Problem ist bereits häufig aufgetreten, jedoch ist dies nicht allen Mitarbeitern bekannt.	Häufig auftretende Probleme müssen allen bekannt sein und umgehend sowie dauerhaft beseitigt werden.
6. EDV-technische Umsetzung	Der Kunde muss das Problem ein zweites Mal darstellen.	Die Aufnahme von Beschwerden in ein entsprechendes EDV- System verbessert den Prozess (Einsparung von Zeit und Geld).
7. Einstellungs-management	Unfreundliche Annahme der Beschwerde des Kunden durch einen der Mitarbeiter.	Die Einstellung der Mitarbeiter gegenüber Beschwerden ist zu fördern (Beschwerde als Chance und nicht als Kritik).

Lösungshinweise zur Aufgabe 16-2:
CROSS-SELLING ALS INSTRUMENT DES KUNDENBEZIEHUNGSMANAGEMENTS – IDENTIFIKATION VON CROSS-SELLING-POTENZIALEN (MM: Abschnitt 16.5)

a) Zunächst ist hierfür die erwartete Absatzsteigerung zu ermitteln. Diese ergibt auf Basis des prozentualen Anteils am Cross-Selling-Potential, der durch Cross-Selling-Aktivitäten erschlossen werden kann.

In einem zweiten Schritt wird die erwartete Absatzsteigerung mit dem Preis der Leistung multipliziert, um den **erwarteten Umsatz** zu erhalten (siehe Tabelle):

Zielgruppe (ZG)	Leistung	1. Cross-Selling Potential: Jährliche Bedarfsdeckung (beim Wettbewerb gedeckt bzw. noch ungedeckt) (Anzahl/ Stück)	2. Ausgeschöpfter Anteil des Cross-Selling Potentials (in %)	3. Erwartete Absatzsteigerung (Anzahl/ Stück) [1.) * 2.)]	4. Preis der Leistung in € je Vertrag/ Produkt	5. Erwartete Umsatzsteigerung in 1.000 € [3.) * 4.)]
ZG 1 (1.000 Kunden)	Wartungsverträge	1.000	50	500	50.000	25.000
	Beratungsverträge	500	50	250	100.000	25.000
ZG 2 (500 Kunden)	Industrieroboter	500	30	150	250.000	37.500
	Beratungsverträge	300	60	180	100.000	18.000

Für die Zielgruppe 1 ist mit einem Umsatzanstieg von 50 Mio. EUR, für die Zielgruppe 2 mit einem Umsatzanstieg von 55,5 Mio. EUR zu rechnen.

b) Um zu entscheiden, ob sich Investitionen in Cross-Selling-Aktivitäten lohnen, muss eine Betrachtung der Erfolgswirkung der Maßnahmen durchgeführt werden. Dazu ist der sich ergebende **Gewinn bzw. Verlust** zu ermitteln. Da die erwarteten Umsätze bereits vorliegen (siehe Aufgabenteil a)), sind die Gesamtkosten zu berechnen.

Zunächst müssen die variablen Gesamtkosten je Leistung ermittelt werden, indem die variablen Kosten je Leistungseinheit mit der erwarteten Anzahl multipliziert werden. Die Ausgaben für das Anreizsystem der Mitarbeiter (die Vergütung) ergeben sich durch Multiplikation des in Aufgabenteil a) ermittelten Umsatzzuwachses durch Cross-Selling-Aktivitäten mit dem variablen Vergütungsanteil (10%). Die Ausgaben für Schulungen je Zielgruppe sind bereits bekannt. Die Ausgaben für die sonstigen Kosten ergeben sich durch Multiplikation der Ausgaben pro Kunde mit der jeweiligen Anzahl der Kunden in der Zielgruppe (1.000 Kunden in ZG 1 und 500 Kunden in ZG 2).

Folgende Tabelle stellt die Ergebnisse dieser Berechnungen dar:

Zielgruppe (ZG)	Leistung	1. Variable Kosten pro Leistungseinheit in 1.000 €	2. Ausgaben für Anreize der Mitarbeiter in 1.000 €	3. Ausgaben für Schulung in €	4. Sonstige Ausgaben (z.B. Mailings, Kundenbesuche etc.) in 1.000 €	Gesamtausgaben in 1.000 € [Summe 1.) - 4.)]
ZG 1 (1.000 Kunden)	Wartungsverträge	10.000	2.500	25.000	500	23.025
	Beratungsverträge	7.500	2.500			
ZG 2 (500 Kunden)	Industrieroboter	12.000	3.750	25.000	250	23.225
	Beratungsverträge	5.400	1.800			

Zielgruppe 1:

- Für die Zielgruppe 1 fallen Ausgaben in Höhe von 23,025 Mio. EUR an.

- Daraus ergibt sich ein Gewinn von: 50 Mio. EUR – 23,025 Mio. EUR = 26,975 Mio. EUR.

Zielgruppe 2:

- Für die Zielgruppe 2 fallen Ausgaben in Höhe von 23,225 Mio. EUR an.

- Daraus ergibt sich ein Gewinn von: 55,5 Mio. EUR – 23,225 Mio. EUR = 32,275 Mio. EUR.

Folglich lohnen sich Investitionen in Cross-Selling-Aktivitäten für beide Zielgruppen.

Lösungshinweise zur Aufgabe 16-3:
KUNDENRÜCKGEWINNUNG ALS INSTRUMENT DES KUNDENBEZIEHUNGSMANAGEMENTS –
KUNDENRÜCKGEWINNUNG (MM: Abschnitt 16.6)

a) Logarithmierung der Gleichung zur Ermittlung der Rückgewinnungsrate und Auflösung nach ß:

$$RR\left(RGB\right)=RR^{max}*(1-e^{-\beta*RGB})$$

$$\ln\left[-\frac{RR\left(RGB\right)}{RR^{max}}+1\right]=\ln(e^{-\beta*RGB}) \longrightarrow \beta=\frac{-\ln\left[\dfrac{RR^{max}-RR(RGB)}{RR^{max}}\right]}{RGB}$$

$$\beta=\frac{-\ln\left[\dfrac{0,6-0,1}{0,6}\right]}{800.000}=2,2790195*10^{-07}=\sim 2,28*10^{-07}**$$

b) Wir setzen ein Budget von 1,6 Mio. EUR in die Gleichung zur Ermittlung der Rückgewinnungsrate ein und erhalten eine Rate von:

$$RR=0,6*(1-e^{(-2,28*10^{-07}*1.600.000)})=0,18333$$

Die Verdoppelung des Rückgewinnungsbudgets führt demnach zu einer Rückgewinnungsrate von 18,33%.

c) Einsetzen der Gleichung zur Ermittlung der Rückgewinnungsrate in die Gleichung zur Bestimmung des Rückgewinnungsgewinns:

$$RGG(RGB)=\left[VK\cdot RCLTV\cdot RR^{max}\cdot(1-e^{(-\beta RGB)})\right]-RGB\rightarrow max.$$

Ableitung des Rückgewinnungsgewinns nach dem Rückgewinnungsbudget (RGB):

$$\frac{\partial RGG}{\partial RGB}=\left[VK\cdot RCLTV\cdot RR^{max}\cdot\beta\cdot(1-e^{(-\beta\cdot RGB)})\right]-1$$

Nullsetzen der ersten Ableitung ergibt das optimale Rückgewinnungsbudget (RGB*):

$$RGB* = \frac{\ln(VK \cdot RCLTV \cdot RR^{max} \cdot \beta)}{\beta}$$

Nach Einsetzen der Parameter in die Gleichung ergibt sich für die Loose AG folgendes gewinnmaximale Rückgewinnungsbudget:

$$RGB* = \frac{\ln(100.000 \cdot 1450 \cdot 0,60 \cdot 2,28 * 10^{-07})}{2,28 * 10^{-07}} = 13.106.814$$

d) Einsetzen des gewinnmaximalen Rückgewinnungsbudgets in die Gleichung zur Bestimmung der Rückgewinnungsrate:

$$RR* = 0,6 * (1 - e^{(-2,28 * 10^{-07} * 13.106.814)}) = 0,57$$

e) Einsatz des Rückgewinnungsbudgets in die Gleichung zur Ermittlung des Rückgewinnungsgewinns ergibt einen Gewinn von:

$$RGG* = \left[100.000 \cdot 1450 \cdot 0,6 \cdot (1 - e^{(-2,28 * 10^{-07} * 13.106.814)})\right] - 13.106.814 = 69.505.334$$

17. Dienstleistungsmarketing

17.1   **Aufgaben**...**224**

Aufgabe 17-1: Dienstleistungsqualität –
Messung der Dienstleistungsqualität 224

Aufgabe 17-2: Dienstleistungsqualität –
Analyse und Beeinflussung der Dienstleistungsqualität 225

Aufgabe 17-3: Instrumentelle Besonderheiten des Dienstleistungsmarketing – Klassische Komponenten des Marketingmix...226

17.2   **Lösungshinweise**...**228**

Lösungshinweise zur Aufgabe 17-1 228

Lösungshinweise zur Aufgabe 17-2 229

Lösungshinweise zur Aufgabe 17-3 231

17.1 Aufgaben

Aufgabe 17-1:

DIENSTLEISTUNGSQUALITÄT – MESSUNG DER DIENSTLEISTUNGSQUALITÄT

Sie sind Inhaber der Fluglinie „Aero" und möchten Ihre Dienstleistungsqualität messen und berechnen. Hierzu ziehen Sie den SERVQUAL-Ansatz heran.

a) Wie müssen Sie vorgehen, um Ihre Dienstleistungsqualität mit dem SERVQUAL-Ansatz zu messen und zu berechnen? Erläutern Sie die konkreten Schritte.

b) In nachfolgender Abbildung sehen Sie die Bewertung der Dienstleistungsqualität von einem Kunden von Aero für zwei Qualitäts-Items:

	lehne ich vollkommen ab					*stimme ich vollkommen zu*	
1a) Exzellente Fluglinien zeigen ein ernsthaftes Interesse an der Lösung der Probleme ihrer Kunden.	1 ☐	2 ☐	3 ☐	4 ☐	5 ☐	6 ☒	7 ☐
1b) Aero zeigt ein ernsthaftes Interesse an der Lösung der Probleme ihrer Kunden.	1 ☐	2 ☒	3 ☐	4 ☐	5 ☐	6 ☐	7 ☐
	lehne ich vollkommen ab					*stimme ich vollkommen zu*	
2a) Mitarbeiter exzellenter Fluglinien verfügen über ein sehr gutes Fachwissen zur Beantwortung von Kundenfragen.	1 ☐	2 ☐	3 ☐	4 ☒	5 ☐	6 ☐	7 ☐
2b) Die Mitarbeiter von Aero verfügen über ein sehr gutes Fachwissen zur Beantwortung von Kundenfragen.	1 ☐	2 ☐	3 ☐	4 ☐	5 ☐	6 ☒	7 ☐

Berechnen Sie die sich ergebende Dienstleistungsqualität für jedes dieser Items.

c) Sie möchten die Dienstleistungsqualität Ihres Unternehmens nun im Vergleich zu Ihrem direkten Wettbewerber „Fly" beurteilen. Hierzu befragen Sie nur Kunden von Aero, die auch Kunden von Fly sind.

In nachfolgender Tabelle sehen Sie zur Vereinfachung das Ergebnis der Befragung eines Kunden (Erwartet = erwartete Dienstleistungsqualität, Wahrgenommen = wahrgenommene Dienstleistungsqualität). Für zwei SERVQUAL-Dimensionen sind die Bewertungen für jedes Item angegeben. Für die weiteren Dimensionen wurde bereits eine Verdichtung über die Items vorgenommen.

Items	Erwartet	Aero Wahrgenommen	Fly Wahrgenommen
Tangibles	?	?	?
Item 1	4	5	3
Item 2	6	7	6
Item 3	4	5	2
Item 4	4	5	6
Item 5	6	6	7
Reliabilty	?	?	?
Item 1	7	3	6
Item 2	7	4	6
Item 3	6	4	6
Item 4	6	3	5
Item 5	5	3	6
Responsiveness	4,9	4,3	4,4
Assurance	5,2	5,1	4,9
Empathy	6,4	3,8	6,0

Berechnen Sie die Dienstleistungsqualität für beide Unternehmen. Bei welchen Qualitätsdimensionen besteht bei Aero demnach Handlungsbedarf?

Aufgabe 17-2:
DIENSTLEISTUNGSQUALITÄT – ANALYSE UND BEEINFLUSSUNG DER DIENSTLEISTUNGS-QUALITÄT

Sie sind Inhaber des neu am Markt agierenden, international tätigen Logistik-Dienstleisters „Superjet Cargo" mit Hauptsitz in Deutschland. Ihre Dienstleistung besteht im Transport von Gütern per Flugzeug, die Sie von Ihren Kunden am Ausgangs-Flughafen übernehmen und an Ihre Kunden am Ziel-Flughafen übergeben. Sie sind damit ein direkter Wettbewerber des Unternehmens Lufthansa Cargo.

Sie erhalten eine Vielzahl von Kundenbeschwerden. Die häufigsten Beanstandungen Ihrer Kunden nach Priorität sind: (1) Die Ware kam beschädigt am Zielflughafen an, (2) Am Zielflughafen fehlte ein Teil der Ware.

Sie entschließen sich dazu, Ihr Qualitätsproblem mithilfe der Fishbone-Analyse vertiefend zu analysieren. Da Sie die relevanten Mitarbeiter in Ihrem Unternehmen nicht zu einem gemeinsamen Brainstorming zusammenbringen können, führen Sie eine kurze telefonische Befragung durch. Die meistgenannten Aussagen Ihrer Mitarbeiter hinsichtlich der potentiellen Ursachen Ihrer Qualitätsprobleme sind folgende:

- „Das Tracking-System der Ware ist sehr veraltet und fehleranfällig."

- „Wir haben schon einige Mitarbeiter beim Diebstahl erwischt."

- „Für sehr sensible Güter ist das eigene Verpackungsmaterial oft ungeeignet."

- „Die Mitarbeiter können mit dem Tracking-System nicht richtig umgehen."

- „Unsere Mitarbeiter im Warenhandling sind schlecht geschult."

- „Wir haben oft zu wenig eigenes Verpackungsmaterial."

- „Wir verzeichnen eine sehr hohe Fluktuation der Mitarbeiter."

- „Die Versandpapiere sind oft fehlerhaft ausgefüllt."

- „Die Kommunikation zwischen Ausgangs- und Zielflughafen funktioniert nicht."

- „Unsere Prozesse sind nicht entsprechend standardisiert und dokumentiert."

a) Veranschaulichen Sie die Struktur Ihres Qualitätsproblems mithilfe der Fishbone-Analyse.

b) Zeigen Sie mögliche Ansatzpunkte auf, um die Dienstleistungsqualität zu beeinflussen. Gehen Sie hierbei auf die Bereiche Aufbauorganisation, Ablauforganisation, Mitarbeiterführung und Unternehmenskultur ein.

Aufgabe 17-3:
INSTRUMENTELLE BESONDERHEITEN DES DIENSTLEISTUNGSMARKETING – KLASSISCHE KOMPONENTEN DES MARKETINGMIX

Sie betreiben seit 5 Jahren einen Freizeitpark in Deutschland und sind ein direkter Wettbewerber des Europaparks in Rust. Nachdem die ersten Jahre für Sie sehr erfolgreich waren, haben Sie seit kurzem einen Umsatzeinbruch zu verzeichnen. Sie beauftragen Ihren Marketingleiter, eine Stichprobe von 100 Kunden persönlich zu befragen. Nach der Befragung fasst dieser die zentralen Aussagen Ihrer Kunden folgendermaßen zusammen:

„Die Mitarbeiter im Kundenkontakt scheinen sehr bürokratisch mit den Wünschen und Problemen unserer Besucher umzugehen. Man merkt bei uns sehr schnell, dass alles nach Vorschrift laufen muss. Damit geht die wichtige persönliche Note bei diesem Freizeiterlebnis oft verloren. Hinzu kommt, dass die Kunden bei unseren Mitarbeitern einen sehr geringen Enthusiasmus wahrnehmen. Manche Mitarbeiter scheinen einen geradezu traurigen Eindruck zu machen. Zudem wird oft erwähnt, dass unsere Prozesse Fehler aufweisen. So verschieben sich beispielsweise die im täglichen Programmheft fixierten Aufführungstermine unserer Hauptattraktion „Dschingis Khan" regelmäßig nach hinten. Dies erfahren die Besucher dann erst per Lautsprecher, nachdem Sie an der Aufführungsstätte Platz genommen haben. Auch gibt es regelmäßig Probleme mit per Mailing verschickten Gutscheinen, die von unseren Mitarbeitern an den Kassen nicht mehr akzeptiert werden, weil der befristete Aktionszeitraum bereits abgelaufen sei. Manche Kunden erwähnen auch, dass Sie sehr schwer mit öffentlichen Verkehrsmitteln zu uns gelangen können. Viele nehmen vom Hauptbahnhof ein Taxi und ärgern sich dann über die zusätzlich entstandenen Kosten."

Nennen Sie mögliche Ansatzpunkte innerhalb der zusätzlichen Komponenten des Marketingmix für Dienstleister (Personal-, Ausstattungs- und Prozesspolitik), um die Dienstleistungsqualität Ihres Freizeitparks entsprechend zu verbessern.

17.2   Lösungshinweise

Lösungshinweise zur Aufgabe 17-1:
DIENSTLEISTUNGSQUALITÄT – MESSUNG DER DIENSTLEISTUNGSQUALITÄT
(MM: Abschnitt 17.2)

a) **Messung der Dienstleistungsqualität nach dem SERVQUAL-Ansatz:**

- Messung der Dienstleistungsqualität anhand von 21 Items, die den folgenden fünf Qualitätsdimensionen zugeordnet sind: Annehmlichkeit des tangiblen Umfelds (tangibles: 5 Items), Zuverlässigkeit (reliability: 5 Items), Reaktionsfähigkeit (responsiveness: 3 Items), Leistungskompetenz (assurance: 4 Items), Einfühlungsvermögen (empathy: 4 Items).

- Bewertung der 21 Items mittels einer Doppelskala: Skala 1 (Erwartung der Kunden hinsichtlich des jeweiligen Aspekts der Dienstleistungsqualität) und Skala 2 (erlebte (wahrgenommene) Qualität in Bezug auf das Unternehmen Aero).

Berechnung der Dienstleistungsqualität nach dem SERVQUAL-Ansatz:

- Differenz zwischen wahrgenommener Leistung und Leistungserwartung für jedes Item (positive oder negative quantitative Bewertung der Dienstleistungsqualität für jedes Item).

- Berechnung der durchschnittlichen Differenz für jede SERVQUAL-Dimension.

- Durchschnittsbildung über alle fünf SERVQUAL-Dimensionen.

b) **Berechnung der Dienstleistungsqualität:**

Erlebte Dienstleistungsqualität – Erwartete Dienstleistungsqualität

- Für Item 1 = 2 – 6 = -4

- Für Item 2 = 6 – 4 = 2

c) **Berechnung der Dienstleistungsqualität im Vergleich zum Wettbewerb:**

Items	Erwartet	Aero		Fly	
		Wahrge-nommen	Berechnung	Wahrge-nommen	Berechnung
Tangibles	**4,8**	**5,6**	**+0,8**	**4,8**	**0**
Item 1	4	5	+1	3	-1
Item 2	6	7	+1	6	0
Item 3	4	5	+1	2	-2
Item 4	4	5	+1	6	+2
Item 5	6	6	0	7	+1

Items	Erwartet	Aero		Fly	
		Wahrge-nommen	Berechnung	Wahrge-nommen	Berechnung
Reliabilty	**6,2**	**3,4**	**-2,8**	**5,8**	**-0,4**
Item 1	7	3	-4	6	-1
Item 2	7	4	-3	6	-1
Item 3	6	4	-2	6	0
Item 4	6	3	-3	5	-1
Item 5	5	3	-2	6	+1
Responsi-veness	**4,9**	**4,3**	**-0,6**	**4,4**	**-0,5**
Assurance	**5,2**	**5,1**	**-0,1**	**4,9**	**-0,3**
Empathy	**6,4**	**3,8**	**-2,6**	**6,0**	**-0,4**
Dienstleistungsqualität gesamt:			**-1,1**		**-0,3**

Die Dienstleistungsqualität von Aero liegt mit einem Wert von -1,1 deutlich unter der des Wettbewerbers Fly (-0,3). Insbesondere bei den Dienstleistungs-Dimensionen Zuverlässigkeit und Einfühlungsvermögen besteht bei Aero dringender Handlungsbedarf.

Lösungshinweise zur Aufgabe 17-2:
DIENSTLEISTUNGSQUALITÄT – ANALYSE UND BEEINFLUSSUNG DER DIENSTLEISTUNGS-QUALITÄT (MM: Abschnitt 17.2)

a) **Struktur des Qualitätsproblems:**

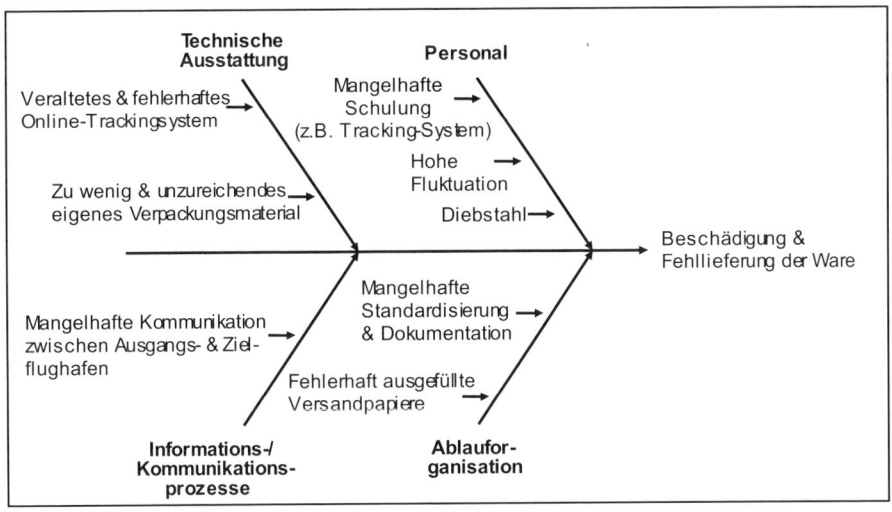

b) **Ansatzpunkte zur Beeinflussung der Dienstleistungsqualität:**

- Aufbauorganisation:

  - Vermeidung von Überspezialisierung (Reduzierung der Schnittstellenprobleme in der Prozesskette).

  - Festlegung klarer Verantwortungen im Hinblick auf die Dienstleistungsqualität.

  - Schaffung eines internen Qualitätszirkels (Erarbeitung von Lösungsvorschlägen zur Behebung der Qualitätsprobleme z.B. Optimierung der Versorgung mit ausreichendem und geeignetem Verpackungsmaterial).

- Ablauforganisation:

  - Schnittstellenmanagement (Definition von Verhaltens- und Qualitätsstandards an internen Schnittstellen des Unternehmens).

  - Schulung der Mitarbeiter.

  - Systematische Darstellung des Dienstleistungsprozesses in einem Qualitätsmanagementhandbuch.

  - Optimierung der Informationssysteme (Verbesserung des Online-Trackingsystems).

  - Systematische Behebung von Fehlerquellen im Dienstleistungsprozess mit dem Poka-Yoke-Verfahren.

- Mitarbeiterführung:

  - Einsatz von Führungsstilen, die eine höhere Dienstleistungsqualität begünstigen (Reduzierung der Fluktuation, Vermeidung von Diebstahl).

  - Führungskräfte sollen durch Ihre Entscheidungen und Aktivitäten den Mitarbeitern den Qualitätsgedanken vorleben.

  - Berücksichtigung der Dienstleistungsqualität bei den Ziel- und Anreizsystemen der Mitarbeiter.

- Unternehmenskultur:

  - Verankerung der Qualitätsorientierung in der Kultur als zentralen Wert (z.B. durch die Formulierung diesbezüglicher Leitsätze).

  - Offener Umgang mit Fehlern (Fehler bilden die Basis für Lernprozesse).

Lösungshinweise zur Aufgabe 17-3:
INSTRUMENTELLE BESONDERHEITEN DES DIENSTLEISTUNGSMARKETING – KLASSISCHE KOMPONENTEN DES MARKETINGMIX (MM: Abschnitt 17.4)

Grundlegende Zielsetzungen im Rahmen der drei zusätzlichen Komponenten des Marketingmix im Dienstleistungsbereich:

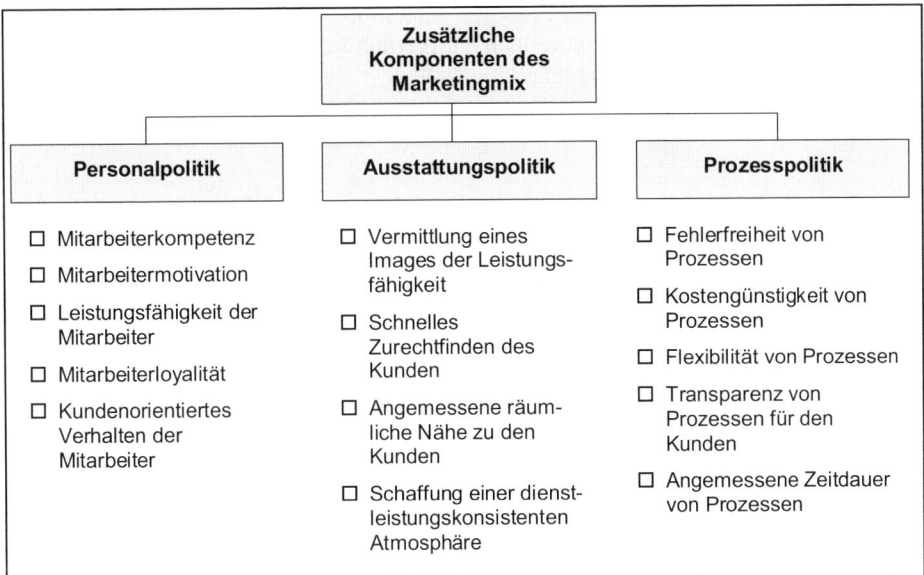

Mögliche Ansatzpunkte für eine Qualitätsverbesserung:

- Personalpolitik:

  – Mitarbeiter mit Kundenkontakt können auf die von Kunden kommunizierten Wünsche und Probleme nicht schnell und unbürokratisch eingehen: Gewährung einer angemessenen Entscheidungskompetenz der Mitarbeiter im direkten Kundenkontakt (Empowerment).

  – Geringe Motivation der Mitarbeiter: Gezielte Förderung eines serviceorientierten Verhaltens der Mitarbeiter durch Schaffung entsprechender Anreiz- und Zielsysteme (Honorierung von Kundenzufriedenheit), Vorleben der Serviceorientierung durch die Führungskräfte, Einstellung dienstleistungsaffiner Mitarbeiter, Schaffung einer entsprechenden Unternehmenskultur etc.

- Ausstattungspolitik:

  – Problematik der räumlichen Nähe zu den Kunden: Angebot entsprechender Transfermöglichkeiten für die Besucher (z.B. regelmäßige Bustransfers vom Hauptbahnhof).

- Prozesspolitik:

    - Fehler im Dienstleistungsprozess: Festlegung klarer Verantwortlichkeiten im Hinblick auf die Dienstleistungsqualität, Definition von Verhaltens- und Qualitätsstandards an internen Schnittstellen, systematische Darstellung und detaillierte Dokumentation des Dienstleistungserstellungsprozesses.

    - Mangelnde Flexibilität der Prozesse: Gestattung eines begrenzten Abweichens von der Prozessroutine, um zeitnah auf (geringfügige) Veränderungen individueller Kundenpräferenzen eingehen zu können.

18. Handelsmarketing

18.1   Aufgaben...**234**

Aufgabe 18-1: Grundlagen des Handelsmarketing –
Funktionen des Handels...234

Aufgabe 18-2: Instrumentelle Besonderheiten des Handelsmarketing –
Profilmethode zur Standortanalyse.....................................235

Aufgabe 18-3: Instrumentelle Besonderheiten des Handelsmarketing –
Anziehungskraft von Einzelhandelsstandorten...................236

18.2   Lösungshinweise..**237**

Lösungshinweise zur Aufgabe 18-1..237

Lösungshinweise zur Aufgabe 18-2..238

Lösungshinweise zur Aufgabe 18-3..238

18.1   Aufgaben

| **Aufgabe 18-1:** |
| GRUNDLAGEN DES HANDELSMARKETING – FUNKTIONEN DES HANDELS |

In der folgenden Abbildung sehen Sie die Umsatz-, Kosten- und Gewinn-Situation in einem Markt mit indirektem Vertrieb. Gehen Sie zur Vereinfachung davon aus, dass es auf diesem Markt nur einen Hersteller, einen Händler und einen Nachfrager gibt. Die konkreten Beträge in Geldeinheiten (GE) sind links neben den jeweiligen Blöcken angeben.

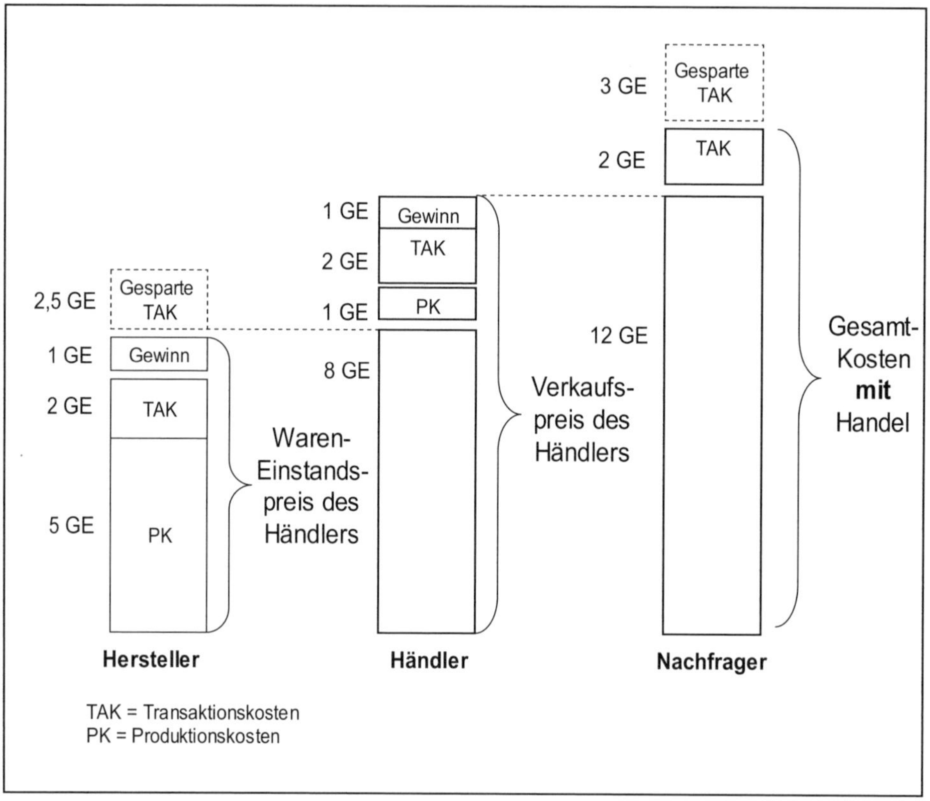

Anmerkung: Die gesparten Transaktionskosten (TAK) auf Hersteller- und Nachfrager-seite entsprechen den Einsparungen gegenüber der Situation eines direkten Vertriebes, d.h. ohne Einschaltung des Händlers.

a) Berechnen Sie die Handelsspanne des Händlers.

b) Berechnen Sie die Gesamtkosten für den Nachfrager, die sich ohne die Zwischenschaltung des Händlers ergeben würden. Wichtiger Hinweis: Die Rendite des Herstellers soll sich gegenüber der Ausgangssituation nicht ändern. Runden Sie jeweils auf eine Nachkommastelle.

c) Erhöht die Einschaltung des Händlers die Effizienz der Transaktion zwischen Hersteller und Nachfrager?

Aufgabe 18-2:
INSTRUMENTELLE BESONDERHEITEN DES HANDELSMARKETING – PROFILMETHODE ZUR STANDORTANALYSE

Sie möchten einen Papierwarenladen eröffnen. Zur Auswahl stehen Ihnen drei Standorte, die Sie bereits nach drei für Sie relevanten Merkmalen bewertet haben (siehe Tabelle). Für die einzelnen Merkmale wählen Sie die folgenden Gewichtungsfaktoren: 1 = 20%, 2 = 40%, 3 = 40%. Für welchen Standort entscheiden Sie sich bei Anwendung der Profilmethode?

| Merkmal | Standort | | | | | |
| | A | | B | | C | |
	Zahlenwert	Bewertung 0-10	Zahlenwert	Bewertung 0-10	Zahlenwert	Bewertung 0-10
1) Länge des Schaufensters in Metern	4	3	8	7	10	9
2) Passantenfrequenz pro Stunde	6.000	8	4.000	5	5.000	6
3) Anzahl nahe-gelegener Wettbewerber	2	5	3	3	1	9

Aufgabe 18-3:
INSTRUMENTELLE BESONDERHEITEN DES HANDELSMARKETING – ANZIEHUNGSKRAFT VON EINZELHANDELSSTANDORTEN

Stellen Sie sich vor, dass es die Einzelhandelsstandorte 1, 2 und 3 gibt, die ihren Umsatz in einer zu betrachtenden Produktkategorie durch Kunden aus den Regionen R_1 und R_2 erwirtschaften. Weiterhin sind folgende Informationen gegeben:

- Verkaufsfläche der Einzelhändler als Maß für die Attraktivität des Standorts: $A_1=$ 2.500 m^2, $A_2 = 1.000$ m^2, $A_3 = 500$ m^2.

- Distanz (d_{ij}) der jeweiligen Region (i) zum Einzelhandelsstandort (j) in Autominuten: $d_{11} = 20$, $d_{12} = 15$, $d_{13} = 10$, $d_{21} = 12$, $d_{22} = 7$, $d_{23} = 6$.

- Kaufkraft (K) der Regionen in Geldeinheiten (GE): $KR_1 = 1.000$ GE, $KR_2 = 2.000$ GE.

a) Berechnen Sie für jeden Einzelhandelsstandort den Umsatz, den er mit den zwei Regionen erwirtschaften wird. Ziehen Sie dabei das Gravitationsmodell von Huff heran und wählen Sie für den produktartspezifischen Parameter λ einen Wert von 1,5.

b) Huff ermittelte beim Einkauf von Möbeln ein λ von 2,723 und für Kleider ein λ von 3,191. Berechnen Sie die sich ergebenden Umsätze für diese beiden Produktkategorien.

c) Interpretieren Sie die Ergebnisse aus den Teilaufgaben a) und b).

18.2 Lösungshinweise

Lösungshinweise zur Aufgabe 18-1:
GRUNDLAGEN DES HANDELSMARKETING – FUNKTIONEN DES HANDELS
(GMM: Abschnitt 14.2; MM: Abschnitt 18.2)

a) **Handelsspanne des Händlers:**

Handelsspanne = Verkaufspreis des Händlers – Wareneinstandspreis des Händlers
$$= 12 - 8 = 4$$

b) **Gesamtkosten für den Nachfrager:**

Rendite = R, Gewinn = G, Umsatz = U   mit R = G/U

Mit Händler: $\dfrac{G0}{U0} = \dfrac{1}{8}$

Ohne Händler: $\dfrac{1}{8} = \dfrac{G1}{U1}$

$$U1 = 5 + 2 + 2,5 + G1$$

$$\Rightarrow U1 = 10,9$$

$$\Rightarrow \text{Gesamtkosten} = 10,9 + 2 + 3 = 15,9$$

Die neuen Gesamtkosten für den Nachfrager betragen 15,9 GE.

c) Ja, der indirekte Vertrieb ist effizienter, da die gesparten Transaktionskosten auf Hersteller- und Nachfragerseite (2,5 + 3 = 5,5 GE) größer sind als die Handelsspanne (4 GE).

Lösungshinweise zur Aufgabe 18-2:
INSTRUMENTELLE BESONDERHEITEN DES HANDELSMARKETING – PROFILMETHODE ZUR STANDORTANALYSE (MM: Abschnitt 18.2)

Merkmal	Gewichtungsfaktor	Standort								
		A			B			C		
		Zahlenwert	Bewertung 0-10	Gewichtete Bewertung	Zahlenwert	Bewertung 0-10	Gewichtete Bewertung	Zahlenwert	Bewertung 0-10	Gewichtete Bewertung
1) Länge des Schaufensters in Metern	20	4	3	60	8	7	140	10	9	180
2) Passantenfrequenz pro Stunde	40	6.000	8	320	4.000	5	200	5.000	6	240
3) Anzahl nahe-gelegener Wettbewerber	40	2	5	200	3	3	120	1	9	360
Gesamt	100			580			460			780

Für Standort A ergibt sich folgender Wert: 20 * 3 + 40 * 8 + 40 * 5 = 580.

Analog ergibt sich für Standort B der Wert 460 und für Standort C der Wert 780.

Auf der Basis der Profilmethode entscheiden Sie sich folglich für Standort C.

Lösungshinweise zur Aufgabe 18-3:
INSTRUMENTELLE BESONDERHEITEN DES HANDELSMARKETING – ANZIEHUNGSKRAFT VON EINZELHANDELSSTANDORTEN (MM: Abschnitt 18.2)

a) Die Wahrscheinlichkeit, dass ein Bewohner der Region i den Einzelhändler j aufsucht, lässt sich nach Huff anhand folgender Formel berechnen (d = Distanz in Autominuten, A = Attraktivität):

$$p_{ij} = \frac{A_j \cdot d_{ij}^{-\lambda}}{\sum_{j=1}^{m} A_j \cdot d_{ij}^{-\lambda}}$$

Daraus ergeben sich folgende Wahrscheinlichkeiten:

$$p_{11} = \frac{\dfrac{2500}{20^{1,5}}}{\dfrac{2500}{20^{1,5}} + \dfrac{1000}{15^{1,5}} + \dfrac{500}{10^{1,5}}} = 0,46 \qquad p_{21} = \frac{\dfrac{2500}{12^{1,5}}}{\dfrac{2500}{12^{1,5}} + \dfrac{1000}{7^{1,5}} + \dfrac{500}{6^{1,5}}} = 0,41$$

$p_{12} = 0,28 \qquad\qquad\qquad\qquad p_{22} = 0,36$

$p_{13} = 0,26 \qquad\qquad\qquad\qquad p23 = 0,23$

Interpretation des Ergebnisses für Standort 1: 46% der Einkäufe aus R_1 und 41% der Einkäufe aus R_2 werden am Standort 1 getätigt werden.

Damit ergeben sich folgende Umsätze für die Standorte:

$U_1 = 0,46 * 1.000 + 0,41 * 2.000 = 1.280$ GE

$U_2 = 0,28 * 1.000 + 0,36 * 2.000 = 1.000$ GE

$U_3 = 0,26 * 1.000 + 0,23 * 2.000 = 720$ GE

b) Für Möbel ($\lambda = 2,723$) ergeben sich folgende Umsätze:

   $U_1 = 0,31 * 1.000 + 0,25 * 2.000 = 810$ GE

   $U_2 = 0,27 * 1.000 + 0,43 * 2.000 = 1.130$ GE

   $U_3 = 0,41 * 1.000 + 0,33 * 2.000 = 1.070$ GE

   Für Kleider ($\lambda = 3,191$) ergeben sich folgende Umsätze:

   $U_1 = 0,26 * 1.000 + 0,20 * 2.000 = 660$ GE

   $U_2 = 0,26 * 1.000 + 0,44 * 2.000 = 1.140$ GE

   $U_3 = 0,48 * 1.000 + 0,36 * 2.000 = 1.200$ GE

c) Je größer λ ist, desto distanzsensitiver sind die Kunden. Bei Gütern mit einem investiven Charakter sind die Kunden eher bereit, weitere Entfernungen für eine größere Auswahl zurückzulegen (niedrigeres λ) als bei Gütern mit einem eher konsumptiven Charakter (höheres λ).

19. Business-to-Business-Marketing

19.1   Aufgaben..**242**

Aufgabe 19-1: Grundlagen des Business-to-Business-Marketing –
Besonderheiten im Business-to-Business-Marketing 242

Aufgabe 19-2: Grundlagen des Business-to-Business-Marketing –
Geschäftstypen im Business-to-Business-Marketing...........243

Aufgabe 19-3: Instrumentelle Besonderheiten –
Marketingmix im Business-to-Business-Marketing 245

19.2   Lösungshinweise..**247**

Lösungshinweise zur Aufgabe 19-1 247

Lösungshinweise zur Aufgabe 19-2 247

Lösungshinweise zur Aufgabe 19-3 249

19.1   Aufgaben

Aufgabe 19-1:
GRUNDLAGEN DES BUSINESS-TO-BUSINESS-MARKETING – BESONDERHEITEN IM BUSINESS-TO-BUSINESS-MARKETING

Herr Müller fängt als Marketing-Trainee bei der Dialysis AG – einem bekannten Unternehmen für Diagnostika und Medizintechnik – an. Während seines Studiums konnte er bereits praktische Marketing-Erfahrungen im Rahmen eines Praktikums bei einem Konsumgüterherstellers sammeln. Schon in der ersten Woche wird Herrn Müller klar, dass die Marktbearbeitung und Prozesse in der Medizintechnik völlig anders verlaufen, als er dies im Praktikum kennengelernt hatte.

Gleich an Müllers erstem Tag gibt es schlechte Nachrichten im Unternehmen: Ein wichtiger Auftrag eines Universitätsklinikums konnte nicht gewonnen werden. Der Auftrag war nicht nur monetär sehr wichtig, sondern richtete sich in diesem Fall auch an einen besonders wichtigen Referenzkunden. Es ging um den Verkauf eines komplexen Dialyse-Geräts für über 28 Mio. EUR.

Bisher hatte die Dialysis AG bei dem Klinikum eine sehr gute Position inne gehabt. Fast 3% des gesamten nationalen Umsatzes des vergangenen Jahres wurden mit diesem Haus abgewickelt. Der betreuende wissenschaftliche Außendienst, der die Fachabteilungen regelmäßig besucht, sowie der kaufmännisch ausgerichtete Key-Accounter, der den regelmäßigen Kontakt mit dem Klinik-Einkauf pflegt (und den Verkauf über die verschiedene Produktbereiche von Dialysis hinweg beim Kunden gestaltet), waren gern gesehene „Gäste" und verstanden sich mit ihren Counterparts sehr gut.

Für die Dialysis AG ist das gleich in doppelter Hinsicht ein schwerer Schlag: Zum einen können sich durch den verlorenen Auftrag die im Zuge der Angebots- und Anpassungsphase entstandenen Kosten an Personal, Reisekosten und Zeit nicht wieder einspielen. Alleine die Technik hatte für die letzten Modifikationen fünfzehn Manntage investiert. Viel schlimmer trifft die Dialysis AG aber die mittel- und langfristige Konsequenz aus der Absage: Ist man nun nicht mehr auf der „Preferred Supplier List" des Kunden? Was bedeutet dies für die bestehende Geschäftsbeziehung?

Zwei Tage später wohnen Sie der ersten Teamsitzung des Uniklinikum-Selling-Centers bei. Anwesend sind Herr Schmidt, der verantwortliche Marketingleiter, der Key-Accounter, der Außendienst und ein Techniker aus der Forschung. Der Kollege aus dem Außendienst soll seine Analyse des fehlgeschlagenen Auftragsprozesses vorstellen:

„Diesmal war alles anders. Im Beschaffungsausschuss waren neben unseren bekannten Kontaktpersonen und Geschäftspartnern diesmal auch Herr Dr. Schwedt, der Verwaltungsleiter des Klinikums und ein weiterer Herr im dunklen Anzug anwesend. Der Herr im dunklen Anzug muss ein externer Berater gewesen sein. Wahrscheinlich hatte er maßgeblichen Einfluss auf die Entscheidung. Herr Schwedt und er sprachen die ganze Zeit von Gesamtkosten und mangelnden Finanzierungsmitteln sowie von der Notwendigkeit, den Kundendienst aus einer Hand zu bekommen. Letztenendes schienen wir den Auftrag verloren zu haben, weil wir dem Kunden keine adäquate Finanzierung bieten konnten. Dabei sah es bei der abschließenden Preisverhandlung fast so aus, als würden wir den Auftrag bekommen."

Ganz im Sinne der pragmatischen Dialysis-Unternehmenskultur wollte man nicht mehr lange über die Niederlage lamentieren, sondern ging direkt in die Entwicklung möglicher Gegenmaßnahmen über. Offensichtlich war ein wesentlicher Hebel in der Finanzierung des Geräts zu suchen. Unbedingt musste das aktuell laufende interne Projekt zur Ausarbeitung alternativer Finanzierungs- und Leasingmodelle schnell zum Abschluss gebracht werden. Bei der Gelegenheit sollte auch das Thema der zusätzlichen Dienstleistungen wieder auf den Tisch. Vor einigen Jahren hatte sich die Dialysis AG bewusst von einem aufwändigen Kundendienst zur Wartung und Pflege der Geräte verabschiedet. So optimistisch war man bezüglich der eigenen direkt produktbezogenen Überlegenheit.

Beim nächsten Großprojekt sollten das Thema Finanzierung und das Angebot zusätzlicher Dienstleistungen unbedingt integriert werden. Zu überlegen wäre auch, inwieweit man das Dialyse-Gerät als Gebrauchsgut mit einer bestimmten Menge an abzunehmenden Reagenzien (Verbrauchsgüter) sowie einem Grundpaket an Dienstleistungen zu einem System kombiniert.

Herr Müller bekommt damit seinen ersten Auftrag: Er soll diesen Vorschlag durchrechnen. Beschreiben Sie anhand der Erfahrungen von Herrn Müller in seinen ersten Arbeitstagen bei der Dialysis AG die Besonderheiten des organisationalen Beschaffungsverhaltens und der Besonderheiten im Industriegütermarketing.

Aufgabe 19-2:
GRUNDLAGEN DES BUSINESS-TO-BUSINESS-MARKETING – GESCHÄFTSTYPEN IM BUSINESS-TO-BUSINESS-MARKETING

Die Print AG ist ein erfolgreicher Mittelständler, der sich auf die Entwicklung und Fertigung von Druckmaschinen spezialisiert hat. Diese werden in Abhängigkeit der Kundenbedürfnisse kundenindividuell hergestellt. Seit einigen Jahren hat sich die Print AG auf die kostengünstigere Individualisierung auf Basis standardisierter Bauteile umgestellt. Diese Idee kam durch einen aus der Automobilindustrie gewechselten Manager. Obwohl ihre Druckmaschinen zunehmend IT-lastiger werden, betrachtet die Print AG IT nicht als eigene Kernkompetenz. Hard- und Software der Steuerungssysteme werden von spezialisierten Lieferanten bezogen.

Die Marktsituation hat sich in den vergangenen Jahren deutlich verschärft. Um die Nachfrage und den Bedarf zu stimulieren, hat die Print AG cin spezielles Business Development Team damit beauftragt, den (weltweiten) Bedarf zu stimulieren, indem aktuellen und potentiellen Kunden Bedarfslücken aufgezeigt werden.

Anfang des Jahres wird die Geschäftsleitung der Print AG von der Faltblatt GmbH angesprochen, ob sie bereit wäre, für eine komplette Fertigungslinie zum Drucken von Faltblättern ein Angebot zu erstellen. Dabei betont der wortführende Manager der Faltblatt GmbH, dass sich diese Fertigungslinie durch eine Druckgeschwindigkeit von mindestens 36 Metern/Minute auszeichnen müsse. Darüber hinaus wäre die Installation eines Steuerungssystems notwendig, die es ermöglicht, dass ohne größere Zeitverluste durch Vorlagenwechsel eine möglichst große Variantenvielfalt gedruckt werden könne. Die Entwicklungs- und Montagezeit sollte innerhalb von 1,5 Jahren abgeschlossen sein.

Die Faltblatt GmbH erwartet ein Angebot innerhalb von 6 Wochen. Dabei betont sie, dass der Kaufpreis ein entscheidendes Kriterium für die Auftragsvergabe darstellt. Man würde die Leistungsfähigkeit aller bisher angesprochenen Anbieter für relativ gleichwertig einschätzen.

Obwohl sie noch kein bisheriger Kunde der Print AG ist, ist die Faltblatt GmbH dem Marketing bereits aufgefallen: Das Unternehmen gehört aktuell zu den stärker wachsenden Druckereien. Bei erfolgreicher Beauftragung kann mit Folgeaufträgen gerechnet werden.

Der Geschäftsführer der Print AG, Herr Müller, setzt sich mit seinem Assistenten zusammen, um ein Angebot für den Kunden zu erstellen. Dabei soll wie mittlerweile in allen Angeboten üblich, die Projektfinanzierung als Zusatzleistung der Print AG zu besonderen Konditionen integriert werden.

Obwohl es sich bei der Faltblatt AG um einen sehr attraktiven potentiellen Neukunden handelt, möchte Herr Müller die Anfrage mit ihren verschiedenen Bestandteilen systematisch bewertet sehen. Zu häufig wurden in den letzten Jahren Angebote mit großem Aufwand erstellt und die Aufträge nicht gewonnen.

Sein Assistent verschafft sich derweil einen Überblick über die in den vergangenen Jahren abgeschlossenen Aufträge und erfasst die wichtigsten Kostenarten sowie ihre Entwicklung.

a) Um welchen Geschäftstyp im Industriegütermarketing handelt es sich in dem geschilderten Beispiel? Welche charakteristischen Merkmale lassen sich für den von Ihnen identifizierten Geschäftstyp in der Aufgabe finden?

b) Erläutern Sie die allgemeine Problematik bei der Formulierung eines Angebotspreises im identifizierten Geschäftstyp.

Aufgabe 19-3:
INSTRUMENTELLE BESONDERHEITEN – MARKETINGMIX IM BUSINESS-TO-BUSINESS-
MARKETING

Die Motores GmbH ist ein schwäbisches Musterunternehmen, das seit 50 Jahren erfolgreich im Maschinenbau tätig ist. Doch sieht sich das Unternehmen mit einigen Änderungen konfrontiert:

- Die Hauptmärkte stagnieren. Ein Grund liegt darin, dass die Produktivität der Maschinen schneller steigt als die Produktion der Kunden. Zudem hat die Asienkrise zu
  einem sehr starken Umsatzeinbruch für den international tätigen Hersteller geführt.

- Gleichzeitig wächst der Wettbewerbsdruck durch Anbieter aus Polen und Tsche-
  chien. Dort sind in den letzten Jahren mehrere Unternehmen mit exzellent ausgebil-
  deten Ingenieuren an den Markt gekommen, die nun mit günstigen Kostenstrukturen
  und Preisen auf den deutschen Markt drängen.

- Bis vor kurzem galten noch die technologische Spitzenleistung und die Qualität
  „Made in Germany" als wesentlicher Erfolgsfaktor. Wichtige Entscheidungskriterien
  bei der Beschaffung einer Maschine waren die technologische Spitzenleistung der
  Maschine, die Solidität und Zuverlässigkeit des Herstellers und seiner Leistungserstellung sowie der Preis. Die Ingenieure hatten auch beim Kunden hohen Einfluss auf
  die Kaufentscheidung; der Preis der Maschine wurde im Regelfall zum Abschluss der
  Verkaufsgespräche verhandelt.

  Verkauft wurde – wie in den meisten erfolgreichen Maschinenbauunternehmen üblich – über die Produktattribute. Das technische Know-How der Verkäufer von Motores galt als vorbildlich.

  In den letzten Jahren ist allerdings die Gesamtwirtschaftlichkeit der Maschine zum
  dominanten Kaufkriterium geworden; hatten in der Vergangenheit die Ingenieure
  praktisch unabhängig über die Beschaffung einer Maschine entschieden, sind es nun
  immer mehr die Kaufleute (und hier insbesondere die Controller), die stärker die
  Kaufentscheidung beeinflussen.

- Erhebliche Probleme bereitet zudem die schwieriger gewordene Differenzierung der
  eigenen Maschinen. Zwar gilt die Leistung der Ingenieure nach wie vor als überdurchschnittlich und Fachzeitschriften loben die Qualität und Leistungsfähigkeit der
  schwäbischen Produkte. Doch scheint dies durch den Kunden weniger honoriert zu
  werden. Erstmals in der Firmengeschichte sind die Umsätze im vergangenen Jahr zu-
  rückgegangen.

- Zudem geraten in der aktuellen Krise die Kunden ihrerseits unter erhöhten Kostendruck. Eine wesentliche Konsequenz ist der Abbau der Stäbe und Ingenieurabteilun-
  gen.

- Bereits vor einigen Jahren hatte Motores das Thema „Dienstleistungen" als Wettbe-
  werbsfaktor entdeckt. Seitdem bietet das Unternehmen erfolgreich Kundendienst und
  weitere After-Sales-Services an – mehrere Aufträge konnten so bei Pattsituationen
  (wegen Gleichstand bei den Produkten) gewonnen werden. Doch trotz dieser potenti-
  albezogenen Erfolge, blieb der finanzielle Erfolg aus. Schnell wurde klar, dass diese
  Dienstleistungen die Marge pro Projekt/Maschine erheblich schmälern.

Wie kann Motores den neuen Herausforderungen durch Anpassungen in seinem Marketingmix begegnen?

19.2 Lösungshinweise

Lösungshinweise zur Aufgabe 19-1:
GRUNDLAGEN DES BUSINESS-TO-BUSINESS-MARKETING – BESONDERHEITEN IM BUSI-
NESS-TO-BUSINESS-MARKETING (GMM: Abschnitt 15.1; MM: Abschnitt 19.1)

Besonderheiten des organisationalen Beschaffungsverhaltens:

- Hoher Individualisierungsgrad in der Leistungserstellung

- Besondere Bedeutung von Dienstleistungen und Finanzierung

- Hoher Grad der Interaktion (regelmäßige Kundenbesuche, teilweise gemeinsame Entwicklung des Geräts)

- Hoher Formalisierungsgrad (Beschaffungsausschuss)

- Langfristigkeit der Geschäftsbeziehung

- Multipersonales Buying Center

- Multiorganisationalität (externer Berater ist integriert)

Besonderheiten des Industriegütermarketing:

- Hier: Anlagengeschäft (mit Tendenz in Richtung Systemgeschäft)

- Hohe Aufwendungen für die Angebotserstellung: Effiziente und effektive Auftrags-akquisition sind daher wichtig.

- Integration verschiedener Experten

- Anbieterseitiges Selling Center

- Key-Accounter für wichtigen Kunden

- Relativ hoher Kundenanteil am Gesamtumsatz

Lösungshinweise zur Aufgabe 19-2:
GRUNDLAGEN DES BUSINESS-TO-BUSINESS-MARKETING – GESCHÄFTSTYPEN IM BUSI-
NESS-TO-BUSINESS-MARKETING (GMM: Abschnitt 15.1; MM: Abschnitt 19.1)

a) Es handelt sich bei dem beschriebenen Geschäft um das **industrielle Anlagenge-schäft**:

- Der Vermarktungsprozess zieht sich aufgrund der Komplexität des Produktes über einen relativ langen Zeitraum hin. Dabei sind relativ klar unterscheidbare

(Teil-)Phasen definierbar, in denen unterschiedliche Marketingprobleme auftauchen.

- Aufgrund der Komplexität der Leistungserstellung gibt es i.d.R. relativ wenige Anbieter; es existiert eine sehr hohe Markttransparenz; Kunden gehen damit häufig proaktiv auf die Anbieter zu und verlangen ein Angebot. Aufgrund der verschärften Wettbewerbsbedingungen verharrt die Print AG allerdings nicht still und betreibt eigenes Business Development.

- Die Leistungen sind komplex und individualisiert. Es liegt kein individualisierter Markt vor.

- Die Errichtung der Fertigungslinie bindet die Faltblatt GmbH nicht in ihrer Kaufentscheidung für andere Fertigungslinien. Damit liegt also kein zeitlicher Kaufverbund vor. Die Druckmaschinen erfüllen also die konstituierenden Merkmale des Anlagengeschäfts.

- Die Vermarktung erfolgt in verschiedenen Phasen: Anfrage, Anfragenbewertung, Angebotskalkulation etc.

- Wie im Anlagengeschäft üblich, bietet sich die Print AG als Projektfinanzierer an.

b) Problematik der Formulierung des Angebotspreises:

- Im Angebotsstadium liegt aufgrund der Individualität der einzelnen Projekte i.d.R. kein Marktpreis vor. Der Anbieter muss sich deshalb an internen Informationen orientieren. Seine Kalkulation wird dabei durch die auftragsspezifisch anfallenden Einzelkosten und durch den Kostendruck der zu deckenden vordisponierenden Gemeinkosten bestimmt.

- Schwierigkeiten der Feststellung des notwendigen Mengen-/Kostengerüsts resultieren aus der Individualität, Komplexität der Anlage sowie der zeitlichen Restriktionen im Angebotsstadium.

- Die aus der individuellen Angebotskalkulation gewonnene Preisvorstellung ist in Anbietergemeinschaften (hier: Einkauf der Hard- und Software) mit den Teilpreisen der Mitanbieter abzustimmen.

- Aufgrund der Langfristigkeit des Anlagengeschäfts sind mögliche zukünftige Kostensteigerungen bereits bei der Angebotserstellung zu berücksichtigen, in dem Regelungen zur Deckung des Preisrisikos getroffen werden.

- Der aus internen Daten gewonnene Angebotspreis ist auf die aktuellen Marktgegebenheiten abzustimmen, indem vorhandene Informationen über Kundenpreisvorstellungen und über Konkurrenzpreise berücksichtigt werden.

Lösungshinweise zur Aufgabe 19-3:
INSTRUMENTELLE BESONDERHEITEN – MARKETINGMIX IM BUSINESS-TO-BUSINESS-MARKETING (GMM: Abschnitt 15.3; MM: Abschnitt 19.3)

Anpassungen des Marketing-Mix:

- Angebot maßgeschneiderter Leistungs- bzw. Systembündel (Service, Finanzierung, kundenspezifische Gesamtlösungen); Angebot komplexerer Dienstleistungen, die über den üblichen Service hinausgehen; Extrempunkt: Übernahme ganzer ausgegliederter Geschäftsbereiche des Kunden.

- Allgemein: Nutzen des Qualifikationsabbaus (Stäbe, Ingenieure) beim Kunden als Chance für das Angebot des eigenen Know-Hows und damit Wandel vom reinen Anlagenlieferanten zum Know-How-Partner des Kunden.

- Aufbau von Marken zur Verbesserung der Differenzierung vom Wettbewerb:

  – Aufbau von Produktmarken für die Maschinen von Motores

  – Aufbau von Dienstleistungsmarken (z.B. für den Kundendienst)

  – Notwendig: Qualifizierung der eigenen (Service)-Mitarbeiter als wesentlicher Erfolgsfaktor der (positiven) Wahrnehmung der Marken durch den Kunden

- Einführung eines systematischen Key-Account-Managements bei wichtigen Kunden; dadurch wird eine bessere, nähere Betreuung und Beratung gewährleistet; u.U. birgt die ein oder andere Geschäftsbeziehung Potenzial (z.B. für eine gemeinsame Prozessoptimierung).

- (Fallspezifische) Bepreisung der erbrachten Dienstleistungen

- Verbesserung des Verständnisses der Kundenbedürfnisse rund um die Funktionalität der Kunden und Nachvollziehen der Kostenstrukturen der Kunden; Wechsel von Character Selling zu Benefit Selling (z.B. Begründung, welche Probleme der Kauf der Maschine lösen kann, wieviel damit eingespart werden kann etc.).

20. Internationales Marketing

20.1   **Aufgaben**..**252**

Aufgabe 20-1: Besonderheiten der internationalen Marketingstrategie –
                Selektion und Priorisierung von Ländermärkten 252

Aufgabe 20-2: Besonderheiten der internationalen Marketingstrategie –
                Gestaltung der internationalen Markterschließung..............253

Aufgabe 20-3: Besonderheiten der internationalen Marketingstrategie –
                Länderübergreifende Standardisierung des Marketingmix ..255

20.2   **Lösungshinweise**..**257**

Lösungshinweise zur Aufgabe 20-1 257

Lösungshinweise zur Aufgabe 20-2 259

Lösungshinweise zur Aufgabe 20-3 260

20.1   Aufgaben

Aufgabe 20-1:
BESONDERHEITEN DER INTERNATIONALEN MARKETINGSTRATEGIE – SELEKTION UND
PRIORISIERUNG VON LÄNDERMÄRKTEN

Die HelaBlue AG ist ein Unternehmen, das seine Körperpflegeprodukte (Sonnenmilch,
Gesichtspflege) im Hochpreissegment bisher vor allem im Heimatmarkt Deutschland
angeboten hat. Da die Umsätze und vor allem die Gewinne auf Grund des verschärften
Wettbewerbs auf dem deutschen Markt in den vergangenen Jahren immer stärker gesunken sind, überlegt sich der Kreis der Vorsitzenden der Helablue AG, auch im Ausland
tätig zu werden.

Als Assistent des Vorstandsvorsitzenden übernehmen Sie den Auftrag, die schon vorliegenden Informationen über einige – für HelaBlue interessante – Länder zu strukturieren
und eine Empfehlung abzugeben, in welchen Ländern die HelaBlue AG tätig werden
soll. Dazu ordnen Sie die Länder in die folgende Portfoliostruktur ein:

sehr hoch

D	A
C	B

**Attraktivität des
Ländermarktes**

sehr gering

sehr niedrig   sehr hoch
(viele Markteintrittsbarrieren)   (wenige Markteintrittsbarrieren)

Zugänglichkeit des Ländermarktes

Länder, die für HelaBlue interessant erscheinen:

	Italien	Frank-reich	Un-garn	Russ-land	Polen	Ägyp-ten	Portu-gal	Brasi-lien	Süd-afrika	Grie-chen-land
Marktwachstum für Körperpflegeprodukte im Hochpreissegment	Sehr gering	Sehr gering	Sehr hoch	Sehr hoch	Hoch	Gering	Mittel – Hoch	Hoch – Sehr hoch	Sehr hoch	Mittel
Politische Stabilität	Mittel	Sehr hoch	Mittel	Gering	Gering – Mittel	Sehr gering	Mittel – Hoch	Sehr gering	Sehr gering	Mittel
Normen und Standards für die Inhalte von Körperpflegeprodukten	Viele	Sehr viele	We-nige	Mittel	Mittel	We-nige	Viele	Sehr wenige	Mittel	Viele
Preisniveau	Hoch – Sehr hoch	Sehr hoch	Niedrig	Sehr niedrig	Mittel	Nied-rig	Hoch	Nied-rig	Hoch	Nied-rig
Sprachschwierig-keiten	Gering	Sehr gering	Mittel	Sehr hoch	Hoch	Sehr hoch	Gering	Gering	Sehr gering	Sehr hoch
Loyalität der Kunden gegenüber den Wettbewerbern	Hoch	Mittel	Gering	Gering	Sehr gering	Mittel	Sehr hoch	Sehr hoch	Hoch	Mittel
Skalenvorteile etablierter Wettbewerber	Groß	Sehr groß	Groß	Mittel	Gering	Gering	Mittel	Hoch	Sehr gering	Hoch
Bevölkerungs-wachstum	Sehr gering	Sehr gering	Mittel	Mittel	Mittel	Hoch	Gering	Sehr hoch	Sehr hoch	Gering
Marktvolumen	Hoch	Hoch	Mittel	Gering	Mittel	Mittel	Hoch	Gering	Gering	Mittel
Konkurrenzsituation auf dem Markt für Körperpflege (Anzahl ähnlicher Produkte)	Schwie-rig	Sehr schwie-rig	Leicht	Mittel	Schwie-rig	Leicht	Sehr schwie-rig	Sehr leicht	Sehr leicht	Schwie-rig
Staatliche Auflagen	Wenige	Sehr wenige	Sehr wenige	Mittel	Wenige	Viele	Wenige	Sehr wenige	Wenige	Sehr viele
Möglichkeit der eigenen Produktion vor Ort (Aufbau eigener Tochtergesellschaft/Joint Venture)	Gut	Schlecht	Gut	Schlecht	Sehr gut	Sehr schlecht	Sehr gut	Schlecht	Mittel	Gut

---

Aufgabe 20-2:
BESONDERHEITEN DER INTERNATIONALEN MARKETINGSTRATEGIE – GESTALTUNG DER INTERNATIONALEN MARKTERSCHLIEßUNG

Ihr Unternehmen „Cars Moviendos", tätig in der Maschinenbaubranche und in der Automobilzulieferindustrie, möchte den Markteintritt im boomenden China wagen. Als Vice President Marketing sollen Sie einen Vorschlag zur Form des Markteintritts abgeben. Dabei stehen grundsätzlich folgende Alternativen zur Auswahl:

Form	Erläuterung
Direkter Export	Vertrieb ohne Mittler, zumeist über Generalvertretungen, Repräsentanzen oder Niederlassungen.
Indirekter Export	Auftragsakquisition und Auslieferung über zwischengeschaltete Drittunternehmen.
Lizensierung	Übertragung der Nutzungserlaubnis am intellektuellen Eigentum des Lizenzgebers an den Lizenznehmer gegen Zahlung eines nutzungsunabhängigen Entgelts (lump sum) oder eines nutzungsabhängigen Entgelts (royalties).
Vertragsproduktion	Herstellung des ganzen Produkts oder einzelner Module durch Dritte auf vertraglicher Basis.
Joint Venture	Gründung eines gemeinschaftlich geführten Unternehmens, in das die Partner Kapital, Know-how und gegebenenfalls schon existierende Unternehmensanteile einbringen. Je nach Verteilung der Kapitalanteile und damit der Eigentums- und Kontrollrechte unterscheidet man Majority, Equity und Minority Joint Ventures.
Tochtergesellschaft	Direktes Kapitalengagement auf dem Ländermarkt ohne Partner. Die Ausgestaltungsformen reichen vom reinen Vertrieb über die Produktion bis hin zu eigenen F&E-Tätigkeiten.

Folgende Rahmenbedingungen und Erfahrungen beim Markteintritt in China sind zu berücksichtigen:

- Es handelt sich um einen äußerst attraktiven Markt für viele Unternehmen, auch für Wettbewerber – der chinesische Automobilmarkt wächst unaufhaltsam.

- Das Scheitern einiger Wettbewerber von „Cars Moviendos" hat gezeigt, dass die richtige Strategie für den Markteintritt professionell geplant werden muss. Mit Chinas Beitritt zur WTO (2001) sind die Voraussetzungen für Investitionen in China deutlich erleichtert worden:

  - Die Forderung nach ausgeglichener Devisenbilanz (d.h. Einnahmen und Ausgaben in ausländischer Währung im Gleichgewicht zu halten) existiert nicht mehr.

  - Die 50%-Exportquote für in China produzierende Unternehmen wurde abgeschafft.

  - Es gibt zahlreiche Steuererleichterungen für Investoren (vor allem in den Regionen Zentral- und Westchina).

Das Unternehmen „Cars Moviendos" verfügt über die folgenden Voraussetzungen für die internationale Geschäftstätigkeit:

- Es hat eigene Tochtergesellschaften in Frankreich, Italien und Polen.

- Ein Joint Venture in den USA ist aufgrund „fehlenden Cultural Fit" der kooperierenden Unternehmen gescheitert. Daher kam es zum Ausstieg von „Cars Moviendos".

- Viele Kunden von „Cars Moviendos" sind schon in China ansässig und suchen dort einen geeigneten Zulieferer.

Diskutieren Sie unter Berücksichtigung der Rahmenbedingungen in China und der bisherigen internationalen Geschäftstätigkeit von „Cars Moviendos" welche Form des internationalen Markteintritts für das Unternehmen in Betracht käme.

Aufgabe 20-3:
BESONDERHEITEN DER INTERNATIONALEN MARKETINGSTRATEGIE – LÄNDERÜBERGREIFENDE STANDARDISIERUNG DES MARKETINGMIX

Als Leiter des Internationalen Marketing des Unternehmens „Sunny Fresh" mit Sitz in Deutschland sind Sie für die Vermarktung eines neuen Szene-Getränks („Iced Limo") verantwortlich. Auf dem Heimatmarkt steht die Markteinführung kurz bevor. Das Getränk hat folgende Charakteristika:

- Name: „Iced Limo"

- Farbe des Getränks: Hellblau

- Alkoholgehalt: 7%

- Zuckergehalt: Gering

- Verpackung: Glasflasche

- Füllmenge: 0,2 l

- Zielgruppe: 18-35-jährige Großstadtmenschen

- Unverbindliche Preisempfehlung: 3,50 EUR

- Vertrieb: Vor allem über Bars und Diskotheken

Zudem ziehen Sie für vier weitere Ländermärkte den Markteintritt in Erwägung. Dazu liegen Ihnen folgende Informationen vor:

	Deutsch-land	Frankreich	Russ-land	China	USA
Konkurrenzsituation auf dem Markt für Szenegetränke (Anzahl ähnlicher Getränke)	Schwierig	Mittel	Leicht	Leicht	Schwierig
Stand des Lebenszykluses im Markt für Szenegetränke	Wachstum	Wachstum	Einführung	Einführung	Reife
Transportkosten für den Export	-	Gering	Hoch	Sehr hoch	Hoch
Erhebung von Dosenpfand	Ja	Nein	Nein	Nein	Nein
Ausprägung des Individualismus (nach Hofstede)	Hoch	Hoch	Mittel	Gering	Sehr hoch
Bedeutung der Farbe Blau	Kälte, Treue	Ärger, Furcht, Kälte	-	Glück	Ärger, Furcht, Kälte
Zahlungsbereitschaft	12 €	12,50 €	7 €	5 €	15 €
Durchschnittliches Netto-Einkommen eines 18-35jährigen Großstädters/Monat	1.850 €	1.720 €	800 €	600 €	2.340 €
Gesundheitsbewusstsein der Zielgruppe	Hoch	Mittel	Gering	Gering	Gering
Vorhandensein einer Tochtergesellschaft mit eigener Produktion und F&E-Bereich	-	Nein	Nein	Ja	Ja

Erläutern Sie, für welche Ländermärkte Ihrer Meinung nach ein länderübergreifend standardisierter Marktauftritt sinnvoll erscheint bzw. welche Märkte differenziert bearbeitet werden sollten.

20.2 Lösungshinweise

Lösungshinweise zur Aufgabe 20-1:
BESONDERHEITEN DER INTERNATIONALEN MARKETINGSTRATEGIE – SELEKTION UND PRIORISIERUNG VON LÄNDERMÄRKTEN (MM: Abschnitt 20.3)

Zuordnung der Kriterien zu Marktattraktivität bzw. Markteintrittsbarrieren:

1 = Kriterium für Marktattraktivität	
2 = Kriterium für Markteintrittsbarrieren	
1	Marktwachstum für Körperpflegeprodukte im Hochpreissegment
1	Politische Stabilität
2	Normen und Standards für die Inhalte von Körperpflegeprodukten
1	Preisniveau
2	Sprachschwierigkeiten
2	Loyalität der Kunden gegenüber den Wettbewerbern
2	Skalenvorteile etablierter Wettbewerber
1	Bevölkerungswachstum
1	Marktvolumen
2	Konkurrenzsituation auf dem Markt für Körperpflege (Anzahl ähnlicher Produkte)
2	Staatliche Auflagen
1	Möglichkeit der eigenen Produktion vor Ort (Aufbau eigener Tochtergesellschaft/Joint Venture)

Qualitative Auswertung der Marktattraktivität und Markteintrittsbarrieren bei Gleichgewichtung aller Kriterien:

Land	Marktattraktivität	Markteintrittsbarrieren
Italien	2 x „sehr gering", 1 x mittel, 3 x „hoch" → **„mittel-hoch"**	2 x „gering", 4 x „hoch" → **„mittel-hoch"**
Frankreich	2 x „sehr gering", 1 x „gering", 1 x hoch", 2 x „sehr hoch" → **„mittel"**	2 x „sehr gering", 1 x „mittel", 3 x „sehr hoch" → **„hoch"**
Ungarn	1 x „gering", 3 x „mittel", 1 x „hoch", 1 x „sehr hoch" → **„mittel"**	1 x „sehr gering", 3 x „gering", 1 x „mittel", 1 x „hoch" → **„gering"**
Russland	1 x „sehr gering", 3 x „gering", 1 x „mittel", 1 x „sehr hoch" → **„gering"**	1 x „gering", 4 x „mittel", 1 x „sehr hoch" → **„mittel"**
Polen	4 x „mittel", 1 x „hoch", 1 x „sehr hoch" → **„mittel-hoch"**	1 x „sehr gering", 2 x „gering", 1 x „mittel", 2 x „hoch" → **„gering-mittel"**

Land	Marktattraktivität	Markteintrittsbarrieren
Ägypten	2 x „sehr gering", 2 x „gering", 1 x „mittel", 1 x „hoch → **„gering"**	3 x „gering", 1 x „mittel", 1 x „hoch", 1 x „sehr hoch" → **„mittel"**
Portugal	1 x „gering", 2 x „mittel-hoch", 2 x „hoch, 1 x „sehr hoch" → **„hoch"**	2 x „gering", 1 x „mittel", 1 x „hoch", 2 x „sehr hoch" → **„mittel-hoch"**
Brasilien	1 x „sehr gering", 3 x „gering", 2 x „sehr hoch" → **„mittel"**	3 x „sehr gering", 1 x „gering", 1 x „hoch", 1 x „sehr hoch" → **„gering-mittel"**
Südafrika	1 x „sehr gering", 1 x „gering", 1 x „mittel", 1 x „hoch", 2 x „sehr hoch" → **„hoch-sehr hoch"**	3 x „sehr gering", 1 x „gering", 1 x „mittel", 1 x „hoch" → **„sehr gering-gering"**
Griechenland	2 x „gering", 3 x „mittel", 1 x „hoch" → **„mittel"**	1 x „mittel", 3 x „hoch", 2 x „sehr hoch" → **„hoch-sehr hoch"**

Einordnung der Ländermärkte in die Portfoliografik:

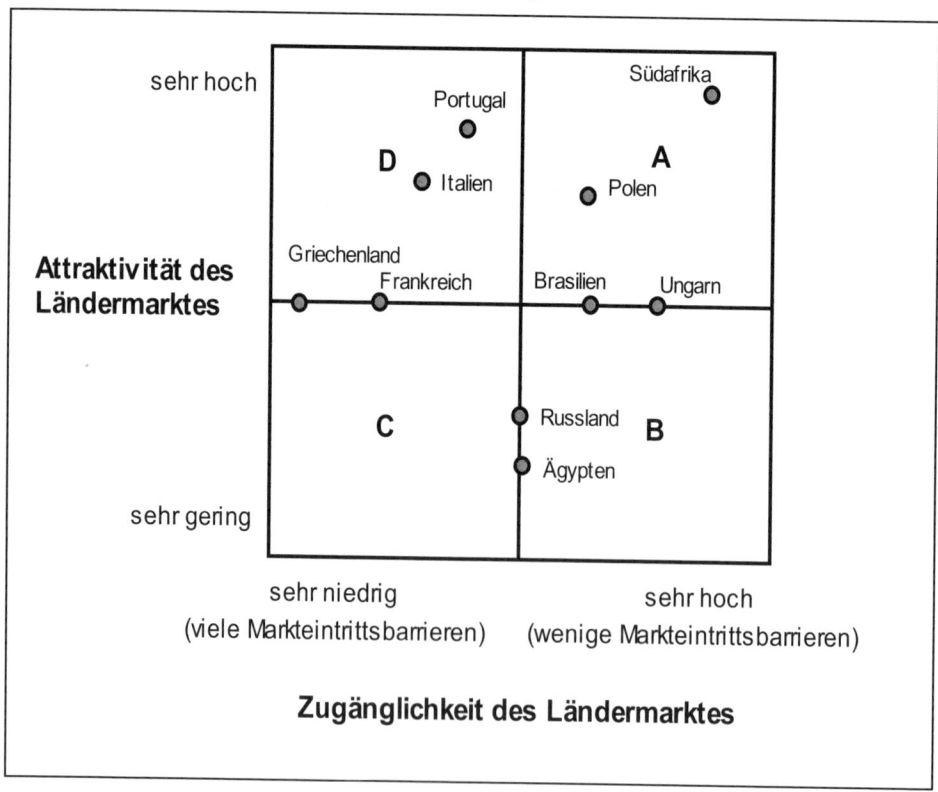

Handlungsempfehlungen auf Basis der Portfolioanalyse:

- Priorisierte Länder für den Markteintritt sind Südafrika, Polen, Ungarn und Brasilien.

- Bei den Ländermärkten Portugal, Italien, Griechenland und Frankreich sollte geprüft werden, wodurch die niedrige Zugänglichkeit des Marktes bedingt ist und ob sie, langfristig gesehen, verändert werden kann, da diese Märkte durchaus eine Attraktivität aufweisen.

- Als Beispiel kann der Ländermarkt Italien betrachtet werden: Hier liegt die Ursache für den geringen Wert der Zugänglichkeit vor allem an der hohen Loyalität der Kunden gegenüber den existierenden Anbietern und der angespannten Konkurrenzsituation auf dem italienischen Markt.

  Überlegungen, die die HelaBlue AG anstellen könnte: Haben wir bereits auf dem Heimatmarkt mit denselben Wettbewerbern konkurriert? Lohnt es sich langfristig, trotz kurzfristiger Verluste, auf diesem Markt mit relativ hoher Attraktivität tätig zu werden?

Lösungshinweise zur Aufgabe 20-2:
BESONDERHEITEN DER INTERNATIONALEN MARKETINGSTRATEGIE – GESTALTUNG DER INTERNATIONALEN MARKTERSCHLIEßUNG (MM: Abschnitt 20.3)

Aspekte, die **für eine Direktinvestition in China** und damit für eine Vertragsproduktion, ein Joint Venture oder eine Tochtergesellschaft sprechen:

- Aufbau einer Vertretung „vor Ort" verschafft Marktzugang und ermöglicht damit eine flexible Anpassung an die dynamischen Marktbedingungen in China.

- Eigenes Engagement „vor Ort" schafft Präsenz bei den Kunden in China, insbesondere gedankliche Präsenz.

- Aufbau langfristiger Beziehungen wird erleichtert; dies ist vor allem in Bezug auf chinesische Kunden sehr wichtig.

- Leichte Kontrolle der Aktivitäten „vor Ort" möglich; dies ist insbesondere in einem fremden Markt wie China von großer Bedeutung.

- Viele Kunden von „Cars Moviendos" sind schon in China tätig; daher existiert eine gute Ausgangsposition.

Aspekte, die **gegen eine Direktinvestition in China** und damit für einen (in)direkten Export oder für eine Lizensierung sprechen:

- Geringer Kapitaleinsatz und damit geringes Risiko von Kapitalverlust.

- Schneller Rückzug bei Einbruch der Umsätze möglich.

- Bisher besteht noch kein direkter Kontakt zu chinesischen Kunden.

Für „Cars Moviendos" scheinen die Formen Joint Venture oder Tochtergesellschaft (d.h. Direktinvestitionen in China) am attraktivsten zu sein. Da die Kunden von „Cars Moviendos" schon in China tätig sind, wird der Einstieg für „Cars Moviendos" deutlich vereinfacht; dieser Vorteil sollte genutzt werden. Außerdem könnte durch ein Joint Venture auf lokales Wissen zurückgegriffen werden (z.B. über Vertriebsstrukturen im chinesischen Markt).

Lösungshinweise zur Aufgabe 20-3:
BESONDERHEITEN DER INTERNATIONALEN MARKETINGSTRATEGIE – LÄNDERÜBERGREIFENDE STANDARDISIERUNG DES MARKETINGMIX (MM: Abschnitt 20.3)

Empfehlenswert wäre eine weitestgehend **standardisierte Bearbeitung der Märkte**:

- Frankreich, USA und Deutschland sowie

- Russland und China.

Es werden daher zwei Regionen gebildet, die sich in den beschriebenen Aspekten ähneln und aus diesem Grund die Möglichkeit bieten, mit einem einheitlichen Marktauftritt bearbeitet zu werden.

Gründe für die Zusammenfassung der Länder

Region: Frankreich, USA und Deutschland

- Ähnliche Konkurrenzsituation auf dem Markt für Szenegetränke.

- Einheitliche Gestaltung des Produktes, da die Farbe blau in allen Ländern mit Kälte assoziiert wird und deshalb gut mit dem Markennamen „Iced Limo" verbunden wird.

- Zu beachten gilt: Markenname in Frankreich „kritisch", da angelsächsischer Wortgebrauch nicht so gerne gesehen wird; ebenfalls in den USA überdenken, da hier „Limo" mit Limousine gleichgesetzt werden kann.

- Gleich hoher Zuckergehalt für die drei Länder; möglicherweise weniger süß in Frankreich und vor allem in Deutschland, da die Zielgruppe trotz Alkoholgenuss ein relativ hohes Gesundheitsbewusstsein hat.

- Verpackung in Glasflaschen für alle drei Länder; Dosenpfand in Deutschland spielt hier keine Rolle.

- Ähnliche Preisbereitschaften der Zielgruppe (Höchstpreise liegen in Frankreich bei 12,50 EUR, in den USA bei 15 EUR und in Deutschland bei 12 EUR).

- Selbst wenn räumliche Preisdifferenzierung vorgenommen wird, ist Arbitrage nicht zu befürchten (Kosten für Arbitrage sind im Vergleich zum Preis viel zu hoch).

- Kommunikationspolitik kann standardisiert gestaltet werden, da die Ausprägung des Individualismus gleich ist.

- Notwendigkeit, den Spot/die Plakate und Anzeigen länderspezifisch anzupassen, insbesondere im Hinblick auf die Sprache.

- Frankreich kann von Deutschland aus beliefert werden (Exportkosten gering).

- In den USA kann die Tochtergesellschaft selbst produzieren und vertreiben; Anpassungen des Zuckergehalts sind somit sehr leicht möglich.

Region: Russland und China

- In beiden Ländern ist der Markt für Szenegetränke noch in der Einführungsphase; die Marktchancen sind ähnlich und die Konkurrenz ist noch nicht stark ausgeprägt; Wettbewerbsstrategien können einheitlich gestaltet werden.

- Einheitliche Gestaltung des Produktes möglich, da die Farbe blau in beiden Ländern keine kritische Bedeutung hat.

- Gleich hoher Zuckergehalt in beiden Ländern möglich, da sich das Gesundheitsbewusstsein der Zielgruppen nicht unterscheidet.

- Verpackung in Glasflaschen für beide Länder.

- Ähnliche Preisbereitschaften der Zielgruppen (Höchstpreise liegen in Russland bei 7 EUR, in China bei 5 EUR); deutlicher Unterschied zu den anderen Ländern erkennbar; dort liegen die Höchstpreise deutlich höher.

- Kommunikationspolitik kann standardisiert gestaltet werden, da die Ausprägungen des Individualismus gleich sind.

- Notwendigkeit, den Spot/die Plakate und Anzeigen länderspezifisch anzupassen, insbesondere im Hinblick auf die Sprache.

- Russland kann von China aus beliefert werden (China als Dreh- und Angelpunkt des asiatischen Raumes), d.h. „Iced Limo" kann in China produziert und dann nach Russland exportiert werden; dies ist billiger als die Produktion in Deutschland und der anschließende Export von Deutschland nach Russland.

21. Marketing- und Vertriebsorganisation

21.1   **Aufgaben**..**264**

Aufgabe 21-1: Aspekte der Spezialisierung –
                  Spezialisierung des Marketing- und Vertriebsbereichs........264

Aufgabe 21-2: Aspekte der Spezialisierung –
                  Kombination von Spezialisierungsarten 265

Aufgabe 21-3: Aspekte der Koordination –
                  Schnittstellenmanagement 267

21.2   **Lösungshinweise**..**269**

Lösungshinweise zur Aufgabe 21-1 269

Lösungshinweise zur Aufgabe 21-2 271

Lösungshinweise zur Aufgabe 21-3 271

21.1   Aufgaben

Aufgabe 21-1:
ASPEKTE DER SPEZIALISIERUNG – SPEZIALISIERUNG DES MARKETING- UND VERTRIEBS-
BEREICHS

Sie werden in der internen Unternehmensberatung des weltweit tätigen Chemiekonzerns ChemCo mit einem Organisationsprojekt betraut. Es geht um die Organisation im europäischen Geschäft mit Textilchemikalien.

In Ihrem Konzern ist das Geschäft wie folgt organisiert (siehe Abbildung):

- Es gibt drei Regionale Business Units (RBUs) für Textilchemikalien, die autonom voneinander agieren. Die erste RBU ist für Europe, Middle East und Africa (EMEA) zuständig, die zweite für den asiatischen und pazifischen Raum (AP) und die dritte für Nord- und Südamerika (NSA).

- Es gibt eine Global Business Unit (GBU) für Basischemikalien, deren Produkte (Laugen, Bleichmittel) über den Vertrieb dieser GBU und über Händler auch in die Textilindustrie gelangen.

- Schließlich gibt es eine GBU für Kunststoffe, die Kunststoff-Granulat an kunststoffverarbeitende Unternehmen liefert.

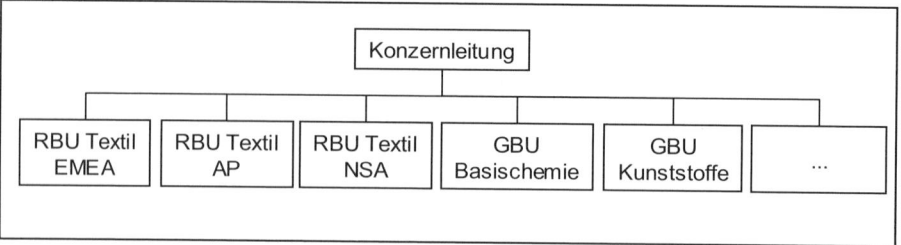

Die Organisation innerhalb der Textil-RBUs sieht folgendermaßen aus:

- Das Geschäft ist sehr innovationsgetrieben und verlangt enge Zusammenarbeit zwischen Marketing, Service und Forschung & Entwicklung.

- Innerhalb der RBUs ist der Feldvertrieb nach Ländern organisiert. In jedem Land sind, nach Gebieten organisiert, zwischen 5 und 20 Außendienstmitarbeiter sowie zwischen 10 und 40 Anwendungstechniker tätig. Insgesamt umfasst die Feldorganisation der RBU im Vertriebs- und Anwendungsbereich ca. 300 Mitarbeiter.

- Die Außendienstmitarbeiter berichten an den Landesvertriebsleiter, dieser wiederum an den Vice President (VP) Sales der RBU.

- Die Anwendungstechniker berichten an den Landesserviceleiter, dieser wiederum an den VP Service.

- Das Marketing umfasst 10 Länderreferenten, die die lokalen Marktentwicklungen beobachten. Die Länderreferenten berichten an den VP Marketing.

- Die VPs für Marketing, Vertrieb, Service, Forschung & Entwicklung und Produktion & Logistik berichten an den President der Business Unit.

Die Organisation innerhalb einer GBU gleicht der innerhalb einer RBU mit Ausnahme der Tatsache, dass diese weltweit tätig ist und nicht nur innerhalb einer Region.

Beispiel: Organigramm der RBU Textil-EMEA

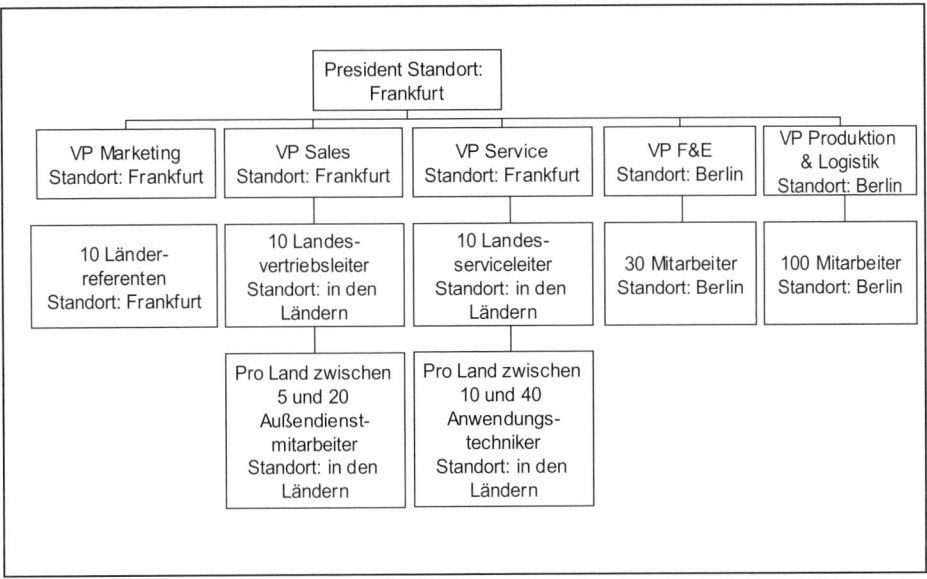

a) Welche Spezialisierungsarten liegen auf den verschiedenen Unternehmensebenen vor?

b) Welche Vor- und Nachteile sind mit den Spezialisierungsarten auf den jeweiligen Ebenen verbunden?

Aufgabe 21-2:
ASPEKTE DER SPEZIALISIERUNG – KOMBINATION VON SPEZIALISIERUNGSARTEN

Im Folgenden ist die Marketing- und Vertriebsorganisation eines Herstellers von Funkgeräten dargestellt. Die dargestellte „Radio Products Group" stellt einen Geschäftsbereich auf Unternehmensebene dar und ist in weitere Geschäftsbereiche unterteilt, wobei die Region Europa/Mittlerer Osten/Afrika beispielhaft für diese weiteren Geschäftsbereiche vertiefend dargestellt ist (vgl. Abbildung):

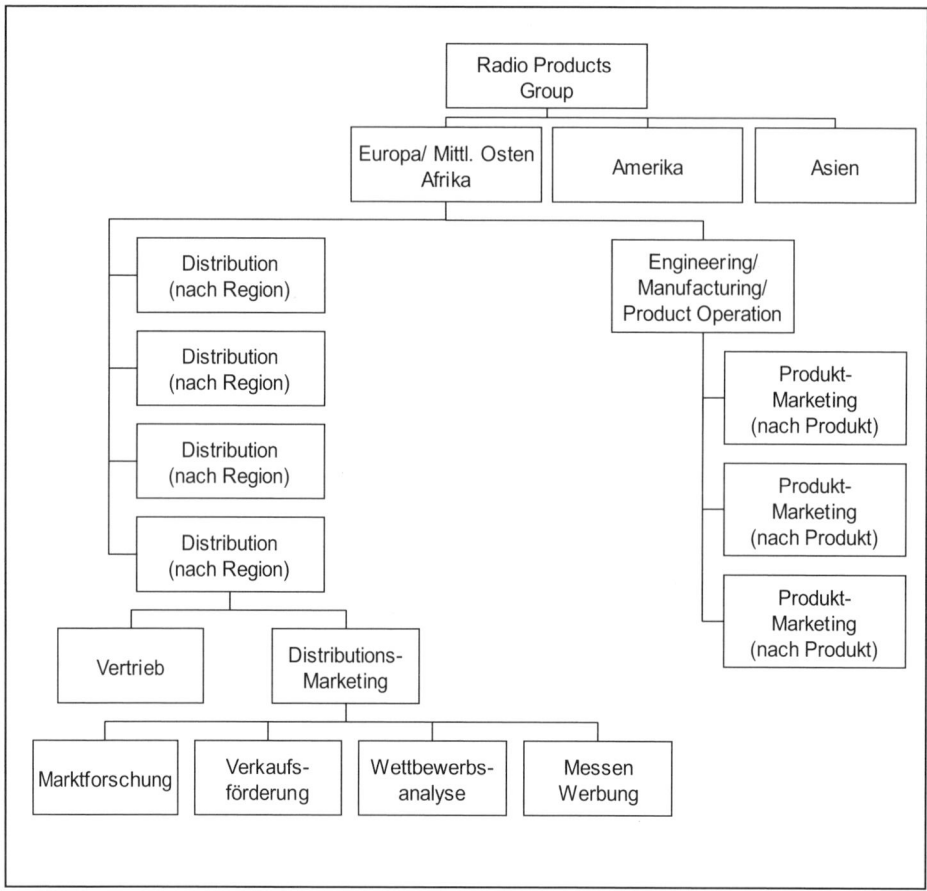

Die Marktsituation dieses Unternehmens stellt sich folgendermaßen dar:

- Die Komplexität des Geschäfts ergibt sich daraus, dass die technischen Spezifikationen und gesetzlichen Regelungen je nach Land und Produkt sehr unterschiedlich sind.

- Die technologiebezogene Dynamik ist relativ hoch, was sich daran zeigt, dass 100 % des Umsatzes durch Neuprodukte erzielt wird (Produkte, die in den letzten drei Jahren eingeführt wurden) und Forschungs- und Entwicklungsaufwendungen 9 % des Umsatzes ausmachen.

- Die marktbezogene Dynamik ist relativ niedrig, d.h. das jährliche Marktwachstum beträgt in den meisten Regionen nur etwa 2-3 % pro Jahr, wobei es jedoch auch Regionen gibt, in denen ein stärkeres Wachstum zu beobachten ist (z.B. Asien). Das Wachstum unterscheidet sich hierbei je nach Produktsegment deutlich.

- Um im Wettbewerb bestehen zu können, müssen Skaleneffekte (Economies of Scalc) in der Produktion erzielt werden, die niedrige Preise ermöglichen. Die angestrebte Wettbewerbsstrategie des Unternehmens ist eine Kombination aus Differenzierungs- strategie und Strategie der Kostenführerschaft, wobei der Schwerpunkt auf der Stra- tegie der Kostenführerschaft liegen soll ("Massenhersteller mit Qualität").

- Der Vertrieb wird über Groß- und Einzelhändler abgewickelt, wobei die Top-10- Händler etwa 50 % des Umsatzes ausmachen. Die Struktur sowie die Bedürfnisse der Händler variieren in einem erheblichen Umfang je nach Region und Land. An private Endkunden wird nicht direkt verkauft.

a) Welche Spezialisierungsarten werden auf den verschiedenen Ebenen angewendet?

b) Diskutieren Sie, inwiefern die aufgeführte Marketing- und Vertriebsorganisation für die spezielle Situation des Unternehmens geeignet ist.

Aufgabe 21-3:
ASPEKTE DER KOORDINATION – SCHNITTSTELLENMANAGEMENT

Sie werden in der internen Unternehmensberatung des weltweit tätigen Chemiekonzerns ChemCo mit einem Organisationsprojekt betraut. Es geht um die Organisation im euro- päischen Geschäft mit Textilchemikalien.

Die Organisation des europäischen Geschäfts sieht folgendermaßen aus:

- Die Regional Business Unit (RBU) "Textil-EMEA" bearbeitet Europe, Middle East und Africa.

- Das Geschäft ist sehr innovationsgetrieben und verlangt enge Zusammenarbeit zwi- schen Marketing, Service und Forschung & Entwicklung.

- Innerhalb der RBU ist der Feldvertrieb nach Ländern organisiert. In jedem Land sind, nach Gebieten organisiert, zwischen 5 und 20 Außendienstmitarbeiter sowie zwi- schen 10 und 40 Anwendungstechniker tätig. Insgesamt umfasst die Feldorganisation der RBU im Vertrieb- und Anwendungsbereich ca. 300 Mitarbeiter.

- Die Außendienstmitarbeiter berichten an den Landesvertriebsleiter, dieser wiederum an den Vice President (VP) Sales der RBU.

- Die Anwendungstechniker berichten an den Landesserviceleiter, dieser wiederum an den VP Service.

- Das Marketing umfasst 10 Länderreferenten, die die lokalen Marktentwicklungen beobachten. Die Länderreferenten berichten an den VP Marketing.

- Die VPs für Marketing, Vertrieb, Service, Forschung & Entwicklung und Produktion & Logistik berichten an den President der Business Unit.

Beispiel: Organigramm der RBU Textil-EMEA

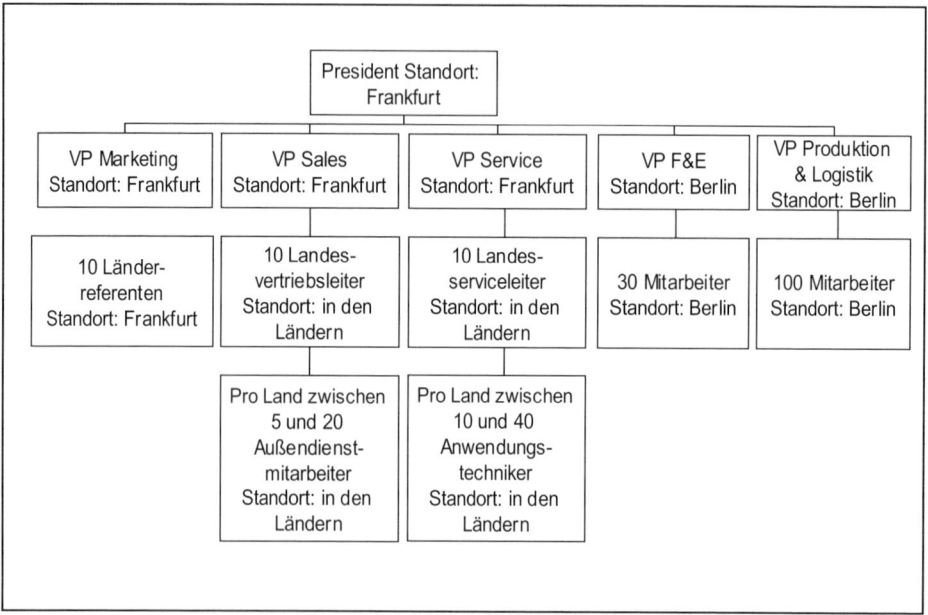

a) Welche Schnittstellenprobleme können in dieser Organisationsform im Tagesgeschäft auftreten?

b) Durch welche organisatorischen Maßnahmen könnte die RBU „Textil-EMEA" den Innovationsprozess verbessern?

21.2 Lösungshinweise

Lösungshinweise zur Aufgabe 21-1:
ASPEKTE DER SPEZIALISIERUNG – SPEZIALISIERUNG DES MARKETING- UND VERTRIEBS-
BEREICHS (GMM: Teil VI; MM: Abschnitt 21.1)

a) **Spezialisierungsarten auf den verschiedenen Unternehmensebenen:**

- Konzern-Ebene:

  - Produktorientierte Spezialisierung: GBU Basischemikalien und GBU Kunststoffe

  - Produkt- und regionenorientierte Spezialisierung: RBUs Textilchemikalien

- BU-Ebene:

  - Funktionenorientierte Spezialisierung: Marketing, Vertrieb, Service, F&E und Produktion & Logistik

- Funktionen-Ebene:

  - Regionenorientierte Spezialisierung: Marketing, Vertrieb und Service

b) **Vor- und Nachteile der Spezialisierungsarten auf den jeweiligen Ebenen:**

Funktionenorientierung:

- Vorteile:

  - Hohe Effizienz: Aufgaben in den verschiedenen Funktionen können durch qualifizierte und erfahrene Spezialisten routiniert wahrgenommen werden.

  - Großes Fachwissen: Durch die hohe Anzahl ähnlicher Aufgaben kommt es zu großen Lerneffekten.

- Nachteile:

  - Starker Innenfokus: Nur eine Abteilung hat externe Kunden (der Vertrieb), die anderen haben interne Kunden.

  - Vernachlässigung der Kundensicht: Prozesse werden nicht aus der Perspektive des Kunden gesehen (z.B. trennt der Kunde nicht zwischen Produktion, Anwendungstechnik und Vertrieb; er möchte eine Lösung seines Problems; Hinweise, dass dafür „die andere Abteilung" zuständig sei, helfen dem Kunden nicht weiter).

  - Vernachlässigung der Produktsicht: Produkte werden nicht ganzheitlich betrachtet (z.B. können Produktvariationen vom Vertrieb zugesagt werden, die dort klein erscheinen, in der Produktion jedoch mit sehr großem Aufwand verbunden sind).

Regionenorientierung:

- Vorteile:
  - Berücksichtigung von kulturellen Unterschieden (z.B. muss man französische Verhandlungspartner anders ansprechen als deutsche, europäische anders als asiatische.)
  - Kein Auftreten von Sprachbarrieren
  - Berücksichtigung von regionalen Besonderheiten in den Kundenpräferenzen (insb. im Textilbereich bedeutsam)
  - Vermeidung von Reisezeit in Vertrieb und Anwendungstechnik
  - Hohe Reaktionsgeschwindigkeit bei Kundenanfragen
- Nachteile:
  - Tendenz zum Regionalfürstentum: Mächtige Länderchefs können Initiativen der Zentrale blockieren; Länderchefs betonen nationale Besonderheiten zu stark, weil internationale Standardisierung von Produkten, Vertriebsprozessen etc. gleichbedeutend ist mit Verlust an Entscheidungsspielraum für die Länder.
  - Erschwerter Wissensaustausch über Produkte

Produktorientierung:

- Vorteile:
  - Hohe Produktkompetenz
  - Erleichterung des Dialogs zwischen Produktion und Vertrieb
- Nachteile:
  - Fehlende Kundenorientierung
  - Fehlende Regionenorientierung

Lösungshinweise zur Aufgabe 21-2:
ASPEKTE DER SPEZIALISIERUNG – KOMBINATION VON SPEZIALISIERUNGSARTEN
(GMM: Teil VI; MM: Abschnitt 21.1)

a) **Spezialisierungsarten auf den jeweiligen Ebenen:**

- Regionenorientierung: EMEA, Amerika und Asien

- Funktionenorientierung: Distribution und Engineering/Manufacturing/Product Operation

- Innerhalb Distribution: Regionenorientierung, darunter Funktionenorientierung

- Innerhalb Engineering/Manufacturing/Product Operation: Produktorientierung

b) **Beurteilung der Angemessenheit der Marketing- und Vertriebsorganisation:**

- Die Distributionsseite der Organisation erscheint sinnvoll strukturiert zu sein, weil sie es ermöglicht, auf lokale Besonderheiten einzugehen.

- Die Produktseite ist insofern gut aufgestellt, als sie in den Regionen angesiedelt ist, also auch hier das Eingehen auf lokale Besonderheiten ermöglicht.

- Zu diskutieren wäre, ob es unter Kostengesichtspunkten besser wäre, weltweite (statt regionaler) Product Operations zu installieren.

- Zu diskutieren wäre ferner, ob das Zusammenspiel von Product Operations und Distribution verbessert werden könnte, wenn man in der Distribution lokale Produktmanager als Bindeglieder in die Product Operations installiert.

Lösungshinweise zur Aufgabe 21-3:
ASPEKTE DER KOORDINATION – SCHNITTSTELLENMANAGEMENT
(GMM: Teil VI; MM: Abschnitt 21.2)

a) **Zu erwartende Schnittstellenprobleme:**

- Marketing–Vertrieb–Service–F&E sind nach Funktionen organisiert, was die Kommunikation erschwert und interne Grabenkämpfe fördert.

- F&E ist räumlich von Marketing und Service getrennt, was sich ebenfalls negativ auf die Kommunikation auswirkt.

- In den Ländern gibt es den Landesvertriebsleiter und den Landesserviceleiter. Wenn diese nicht gut miteinander kooperieren, stellt die Prioritätensetzung ein großes Problem dar.

- Marketing ist intern nach Ländern strukturiert; es gibt keine Produktmanager. Die länderübergreifende Steuerung von Produkten und die Entwicklung neuer Produktideen ist das zu erwartende Hauptproblem in dieser Struktur.

b) **Organisatorische Maßnahmen:**

- Strukturbezogen:

  - Räumliche Zusammenlegung: Der Informationsfluss zwischen den Abteilungen wird verbessert.

  - Einführung eines Produktmanagements: Es gibt einen Verantwortlichen, der sich auf Vollzeitbasis um die Verbesserung der Abstimmung kümmern kann.

  - Strukturelle Anbindung der Anwendungstechnik (AWT) an Marketing oder den Vertrieb: Durch einen gemeinsamen Vorgesetzten lässt sich verhindern, dass die AWT ein Eigenleben entwickelt und technisch reizvolle Lösungen entwickelt, die am Markt niemand zu zahlen bereit ist.

  - Bildung von funktionsübergreifenden Projektteams

- Personalbezogen:

  - Personalrotation: Man lernt auch die Perspektive „der anderen Seite" kennen.

  - Gemeinsame Anreizsysteme: Gemeinsame Ziele können dazu beitragen, dass zwei Abteilungen am gleichen Strang ziehen.

- Kulturbezogen:

  - Gemeinsame Veranstaltungen der Funktionsbereiche: Man lernt sich als Mensch kennen und kann so fachliche Hürden viel leichter überwinden.

  - Verankerung des Prinzips des internen Kunden

22. Informationssysteme in Marketing und Vertrieb

22.1   **Aufgaben**..**274**

Aufgabe 22-1: Grundlagen –
               Kundenbezogene Informationen...274

Aufgabe 22-2: Komponenten von Informationssystemen in Marketing
               und Vertrieb – Data Warehouse...275

Aufgabe 22-3: Komponenten von Informationssystemen in Marketing
               und Vertrieb – Komponenten zur Unterstützung von
               Vertriebsprozessen...275

22.2   **Lösungshinweise**...**276**

Lösungshinweise zur Aufgabe 22-1..276

Lösungshinweise zur Aufgabe 22-2..277

Lösungshinweise zur Aufgabe 22-3..278

22.1   Aufgaben

Aufgabe 22-1:
GRUNDLAGEN – KUNDENBEZOGENE INFORMATIONEN

Die Stadtwerke einer mittelgroßen Stadt haben eine neue Abteilung mit der Bezeichnung „Kundenbeziehungsmanagement" eingerichtet. Hierzu wurde ein neuer Abteilungsleiter von einem Konsumgüterhersteller abgeworben.

Der neue Abteilungsleiter beschließt, zunächst einmal alle wichtigen Informationen über die Kunden in einem Informationssystem zusammenzutragen, um eine solide Basis für die weitere Marktbearbeitung zu haben. Dabei beschränkt er sich zunächst auf die Privatkunden des Unternehmens. Folgende Informationen fallen ihm spontan ein:

Benötigte Kundeninformationen:

- Name, Adresse, Telefonnummer

- Welche Produkte hat der Kunde gekauft?

- Ausbildungsniveau des Kunden

- Optimale Kontaktzeiten des Kunden

- Einkommen des Kunden

- Bankverbindung

- Welche Mailings wurden bisher an den Kunden verschickt?

- Hobbys des Kunden

- Zeitliche Verteilung des Kundenbedarfs

- Lebensstil des Kunden

- Cross-Selling-Potenzial des Kunden

- Alter des Kunden

- Wann wurde der Kunden zum letzten Mal kontaktiert?

- Bedürfnisse des Kunden

- Anzahl der Personen im Haushalt

a) Beschreiben Sie eine sinnvolle Strukturierung von Kundeninformationen und ordnen Sie die einzelnen Kundeninformationen den Kategorien zu.

b) Welche wichtige Kategorie von Kundeninformationen fehlt in der Aufzählung?

Aufgabe 22-2:
KOMPONENTEN VON INFORMATIONSSYSTEMEN IN MARKETING UND VERTRIEB – DATA
WAREHOUSE

Das Modelabel „Trendy-Andy" konnte sich in den vergangenen fünf Jahren erfolgreich am Markt etablieren. Inzwischen steht die Eröffnung des zehnten Stores in Deutschland an. Da die Artikel im Fashionbereich einem kurzen Lebenszyklus unterworfen sind (jede Saison eine neue Kollektion), ist es dem Geschäftsführer sehr wichtig, stets verlässliche und aussagekräftige Zahlen zur Steuerung seiner Unternehmung zu haben. Er stellt sich die Frage, ob eine Implikation eines Data Warehouse sinnvoll wäre.

a) Erläutern Sie kurz was unter einem Data Warehouse verstanden wird und welche Anforderungen hierbei erfüllt werden müssen.

b) Inwieweit stellt das Data Warehouse eine Erleichterung bei der Steuerung der Unternehmung dar? Nennen Sie vier Beispiele in denen Sie Bezug zu dem Modelabel „Trendy-Andy" nehmen.

Aufgabe 22-3:
KOMPONENTEN VON INFORMATIONSSYSTEMEN IN MARKETING UND VERTRIEB – KOMPO-
NENTEN ZUR UNTERSTÜTZUNG VON VERTRIEBSPROZESSEN

Die Finanzdienstleistungsgesellschaft „Hausse" möchte stets die Zufriedenheit ihrer gehobenen Privat-Kunden sicherstellen. Selbstverständlich berät daher jeder Mitarbeiter seine Kunden zu flexiblen Zeiten in deren Zuhause. Dort fühlen sich die Kunden erfahrungsgemäß am wohlsten und Verträge werden schneller unterschrieben.

Zeigen Sie auf, wie die Komponenten von Informationssystemen in Marketing und Vertrieb die Vertriebsmitarbeiter von „Hausse" bei der Akquisition und Betreuung von Kunden unterstützen können.

22.2   Lösungshinweise

Lösungshinweise zur Aufgabe 22-1:
GRUNDLAGEN – KUNDENBEZOGENE INFORMATIONEN
(MM: Abschnitt 22.1)

a) Die vorliegenden Kundeninformationen lassen sich den folgenden **drei Kategorien** zuordnen:

- Grunddaten des Kunden (sind auf längere Sicht gleichbleibend und produktunabhängig):

    - Name, Adresse und Telefonnummer des Kunden

    - Ausbildungsniveau des Kunden

    - Einkommen des Kunden

    - Bankverbindung

    - Hobbys des Kunden

    - Lebensstil des Kunden

    - Alter des Kunden

    - Anzahl der Personen im Haushalt des Kunden

- Potenzialdaten des Kunden (zeichnen sich durch einen konkreten Produkt- und Zeitbezug aus):

    - Bisher vom Kunden gekaufte Produkte

    - Optimale Kontaktzeiten des Kunden

    - Zeitliche Verteilung des Kundenbedarfs

    - Cross-Selling-Potential des Kunden

    - Bedürfnisse des Kunden bezogen auf die Leistungen des Stadtwerks

- Aktionsdaten (erfassen kundenspezifische Aktionen des Stadtwerks):

    - Bisher verschickte Mailings an den Kunden

    - Zeitpunkte der Kontaktierung des Kunden

b) **Fehlende Kategorie** von Kundeninformationen: Es fehlen Reaktionsdaten des Kunden, die Aufschluss darüber geben, wie der Kunde auf eigene Aktivitäten oder Aktivitäten der Wettbewerber reagiert. Beispiele hierfür sind Umsätze und Deckungsbeiträge mit dem Kunden als monetäre Größen und Kundenzufriedenheit und Kundenbindung als nicht-monetäre Größen.

Lösungshinweise zur Aufgabe 22-2:
KOMPONENTEN VON INFORMATIONSSYSTEMEN IN MARKETING UND VERTRIEB – DATA WAREHOUSE (MM: Abschnitt 22.2)

a) Als **Data Warehouse** wird der zentrale Speicherort aller Daten innerhalb eines Marketing- und Vertriebsinformationssystems bezeichnet. Kern des Data Warehouse ist eine integrierte Datenbank zur Speicherung von Informationen.

Ein Data Warehouse ist in der Regel kein geschlossenes System, sondern an andere unternehmensinterne und -externe Informationssysteme und Anwendungen angeschlossen. Dieser Anschluss erfolgt über Schnittstellen, die den Austausch von Datenbeständen mit diesen Systemen und Anwendungen ermöglichen.

Ein Data Warehouse sollte folgende **Anforderungen** erfüllen:

- Datenunabhängigkeit der Anwendungsprogramme

- Datensicherheit gegen Programmfehler und Systemausfälle

- Datenschutz gegenüber unbefugtem Zugriff

- Möglichkeit des Mehrfachzugriffs auf die Datenbank

- Benutzerfreundlichkeit durch eine leicht zu erlernende Datenbanksprache

- Effizienz bei Modifikation und Abfrage von Daten

b) Aufgrund zehn verschiedener Stores in unterschiedlichen Städten Deutschlands können die Daten aller Stores in einer zentralen Datenbank zusammengeführt, integriert und gesichert werden. Dies ermöglicht eine zeitnahe Datenauswertung und -analyse. Ein möglicher Datenüberfluss, fehlende oder undurchsichtige Informationen werden verhindert.

Beispiele:

- Für jeden Mitarbeiter ist die vorhandene Anzahl einzelner Artikel im Zentrallager ersichtlich.

- Die Geschäftsführung kann jederzeit prüfen, welche Artikel sich besonders gut oder schlecht verkaufen (sog. Renner-Penner-Listen) und ob dies ggf. mit bestimmten Verkaufsaktionen assoziiert werden kann.

- Kundendaten sind einheitlich hinterlegt.

- Eine kurzfristige Erfolgsrechnung kann erstellt werden.

Lösungshinweise zur Aufgabe 22-3:
KOMPONENTEN VON INFORMATIONSSYSTEMEN IN MARKETING UND VERTRIEB – KOMPO-
NENTEN ZUR UNTERSTÜTZUNG VON VERTRIEBSPROZESSEN (MM: Abschnitt 22.2)

Komponenten zur Unterstützung:

- Planung von Akquisitionsterminen und Kundenbesuchen (z.B. Terminkoordination, geeignete Terminfolge bei mehreren Kundenbesuchen, Reisekostenabrechnung.)

- Durchführung von Akquisitionen und Kundenbesuchen (Unterstützung durch Datenbereitstellung auf dem Notebook des Vertriebsmitarbeiters vor Ort beim Kunden, z.B. persönliche Daten des Kunden, Wertentwicklung der Geldanlagen, Freistellungsdaten etc.)

- Management der kundenbezogenen Daten (z.B. systematische Erfassung der Kundenkontakte, erwirtschaftete Erträge durch den Vertragsabschluss mit dem Kunden etc.)

23. Marketing- und Vertriebscontrolling

23.1   **Aufgaben**..**280**

Aufgabe 23-1:   Zentrale Analyseinstrumente des Marketing- und
Vertriebscontrolling – Kundenbezogene Portfolio-
Analyse..280

Aufgabe 23-2:   Zentrale Analyseinstrumente des Marketing- und
Vertriebscontrolling – Kundenbezogene Rentabilitäts-
betrachtung..282

Aufgabe 23-3:   Zentrale Analyseinstrumente des Marketing- und
Vertriebscontrolling – Customer Lifetime Value...............283

23.2   **Lösungshinweise**...**285**

Lösungshinweise zur Aufgabe 23-1..285

Lösungshinweise zur Aufgabe 23-2..288

Lösungshinweise zur Aufgabe 23-3..290

23.1   Aufgaben

Aufgabe 23-1:
ZENTRALE ANALYSEINSTRUMENTE DES MARKETING- UND VERTRIEBSCONTROLLING –
KUNDENBEZOGENE PORTFOLIO-ANALYSE

Sie sind Assistent des Marketing- und Vertriebsvorstandes eines Unternehmens, das hauptsächlich in der Automobilzulieferindustrie tätig ist. Ihr Unternehmen stellt Autositze (und zwar nur Vordersitze) im unteren und mittleren Preissegment her. Sie haben festgestellt, dass die Vertriebsbudgets für jeden der fünf Großkunden gleich groß sind und damit eine Kundenbearbeitung nach dem Gießkannenprinzip erfolgt. Ihr Ziel ist es daher, eine spezifischere Kundenbearbeitung zu implementieren, die sich an der Attraktivität des Kunden und der eigenen Lieferantenposition bei diesem Kunden orientiert. Dazu liefern Ihnen die Key Account Manager folgende Informationen über die betreffenden Kunden:

- **Kunde 1** ist ein Volumenhersteller aus Italien, der in Deutschland Mitte der Neunzigerjahre noch größter Importeur war, mittlerweile aber unter starken Absatzeinbrüchen zu leiden hat. Durch mangelnde Produktqualität und eine falsche Modellpolitik verliert der Kunde massiv an Marktanteilen. Eine Besserung (oder zumindest Stabilisierung der Absatzmenge) ist nicht in Sicht. Sie liefern diesem Hersteller jährlich die Sitze für seine Modelle im Kleinwagenbereich (die ca. 50 % der insgesamt hergestellten Autos ausmachen). Mit diesen Modellen macht Kunde 1 ca. 35 % seines Gesamtumsatzes. Das realisierte Preisniveau mit diesem Kunden ist weit unterdurchschnittlich, da der Kunde viele Restrukturierungsprogramme hinter sich hat, und jedes Mal Kostensenkungen von den Zulieferern gefordert wurden. Die Vordersitze für seine Kompakt- und Mittelklasselimousinen bezieht Kunde 1 von einem italienischen Zulieferer (diese Aufträge hat Ihr Unternehmen vor ca. 2 Jahren an den italienischen Konkurrenten verloren). Seitdem ist die Zusammenarbeit mit dem Kunden schwierig, sie erhalten schlampige Forecasts über den zukünftigen Bedarf, und die Zahlungsmoral hat weiter nachgelassen. Immer wieder wird Ihnen darüber hinaus berichtet, Mitarbeiter von Kunde 1 hätten wider besseren Wissens auf Branchenmessen hinter vorgehaltener Hand von Qualitätsproblemen bei Ihren Vordersitzen gesprochen und die Sitze des italienischen Konkurrenten gelobt.

- **Kunde 2** ist ein Volumenhersteller aus Deutschland, dessen Unternehmenszentrale von Ihrer Zentrale ca. 15 km entfernt liegt. Auf Grund der räumlichen Nähe besteht eine langjährige Geschäftsbeziehung. Die Manager der beiden Unternehmen treffen sich häufig im städtischen Theater und in der VIP-Loge des lokalen Fußballbundesligisten. Der Vertriebsvorstand Ihres Unternehmens ist zudem mit der Schwester des Einkaufsleiters von Kunde 2 verheiratet. Ihr Unternehmen liefert dem Automobilhersteller sämtliche Vordersitze für die Autos der Marke. Lediglich die Vordersitze des neu eingeführten Luxusmodells werden von Kunde 2 selbst gefertigt. Das Luxusmodell wird allerdings in vernachlässigbar geringen Stückzahlen produziert und hat große Absatzprobleme, die sich auch negativ auf das sonst gute Image der Gesamtmarke „Kunde 2" auswirken. Im letzten Jahr wurde Ihr Unternehmen von Kunde 2 zum „Besten Zulieferer im Bereich Innenausstattung" gewählt. Trotz der engen Bande zum Kunden ist das realisierte Preisniveau für die Vordersitze unterdurchschnittlich. Zurzeit läuft die Ausschreibung für die Sitze im Modell der Mittelklasse, das Sie momentan noch ausstatten. Allerdings lässt Kunde 2 Sie wissen, dass er alle Fahrzeuge der Marke neu, nämlich luxuriöser, positionieren möchte und daher zukünftig höherwertige Sitze verbauen möchte, die Ihr Unternehmen nicht produziert.

- **Kunde 3** ist ein japanischer Volumenhersteller mit Werken in Europa und Asien, dessen Autos in der ADAC-Pannenstatistik stets vordere Plätze belegen und der in Kundenzufriedenheitsstudien stets Höchstwerte erhält. Kunde 3 ist mit innovativen Qualitätsmanagementtechniken ein Vorbild für die gesamte Branche. Ihr Unternehmen liefert die Vordersitze für sämtliche in Europa hergestellten Autos von Kunde 3. Die in Europa hergestellten und verkauften Autos machen ca. 18 % der weltweit produzierten Autos von Kunde 3 aus. Die Zusammenarbeit findet in einer sachlichen Atmosphäre statt, die geprägt ist von einigen kulturellen Unsicherheiten. Das erzielte Preisniveau ist durchschnittlich. In Japan und China stellt Kunde 3 die Sitze für seine Autos noch selbst her. Da der Kunde die Qualität Ihrer Produkte schätzt, hat er Ihr Unternehmen um die Abgabe eines Angebots für die Ausrüstung seiner in Japan und China hergestellten Autos (ca. 4 Mio. Autos jährlich) gebeten.

- **Kunde 4** ist ein französischer Hersteller, der durch innovative Technologie, freches Design und sinnvolle Nischenmodelle zur am stärksten wachsenden Marke in Europa und Asien wurde (es wird ein jährliches Wachstum der Absatzmenge von ca. 12 % in den nächsten 5 Jahren erwartet). Sie liefern die Vordersitze für alle Modelle der Kompaktklasse und die verschiedenen Nischenmodelle (Vans, Cabrios, leichte Nutzfahrzeuge). Für den Kleinwagenbereich (30 % der Stückzahlen) und die Oberklasse (5 % der Stückzahlen) werden die Vordersitze von einem tschechischen Anbieter bezogen. Da Kunde 4 durch das starke Wachstum im Vergleich zur Branche hohe Gewinne erwirtschaftet, werden Preisverhandlungen nicht so genau genommen und Ihr Unternehmen erzielt hier überdurchschnittlich hohe Preise. Die Geschäftsbeziehung mit den Franzosen ist weitgehend intakt, Verhandlungen finden in einer vertrauensvollen und herzlichen Atmosphäre statt.

- **Kunde 5** ist die amerikanische Tochtergesellschaft eines deutschen Konzerns. Der Konzern ist zwar berühmt für die außergewöhnliche Qualität seiner Autos, ist aber wegen seiner zuletzt hohen Verluste, der hohen Gehälter seiner Führungskräfte und der Eskapaden des Vorstandsvorsitzenden in Turbulenzen geraten. Auf der letzten Hauptversammlung wurde dem Vorstand von den Aktionären die Entlastung verweigert, Pressevertreter und Aktionärsschützer wendeten sich gegen den Konzern. Auch die amerikanische Tochtergesellschaft ist in Schwierigkeiten. Die Autos, die hauptsächlich auf dem amerikanischen Markt verkauft werden, lassen sich nur noch durch hohe Rabatte verkaufen. Ihr Unternehmen liefert die Vordersitze für das Sportcoupé des Kunden, das sich gut verkauft, sowie für die Limousine der unteren Mittelklasse, deren Absatz durch hohe Rabatte stabil gehalten wird. Diese Autos machen 45 % der Stückzahlen und 65 % des Umsatzes von Kunde 5 aus. Auch zukünftig wird eine leicht positive Entwicklung des Absatzes der Mittelklasselimousine und ein starkes Wachstum des Sportcoupés (Nischenmodell) erwartet. Bei diesem Kunden erzielt Ihr Unternehmen ein durchschnittliches Preisniveau; dieses Niveau konnte jedoch nur durch harte Verhandlungen in der letzten Preisrunde erreicht werden, was zu einer Abkühlung des ansonsten positiven Klimas zwischen den beiden Unternehmen geführt hat.

a) Welche Kriterien halten Sie zur Bewertung der Attraktivität der Kunden und der eigenen Position beim Kunden für sinnvoll?

b) Bewerten Sie die fünf Kunden hinsichtlich der ausgewählten Kriterien.

c) Positionieren Sie die Kunden in einem Kundenportfolio und leiten Sie Handlungsempfehlungen ab.

Aufgabe 23-2:
ZENTRALE ANALYSEINSTRUMENTE DES MARKETING- UND VERTRIEBSCONTROLLING – KUNDENBEZOGENE RENTABILITÄTSBETRACHTUNG

Ein japanischer Hersteller von TV-Geräten, Marktführer in Deutschland, möchte für seine deutsche Tochtergesellschaft eine Rentabilitätsbetrachtung der fünf größten Kunden (Handelsunternehmen) durchführen. Insgesamt hat das Unternehmen im letzten Jahr 11.170 Aufträge bearbeitet und 18.360 Außendienstbesuche bei diesen 5 Kunden durchgeführt. Für die Auftragsbearbeitung sind insgesamt 10 Mio. Euro und für die Außendienstbesuche 29 Mio. Euro an Kosten angefallen. Darüber hinaus stehen die folgenden kundenbezogenen Informationen zur Verfügung:

Kundenbezogene Informationen:

	Brutto-erlös [in Mio. EUR]	Werbe-kosten-zuschuss [in Mio. EUR]	Anzahl Auf-träge	Anzahl Außen-dienst-besuche	Rabatte [in % des Brutto-erlöses]	Variable Kosten der Ferti-gung [in % der Netto-erlöse]	Fixe Kosten der Ferti-gung [in Mio. EUR]
Kunde 1	250	25,5	4.500	8.200	25	55	22,5
Kunde 2	165	14,5	2.200	4.800	11	57	11
Kunde 3	150	16	2.350	3.890	9	60	9
Kunde 4	40	6	1.020	900	8	60	3
Kunde 5	25	2	1.100	570	3	52	2,5

a) Schlüsseln Sie mit Hilfe der Prozesskostenrechnung die Kosten der Auftragsbearbeitung und die Kosten der Außendienstbesuche den einzelnen Kunden zu.

b) Führen Sie eine stufenweise Deckungsbeitragsrechnung für die fünf Kunden durch.

Aufgabe 23-3:
ZENTRALE ANALYSEINSTRUMENTE DES MARKETING- UND VERTRIEBSCONTROLLING –
CUSTOMER LIFETIME VALUE

Sie sind Controllingleiter eines Unternehmens, das sich auf den Bau und den Betrieb von Kraftwerken spezialisiert hat. Gerade haben Sie den Zuschlag bekommen, ein von Ihnen gebautes Atomkraftwerk im Iran zu betreiben. Da Ihr Unternehmen sich schon mit massiven Anfeindungen wegen der Geschäftsbeziehung mit diesem Kunden auseinander zu setzen hatte (unter anderem von der amerikanischen und europäischen Presse), beschließen Sie, die Profitabilität dieser Kundenbeziehung mit Hilfe des Customer Lifetime Value (CLV) zu berechnen, bevor Sie eine Entscheidung über die Annahme des Auftrags treffen. Sie gehen dabei von einem Kalkulationszinsfuß von 10 % aus. Empfehlen Sie Ihrem Unternehmen die Annahme des Auftrags?

Folgende Informationen stehen Ihnen zur Verfügung:

- Der Vertrag für die Betriebsdauer beläuft sich auf fünf Jahre, beginnend mit dem 01. Januar des Jahres 2002.

- Ihre Leistungen in der Betriebsphase werden mit jährlich 10 Mio. Euro vergütet.

- Im Jahr 2001 erhalten Sie für den Planungsaufwand einmalig 7 Mio. Euro.

- Aus dem Verkauf von Ersatzbrennstäben nehmen Sie im Jahr 2004 zusätzlich 6 Mio. Euro ein.

- Sie beginnen schon im Jahr 2001 mit der Planung des Projekts. In diesem Jahr werden 15 Ingenieure das ganze Jahr eingesetzt. Jeder von ihnen kostet pro Jahr 200.000 Euro. Im Jahr 2002 planen zehn Ingenieure ein Projekt für einen französischen Kunden, die restlichen fünf Ingenieure beschäftigen sich über die gesamte Vertragsdauer mit dem iranischen Kunden.

- Für den Aufbau einer Servicemannschaft für diesen Auftrag sowie deren Ausstattung entstehen Ihnen im Jahr 2001 Kosten in Höhe von 6,5 Mio. Euro. Im Jahr 2002 erwarten Sie Fixkosten (z.B. für Personal, Ausrüstung) in Höhe von 9 Mio. Euro. Diese Fixkosten werden Sie in den Folgejahren um jeweils jährlich 17 % senken können.

- Da Sie neben dem aktuellen Auftrag noch weitere lukrative Aufträge haben (der Anteil des iranischen Kunden an Ihrem gesamten Umsatz beträgt 25 %), hat sich Ihr Unternehmen eine neue Hauptverwaltung gebaut. Diese wird im Jahr 2004 fertiggestellt und kostet Sie dann einmalig 10 Mio. Euro.

- In den Jahren 2003 und 2005 fallen große Inspektionen des von Ihnen betriebenen Kraftwerks an, die jeweils 2 Mio. Euro kosten werden und in der jährlichen Grundvergütung enthalten sind.

- Der Transport von ausgetauschten Brennstäben nach und die Einlagerung in Deutschland kosten im Jahr 2005 einmalig 4 Mio. Euro.

- Zum Einstand und zum problemlosen Abtransport der ausgewechselten Brennstäbe fallen im Jahr 2001 2 Mio. Euro und im Jahr 2005 weitere 2 Mio. Euro zur „Beziehungspflege" für die iranischen Behörden an.

- Der Kunde bittet Sie unabhängig von diesem Projekt regelmäßig um Beratungsleistungen und Gutachtertätigkeiten, die Sie ihm nicht in Rechnung stellen können, intern aber Kosten in Höhe von 200.000 Euro pro Jahr für 2003 bis 2005 verursachen.

- Durch die Tätigkeit für dieses iranische Unternehmen verschlechtert sich Ihr Image in den USA. Speziell wegen dieses einen Auftrags erhöhen Sie daher Ihre Marketing- und Lobbyingausgaben in den USA ab 2002 von jährlich 1 Mio. Euro auf jährlich 1,5 Mio. Euro.

23.2   Lösungshinweise

Lösungshinweise zur Aufgabe 23-1:
ZENTRALE ANALYSEINSTRUMENTE DES MARKETING- UND VERTRIEBSCONTROLLING –
KUNDENBEZOGENE PORTFOLIO-ANALYSE (GMM: Teil VI; MM: Abschnitt 23.4)

a) **Kriterien zur Bewertung der „Attraktivität des Kunden":**

- Wachstum des relevanten Bedarfs: Gibt an, inwiefern der Bedarf des Kunden an Ihren Produkten und Dienstleistungen wachsen wird.

- Erzieltes Preisniveau: Einschätzung der durchschnittlichen Preise bei diesem Kunden im Vergleich zum durchschnittlichen Preisniveau bei allen Kunden.

- Image des Kunden: Ein gutes Image des Kunden birgt einen Wert dahingehend, dass Ihr Unternehmen diesen Kunden als Referenzkunden nutzen kann.

Kriterien zur Bewertung der „eigenen Position beim Kunden":

- Qualität der Geschäftsbeziehung: Weiche Größe zur Bestimmung der Atmosphäre zwischen Kunde und Lieferant. Eine qualitativ hochwertige Geschäftsbeziehung zeichnet sich durch eine vertrauensvolle Zusammenarbeit aus, die durch offene Kommunikation und gegenseitigen Respekt bzw. Sympathie geprägt ist.

- Lieferanteil: Besagt, inwiefern der Kunde bereits durchdrungen ist. Der Lieferanteil ist der Prozentsatz, zu dem der Kunde Produkte und Dienstleistungen, die er bei Ihnen kaufen könnte, auch tatsächlich bei Ihrem Unternehmen kauft (und nicht bei Ihren Konkurrenten).

b) **Bewertung der einzelnen Kunden:**

<table>
<tr><td rowspan="6">Attraktivität des Kunden</td><td></td><td>Negativ
(= 1)</td><td>Null
(= 2)</td><td>Gering
(= 3)</td><td>Mittel
(= 4)</td><td>Hoch
(= 5)</td></tr>
<tr><td>Wachstum des relevanten Bedarfs</td><td>Kunde 1
Kunde 2</td><td></td><td>Kunde 5</td><td></td><td>Kunde 3
Kunde 4</td></tr>
<tr><td></td><td>Weit unter-durch-schnittlich
(= 1)</td><td>Unter-durch-schnittlich
(= 2)</td><td>Durch-schnittlich
(= 3)</td><td>Über-durch-schnittlich
(= 4)</td><td>Weit über-durch-schnittlich
(= 5)</td></tr>
<tr><td>Erzieltes Preisniveau</td><td>Kunde 1</td><td>Kunde 2</td><td>Kunde 3
Kunde 5</td><td>Kunde 4</td><td></td></tr>
<tr><td></td><td>Sehr negativ
(= 1)</td><td>Negativ
(= 2)</td><td>Neutral
(= 3)</td><td>Positiv
(= 4)</td><td>Sehr positiv
(= 5)</td></tr>
<tr><td>Image</td><td>Kunde 1</td><td>Kunde 5</td><td>Kunde 2</td><td></td><td>Kunde 3
Kunde 4</td></tr>
<tr><td rowspan="4">Position beim Kunden</td><td></td><td>Sehr schlecht
(= 1)</td><td>Schlecht
(= 2)</td><td>Mittelmäßig
(= 3)</td><td>Gut
(= 4)</td><td>Sehr gut
(= 5)</td></tr>
<tr><td>Qualität der Geschäftsbeziehung</td><td>Kunde 1</td><td></td><td>Kunde 3
Kunde 5</td><td>Kunde 4</td><td>Kunde 2</td></tr>
<tr><td></td><td>0-20%
(= 1)</td><td>20-40%
(= 2)</td><td>40-60%
(= 3)</td><td>60-80%
(= 4)</td><td>80-100%
(= 5)</td></tr>
<tr><td>Lieferanteil</td><td>Kunde 3</td><td></td><td>Kunde 1
Kunde 5</td><td>Kunde 4</td><td>Kunde 2</td></tr>
</table>

Zusammenfassung der Bewertungskriterien:

	Kunde 1	Kunde 2	Kunde 3	Kunde 4	Kunde 5
Attraktivität des Kunden	$(1 + 1 + 1) /$ $3 = 1$	$(1 + 2 + 3) /$ $3 = 2$	$(5 + 3 + 5) /$ $3 = 4,3$	$(5 + 4 + 5) /$ $3 = 4,7$	$(3 + 3 + 2) /$ $3 = 2,7$
Eigene Position beim Kunden	$(1 + 3) / 2$ $= 2$	$(5 + 5) / 2$ $= 5$	$(3 + 1) / 2$ $= 2$	$(4 + 4) / 2$ $= 4$	$(3 + 3) / 2$ $= 3$

c) **Positionierung der einzelnen Kunden im Kundenportfolio und Ableitung von Handlungsempfehlungen:**

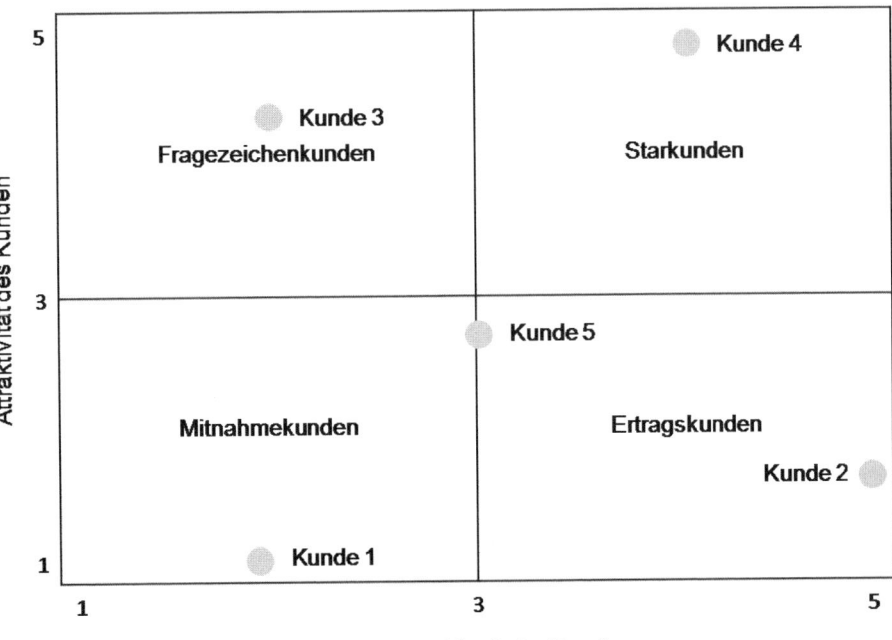

- **Handlungsempfehlung Kunde 1** („Mitnahmekunde"): Bei Kunde 1 empfiehlt sich die Strategie des Rückzugs, da der Lieferanteil schrumpft und die Geschäftsbeziehung völlig zerrüttet ist. Es sollten keine weiteren Ressourcen in die Bearbeitung dieses Kunden investiert werden.

- **Handlungsempfehlung Kunde 2** („Ertragskunde"): Bei Kunde 2 bestehen keine Wachstumschancen, trotz der starken eigenen Position bei diesem Kunden. Trotz des guten Verhältnisses sollten keine weiteren Betreuungsinitiativen für diesen Kunden gestartet werden, da keine weiteren Aufträge akquiriert werden können. Stattdessen empfiehlt sich eine Strategie des „Melkens", d.h. der Anhebung der Preise.

- **Handlungsempfehlung Kunde 3** („Fragezeichenkunde"): Bei Fragezeichenkunden bestehen die Alternativen „Big Step" oder „Out". Wegen des hohen relevanten Bedarfs von Kunde 3 und der im Großen und Ganzen intakten Geschäftsbeziehung empfiehlt sich hier der „Big Step": Es sollten massiv Ressourcen in die Betreuung dieses Kunden investiert werden, ebenso sollten Maßnahmen zur Steigerung der interkulturellen Qualifikation der Mitarbeiter durchgeführt werden, um die Unsicherheiten im Umgang zu reduzieren.

- **Handlungsempfehlung Kunde 4** („Starkunde"): Kunde 4 ist für Ihr Unternehmen sehr attraktiv und Sie haben eine starke Lieferantenposition bei diesem Kunden. Daher sollten auch zukünftig hohe Investitionen in diesen Kunden erfolgen, um weiterhin an seinem Wachstum zu partizipieren und die gute Position beizubehalten.

- **Handlungsempfehlung Kunde 5** („Mitnahmekunde" bzw. „Ertragskunde"): Kunde 5 zeichnet sich durch eine mittlere eigene Position beim Kunden und eine unterdurchschnittliche Attraktivität aus. Da der Imageschaden von Kunden 5 eher temporärer Natur ist und die von Ihrem Unternehmen bestückten Baureihen wachsen, bietet sich eine verstärkte Investition in diesen Kunden an. Außerdem sollte an der Verbesserung der Geschäftsbeziehung gearbeitet werden (z.B. durch Besuche Ihres Vorstands oder der Ernennung eines neuen Key Account Managers für Kunde 5 auf Ihrer Seite als Zeichen eines Neubeginns).

Lösungshinweise zur Aufgabe 23-2:
ZENTRALE ANALYSEINSTRUMENTE DES MARKETING- UND VERTRIEBSCONTROLLING – KUNDENBEZOGENE RENTABILITÄTSBETRACHTUNG (GMM: Teil VI; MM: Abschnitt 23.4)

a) **Durchführung einer Prozesskostenrechnung:**

	Anzahl	Kosten [in EUR]	Kosten/Auftrag [in EUR]
Auftrags- bearbeitung	11.170	10.000.000	895,26
Außendienst- besuche	18.360	29.000.000	1.579,52

	Anzahl Aufträge	Kosten Aufträge [in EUR]	Anzahl Außen- dienst- besuche	Kosten Außen- dienst- besuche [in EUR]	Gesamt- kosten/ Kunde [in EUR]
Kunde 1	4.500	4.028.648	8.200	12.952.070	16.980.718
Kunde 2	2.200	1.969.561	4.800	7.581.699	9.551.261
Kunde 3	2.350	2.103.850	3.890	6.144.336	8.248.185
Kunde 4	1.020	913.160	900	1.421.569	2.334.729
Kunde 5	1.100	984.781	570	900.327	1.885.107
Summe	**11.170**	**10.000.000**	**18.360**	**29.000.000**	**39.000.000**

b) **Durchführung einer stufenweisen Deckungsbeitragsrechnung:**

	Kunde 1	Kunde 2	Kunde 3	Kunde 4	Kunde 5
Bruttoerlös [in 1.000 EUR]	250.000	165.000	150.000	40.000	25.000
Rabatte [in 1.000 EUR]	62.500	18.150	13.500	3.200	750
Nettoerlös [in 1.000 EUR]	**187.500**	**146.850**	**136.500**	**36.800**	**24.250**
Variable Kosten [in 1.000 EUR]	103.125	83.704	81.900	22.080	12.610
Deckungs- beitrag 1 [in 1.000 EUR]	**84.375**	**63.145**	**54.600**	**14.720**	**11.640**
Fixe Kos- ten der Fertigung [in 1.000 EUR]	22.500	11.000	9.000	3.000	2.500
Deckungs- beitrag 2 [in 1.000 EUR]	**61.875**	**52.145**	**45.600**	**11.720**	**9.140**
Kunden- bezogene Vertriebs- kosten [in 1.000 EUR]	42.480,718	24.051,261	24.248,185	8.334,729	3.885,107
Deckungs- beitrag 3 [in 1.000 EUR]	**19.394,282**	**28.094,239**	**21.351,815**	**3.385,271**	**5.254,893**
Deckungs- beitrag 3 [in % der Netto- erlöse]	**10,34**	**19,13**	**15,64**	**9,20**	**21,67**

Bei der **Berechnung des CLV** (Customer Lifetime Value) gehen wir von der folgenden
Formel aus:

$$CLV = \sum_{t=0}^{n} \frac{e_t - a_t}{(1+i)^t} = e_0 - a_0 + \frac{e_1 - a_1}{(1+i)} + \frac{e_2 - a_2}{(1+i)^2} + ... + \frac{e_n - a_n}{(1+i)^n}$$

Die nachfolgende Tabelle zeigt die Verteilung der Einnahmen und Ausgaben über die
verschiedenen Jahre:

[in 1.000 EUR]	2001	2002	2003	2004	2005	2006	Σ
Einnahmen	7.000	10.000	10.000	16.000	10.000	10.000	**63.000**
Ausgaben Ingenieure	3.000	1.000	1.000	1.000	1.000	1.000	**8.000**
Ausgaben Service-mannschaft	6.500	9.000	7.470	6.200	5.146	4.271	**38.587**
Ausgaben Inspektion			2.000		2.000		**4.000**
Ausgaben „Bezie-hungs-pflege"	2.000				2.000		**4.000**
Ausgaben Transport/ Einlage-rung					4.000		**4.000**
Ausgaben Gutachten			200	200	200		**600**
Ausgaben Marketing/ Lobbying		500	500	500	500	500	**2.500**
Gesamt-ausgaben	11.500	10.500	11.170	7.900	14.846	5.771	**61.687**
Jährliche Einnahme-überschüs-se	-4.500	-500	-1.170	8.100	-4.846	4.229	**1.313**

Die Berechnung des CLV erfolgt durch die Diskontierung der jährlichen Einnahmeüberschüsse mit dem angegebenen Zinsfuß von 10 %:

$$CLV = \sum_{t=0}^{n} \frac{e_t - a_t}{(1+i)^t} = (7.000 - 11.500) + \frac{(10.000 - 10.500)}{1,1} + \frac{(10.000 - 11.170)}{1,1^2} +$$

$$\frac{(16.000 - 7.900)}{1,1^3} + \frac{(10.000 - 14.846)}{1,1^4} + \frac{(10.000 - 5.771)}{1,1^5}$$

$$CLV = -4.500 - 455 - 967 + 6.086 - 3.310 + 2.626 = -520$$

Zwar ist die Summe der jährlichen Einnahmeüberschüsse positiv, die Summe der diskontierten Einnahmeüberschüsse ist jedoch negativ und beträgt -520.000 EUR. Der Auftrag ist daher abzulehnen oder ggf. nachzuverhandeln, da der CLV nur schwach negativ ist.

24. Personalmanagement in Marketing und Vertrieb

24.1   **Aufgaben**..**294**

Aufgabe 24-1: Personalwesen in Marketing und Vertrieb –
Balanced Scorecard zur Personalbeurteilung......................294

Aufgabe 24-2: Personalwesen in Marketing und Vertrieb –
Gestaltung von Vergütungssystemen..................................295

Aufgabe 24-3: Personalführung in Marketing und Vertrieb –
Gestaltung des Führungsverhaltens 296

24.2   **Lösungshinweise**..**298**

Lösungshinweise zur Aufgabe 24-1 298

Lösungshinweise zur Aufgabe 24-2 301

Lösungshinweise zur Aufgabe 24-3 302

24.1   Aufgaben

Um die Leistung von Mitarbeitern zu beurteilen, können Unternehmen die Balanced
Scorecard heranziehen. Die Balanced Scorecard berücksichtigt insgesamt vier Perspektiven: die Kundenperspektive, die interne Prozessperspektive, die Lern- und Entwick-
lungsperspektive sowie die wirtschaftliche Perspektive.

Die Leistung der regionalen Vertriebsleiter der Anlagebank AG wurde bisher primär
über Vertragsabschlüsse bewertet. Der Vorstand ist allerdings der Meinung, dass zukünftig auch andere Zielgrößen berücksichtigt werden sollten. Dazu liegen folgende Informationen vor:

- Nach wie vor soll die wirtschaftliche Leistung gemessen werden. Hier sieht der Vorstand zum einen den für die Bank erwirtschafteten Ertrag als relevant an, zum anderen auch das Volumen neu akquirierter Anlagegelder.

- Der Vorstand ist der Meinung, dass die Weiterbildung der Mitarbeiter bislang zu wenig Beachtung fand. Er vermisst vor allem Steuerkenntnisse bei den Mitarbeitern.

- Der Vorstand findet außerdem, dass ein Wissenspool aufgebaut werden sollte, über
  den sich jeder Mitarbeiter zeitnah zu Fachfragen und aktuellen Themen informieren
  kann.

- Im vergangenen Jahr haben viele Kunden ihre Konto- und Depotverbindung zu einem anderen Institut verlegt. Außerdem geht die Zahl der Neukunden stetig zurück.

- Der Vorstand hat den Verdacht, dass die Kundenberater ihre Arbeitszeit ineffizient
  nutzen, z.B. indem sie bei der Arbeitszeitaufteilung nicht zwischen Kunden mit viel
  und wenig Potential differenzieren.

- Der Vorstand hat außerdem erfahren, dass die Kundenberater für ihre Kunden oftmals telefonisch nicht bzw. schwer erreichbar sind.

a) Erstellen Sie anhand dieser Angaben eine Balanced Scorecard, indem Sie zwei Teil-
   ziele pro Dimension ableiten.

Der Vorstand möchte den verschiedenen Dimensionen nicht das gleiche Gewicht geben.
Aufgrund der hohen Bedeutung der wirtschaftlichen Dimension für die Anlagebank AG
soll diese doppelt so stark gewichtet werden wie jede der übrigen Dimensionen. Gehen
Sie weiterhin davon aus, dass die regionalen Vertriebsleiter am Jahresende eine Prämie
bekommen, die sich nach dem Gesamt-Zielerreichungsgrad (ZEG) richtet. Liegt dieser
Grad über 80%, so wird eine Prämie von 20.000 EUR ausbezahlt. Liegt der ZEG zwi-

schen 70% und 80%, beträgt die Prämie 10.000 EUR. Bei einem ZEG von unter 70% wird keine Prämie gezahlt.

Die beiden Vertriebsleiter der Filialgebiete A und B verfügen am Jahresende über folgende Teil-Zielerreichungsgrade:

	Vertriebsleiter Filialgebiet A	Vertriebsleiter Filialgebiet B
ZEG_1: Wirtschaftliche Dimension	79%	57%
ZEG_2: Kundenbezogene Dimension	84%	98%
ZEG_3: Interne Prozessdimension	80%	97%
ZEG_4: Lern- und Entwicklungsdimension	82%	95%

b) Berechnen Sie die Prämie für die beiden Vertriebsleiter bei Anwendung

- eines additiven Modells und

- eines multiplikativen Modells.

c) Interpretieren Sie die Ergebnisse aus Teilaufgabe b).

Aufgabe 24-2:
PERSONALWESEN IN MARKETING UND VERTRIEB – GESTALTUNG VON VERGÜTUNGSSYSTEMEN

Die beiden Geschäftsführer einer neu gegründeten GmbH, Herr Kreuzer und Herr Maschenko, machen sich Gedanken über die Vergütung ihrer Führungskräfte in Marketing und Vertrieb. Das Gesamtgehalt soll aus einem fixen Teil und einem variablen (leistungsabhängigen) Teil bestehen. Für die Leistungsbeurteilung haben die beiden einen Leistungsindex von 0 bis 100 entwickelt.

Herr Kreuzer und Herr Maschenko sind sich einig, dass nur dann eine variable Vergütung bezahlt werden soll, wenn eine Minimumleistung von 50 auf diesem Index erreicht wird. Als Optimum sehen sie ein Leistungsniveau von 100 an. Eine Überschreitung dieser Obergrenze ist also nicht möglich.

Nicht einig sind sich die beiden Herren allerdings bezüglich des zu verwendenden Vergütungsmodells. Herr Kreuzer ist der Meinung, dass man das folgende Vergütungsmodell anwenden sollte:

Stufenmodell:

- 60.000 für $L \leq 50$

- 70.000 für $50 < L < 75$

- 80.000 für $75 \leq L < 98$

- 100.000 für $98 \leq L < 100$

Herr Maschenko hingegen ist der Ansicht, dass ein lineares Modell die bessere Alternative wäre. Er schlägt das folgende Vergütungsmodell vor:

Lineares Modell:

- 60.000 für $L \leq 50$

- 60.000 + 800 * (L – 50) für $50 < L \leq 100$

Das bisherige Leistungsniveau der Führungskräfte ist den beiden Geschäftsführern bekannt. Das Ziel ist, die Führungskräfte dazu zu motivieren, ihre Leistung im Verlauf des Geschäftsjahres um 10% zu steigern.

a) Wie hoch sind die Anreize, die die beiden dargestellten Vergütungssysteme den Mitarbeitern bieten, wenn unten stehende aktuelle Leistungsniveaus zugrunde gelegt werden?

 Leiter Strategisches Marketing: 90

 Leiter Marktforschung: 62

 Leiter Produktmanagement: 73

 Leiter Kundenbetreuung: 59

 Leiter Call-Center: 77

 Leiter Vertriebsaußendienst: 85

 Leiter Vertriebsinnendienst: 45

b) Welches Modell sollten Herr Kreuzer und Herr Maschenko anwenden?

Aufgabe 24-3:
PERSONALFÜHRUNG IN MARKETING UND VERTRIEB – GESTALTUNG DES FÜHRUNGSVERHALTENS

Unter Führungstechnik wird die Ausgestaltung des Führungsverhaltens verstanden. Man kann in diesem Zusammenhang vier verschiedene Techniken unterscheiden:

- Management-by-Objectives: Bei dieser Führungstechnik haben Ziele eine ganz besondere Bedeutung. Kennzeichnend ist, dass es regelmäßige Zielgespräche zwischen Mitarbeiter und Vorgesetztem gibt.

- Management-by-Motivation: Bei diesem Ansatz liegt der Schwerpunkt auf der Motivation der Mitarbeiter, also der Anreizsetzung, um ein bestimmtes Verhalten des Mitarbeiters zu bewirken.

- Management-by-Delegation: Zentral für diese Führungstechnik ist die Übertragung von Aufgaben und somit Verantwortung vom Vorgesetzten auf den Mitarbeiter.

- Management-by-Information (Management-by-Walking-Around): Im Mittelpunkt dieses Ansatzes steht der wechselseitige Informationsaustausch zwischen Mitarbeiter und Vorgesetztem.

Diese Führungstechniken schließen sich nicht gegenseitig aus, sondern sind als komplementär zu betrachten. Eine wichtige Entscheidung liegt also in der Gewichtung der einzelnen Techniken.

Im Folgenden sind verschiedene Beispiele für ein mögliches Führungsverhalten gegeben.

- Die Leistung der Mitarbeiter eines Softwareunternehmens wird anhand der Zielerreichung gemessen.

- Die Mitarbeiter einer Unternehmensberatung bearbeiten alle Projekte weitgehend eigenverantwortlich.

- In einem Supermarkt wird jeden Monat der „Mitarbeiter des Monats" gewählt.

- Ein Vorgesetzter führt jede Woche mit seinen Mitarbeitern Zielgespräche für die folgende Woche, in denen eine genaue Planung vorgenommen wird.

- Bei einer Bausparkasse werden in regelmäßigen Abständen Reisen unter den Mitarbeitern ausgelost. Kriterium für die Auslosung ist das Abschlussvolumen des letzten Quartals.

- Alle Mitarbeiter eines Textilherstellers werden regelmäßig über E-Mail-Newsletter über aktuelle Sachverhalte informiert.

- Ein Vorgesetzter überträgt anfallende Tätigkeiten auf seine Mitarbeiter gemäß ihrer Qualifikation.

- In einer Bankfiliale findet jede Woche zu einer festen Zeit ein Jour Fixe statt, an dem alle Mitarbeiter teilnehmen.

Entscheiden Sie, welchen aufgezeigten Führungstechniken diese Beispiele zugeordnet werden können.

24.2 Lösungshinweise

Lösungshinweise zur Aufgabe 24-1:
PERSONALWESEN IN MARKETING UND VERTRIEB – BALANCED SCORECARD ZUR PERSO-
NALBEURTEILUNG (MM: Abschnitt 24.1)

a) **Erstellung der Balanced Scorecard:**

Kundenbezogene Dimension	
Teilziele	Beispielhafte Maßnahmen
Reduzierung der Abwanderungsrate um 10%	Kundenbindungsmaßnahmen durchführen, z.B. exklusive Veranstaltungen
Steigerung der Neukundengewinnung um 10%	Maßnahmen zur Kundengewinnung durchführen, z.B. Prämien für Kunden bei Anwerbung neuer Kunden

Wirtschaftliche Dimension	
Teilziele	Beispielhafte Maßnahmen
Ertrag pro Monat: 900.000 EUR	Intensivierte Kundenansprachen
Akquisition neuer Anlagegelder pro Monat: 5.000.000 €	Ansprache von Nichtkunden und Kunden, die auch bei anderen Banken anlegen

Interne Prozessdimension	
Teilziele	Beispielhafte Maßnahmen
Erhöhung der Effizienz der Arbeitszeitnutzung	Identifikation potentialstarker Kunden, Bearbeitung dieser Kunden mit höherer Priorität
Sicherstellung der Erreichbarkeit der Anlagebank für die Kunden	Serviceline, die sich einschaltet, wenn Kundenberater nicht am Platz

Lern- und Entwicklungsdimension	
Teilziele	Beispielhafte Maßnahmen
Schaffung von Fachkompetenz zum Thema Steuern bei den Mitarbeitern	Besuch aller Mitarbeiter von Seminaren zum Thema Steuern
Aufbau eines Wissenspools zu fachlichen Themen sowie aktuellen Fragestellungen	Beschaffung und Bereitstellung von Fachwissen und aktuellen Informationen durch die Mitarbeiter

b) **Prämienberechnung der Vertriebsleiter:**

Zunächst werden die Gewichtungen der einzelnen Dimensionen ermittelt:

$G_1 + G_2 + G_3 + G_4 = 100\%$

G_1 = Gewichtung der wirtschaftlichen Dimension

G_2 = Gewichtung der kundenbezogenen Dimension

G_3 = Gewichtung der internen Prozessdimension

G_4 = Gewichtung der Lern- und Entwicklungsdimension

Da der Vorstand die wirtschaftliche Dimension doppelt so stark gewichten möchte wie die übrigen Dimensionen, gilt hier:

$G_1 = 40\%$

$G_2 = 20\%$

$G_3 = 20\%$

$G_4 = 20\%$

Prämienberechnung Vertriebsleiter Filialgebiet A:

Additives Modell:

$$ZEG = 0,4 * ZEG_1 + 0,2 * ZEG_2 + 0,2 * ZEG_3 + 0,2 * ZEG_4$$
$$= 0,4 * 79 + 0,2 * 84 + 0,2 * 80 + 0,2 * 82$$
$$= 80,8\% \ (\rightarrow \text{Prämie } 20.000 \text{ EUR})$$

Multiplikatives Modell:

$$ZEG = ZEG_1^{0,4} * ZEG_2^{0,2} * ZEG_3^{0,2} * ZEG_4^{0,2}$$
$$= 79^{0,4} * 84^{0,2} * 80^{0,2} * 82^{0,2}$$
$$= 80,78\% \ (\rightarrow \text{Prämie } 20.000 \text{ EUR})$$

Prämienberechnung Vertriebsleiter Filialgebiet B:

Additives Modell:

$$ZEG = 0,4 * ZEG_1 + 0,2 * ZEG_2 + 0,2 * ZEG_3 + 0,2 * ZEG_4$$

$$= 0,4 * 57 + 0,2 * 98 + 0,2 * 97 + 0,2 * 95$$

$$= 80,8\% \;(\rightarrow \text{Prämie } 20.000 \text{ EUR})$$

Multiplikatives Modell:

$$ZEG = ZEG_1^{0,4} * ZEG_2^{0,2} * ZEG_3^{0,2} * ZEG_4^{0,2}$$

$$= 57^{0,4} * 98^{0,2} * 97^{0,2} * 95^{0,2}$$

$$= 78,25\% \;(\rightarrow \text{Prämie } 10.000 \text{ EUR})$$

Je nach Berechnungsmodell erhält der Vertriebsleiter vom Filialgebiet B eine Prämie von 20.000 EUR (additives Modell) bzw. 10.000 EUR (multiplikatives Modell).

c) **Interpretation der Ergebnisse:**

Der Vertriebsleiter für das Filialgebiet A ist sehr homogen in seinen Leistungen, die einzelnen Teil-Zielerreichungsgrade liegen sehr dicht beieinander. Dies schlägt sich in der Prämienberechnung über das additive und das multiplikative Modell nieder: Die Unterschiede in den ZEGs sind vernachlässigbar. Das Ergebnis für den Vertriebsleiter ist bei Anwendung beider Modelle gleich.

Der Vertriebsleiter für das Filialgebiet B zeigt in seinen Leistungen sehr große Schwankungen: Zwar erreicht er auf drei Dimensionen deutlich höhere Werte als der Vertriebsleiter für das Filialgebiet A, weicht aber auf der wirtschaftlichen Dimension sehr stark nach unten ab. Bei Anwendung der beiden Modelle zeigt sich ein deutlicher Unterschied: Während die geringe wirtschaftliche Leistung sich im linearen Modell nicht so stark widerspiegelt, zeigt sich beim multiplikativen Modell ein anderes Ergebnis: schwankende Leistungen werden hier „bestraft".

Sofern die Anlagebank an homogenen Leistungen ihrer Mitarbeiter auf allen Dimensionen interessiert ist, sollte aufgrund der Anreizsetzung eher auf ein multiplikatives Modell zurückgegriffen werden, um den „Ausgleich" schlechter Leistungen auf einzelnen Dimensionen durch besonders hohe Leistungen auf anderen Dimensionen zu erschweren.

Lösungshinweise zur Aufgabe 24-2:
PERSONALWESEN IN MARKETING UND VERTRIEB – GESTALTUNG VON VERGÜTUNGSSYS-
TEMEN (MM: Abschnitt 24.1)

a) **Anreize zur Leistungssteigerung für die Führungskräfte:**

Führungskraft	Bisheriges Leistungs-niveau	Ange-strebtes Leistungs-niveau	Finanziel-ler Anreiz bei Stu-fenmodell	Finanzieller Anreiz bei linearem Modell
Strategisches Marketing	90	99	+20.000	+7.200
Marktforschung	62	68,2	0	+4.960
Produktmanagement	73	80,3	+10.000	+5.840
Kundenbetreuung	59	64,9	0	+4.720
Call-Center	77	84,7	0	+6.160
Vertriebsaußendienst	85	93,5	0	+6.800
Vertriebsinnendienst	45	49,5	0	0

b) **Empfehlung:**

Es ist zu erkennen, dass die beiden Modelle sehr unterschiedliche Anreize zur Leistungssteigerung bieten.

- Das Stufenmodell bietet nicht an jeder Stelle den gleichen Anreiz. Kurz vor Erreichung einer neuen Gehaltsstufe (in diesem Fall kurz vor der Erreichung eines Leistungsindex von 75 und 98) ist der Anreiz besonders hoch, da mit einer relativ geringen Leistungssteigerung ein großer Gehaltssprung realisiert werden kann. Direkt nach dem Erreichen einer solchen Stufe ist der Anreiz zur Leistungssteigerung allerdings sehr gering, da sehr viel Aufwand betrieben werden muss, um die nächst höhere Gehaltsstufe zu erreichen. Umgekehrt bedeutet dies natürlich auch, dass eine Leistungsverringerung sich nicht in jedem Fall unmittelbar auf das Gehalt auswirken muss.

- Das lineare Modell hingegen bietet bei jedem beliebigen Leistungsniveau (für 50 < L ≤ 100) einen gleich hohen Anreiz, die Leistung zu erhöhen, da mit jeder Erhöhung der Leistung eine proportionale Erhöhung des Gehalts einhergeht. Jede Leistungssteigerung wirkt sich also direkt auf das Gehalt aus. Umgekehrt verliert ein Angestellter unmittelbar Gehaltsteile, wenn sich die Leistung verschlechtert.

In diesem Fall ist das lineare Modell zu empfehlen. Bei Anwendung des Stufenmodells werden nur zwei der Führungskräfte motiviert, sich gemäß den Vorstellungen der Geschäftsführung zu verhalten und ihre Leistung zu steigern.

Lösungshinweise zur Aufgabe 24-3:
PERSONALFÜHRUNG IN MARKETING UND VERTRIEB – GESTALTUNG DES FÜHRUNGSVER-
HALTENS (MM: Abschnitt 24.2)

Beispiel	Führungstechnik
Die Leistung der Mitarbeiter eines Softwareunternehmens wird anhand der Zielerreichung gemessen.	Management-by-Objectives
Die Mitarbeiter einer Unternehmensberatung bearbeiten alle Projekte weitgehend eigenverantwortlich.	Management-by-Delegation
In einem Supermarkt wird jeden Monat der „Mitarbeiter des Monats" gewählt.	Management-by-Motivation
Ein Vorgesetzter führt jede Woche mit seinen Mitarbeitern Zielgespräche für die folgende Woche, in denen eine genaue Planung vorgenommen wird.	Management-by-Objectives
Bei einer Bausparkasse werden in regelmäßigen Abständen Reisen unter den Mitarbeitern ausgelost. Kriterium für die Auslosung ist das Abschlussvolumen des letzten Quartals.	Management-by-Motivation
Alle Mitarbeiter eines Textilherstellers werden regelmäßig über E-Mail-Newsletter über aktuelle Sachverhalte informiert.	Management-by-Information
Ein Vorgesetzter überträgt anfallende Tätigkeiten auf seine Mitarbeiter gemäß ihrer Qualifikation.	Management-by-Delegation
In einer Bankfiliale findet jede Woche zu einer festen Zeit ein Jour Fixe statt, an dem alle Mitarbeiter teilnehmen.	Management-by-Information

25. Marktorientierung der Unternehmenskultur und der Führungssysteme

25.1   **Aufgaben**..**304**

Aufgabe 25-1: Kundenorientierung der Unternehmenskultur –
Dimensionsorientierte Ansätze der Unternehmenskultur 304

Aufgabe 25-2: Kundenorientierung der Unternehmenskultur –
Ebenen der Unternehmenskultur 306

Aufgabe 25-3: Kundenorientierung der Führungssysteme –
Kundenorientierung des Organisationssystems 309

25.2   **Lösungshinweise**..**311**

Lösungshinweise zur Aufgabe 25-1 311

Lösungshinweise zur Aufgabe 25-2 312

Lösungshinweise zur Aufgabe 25-3 314

25.1   Aufgaben

Aufgabe 25-1:
KUNDENORIENTIERUNG DER UNTERNEHMENSKULTUR – DIMENSIONSORIENTIERTE AN-
SÄTZE DER UNTERNEHMENSKULTUR

Die Projektleiterin eines Beratungsprojektes, Frau Integra, ist der Ansicht, dass die Basis
der weiteren Beratungsarbeit in der Analyse der Unternehmenskulturen von Rabou, Nestola, Alpram und Oremo besteht. Aus diesem Grund werden Sie für jeweils eine Woche
in die jeweiligen Unternehmen geschickt, um das Geschehen vor Ort zu beobachten und
sich ein Bild der vorherrschenden Unternehmenskultur zu machen.

Sie haben während Ihres Studiums einige Ansätze zur Beschreibung von Unternehmenskulturen kennen gelernt und entscheiden sich, die vier Unternehmen nach einem der be-
kanntesten Ansätze zu beschreiben:

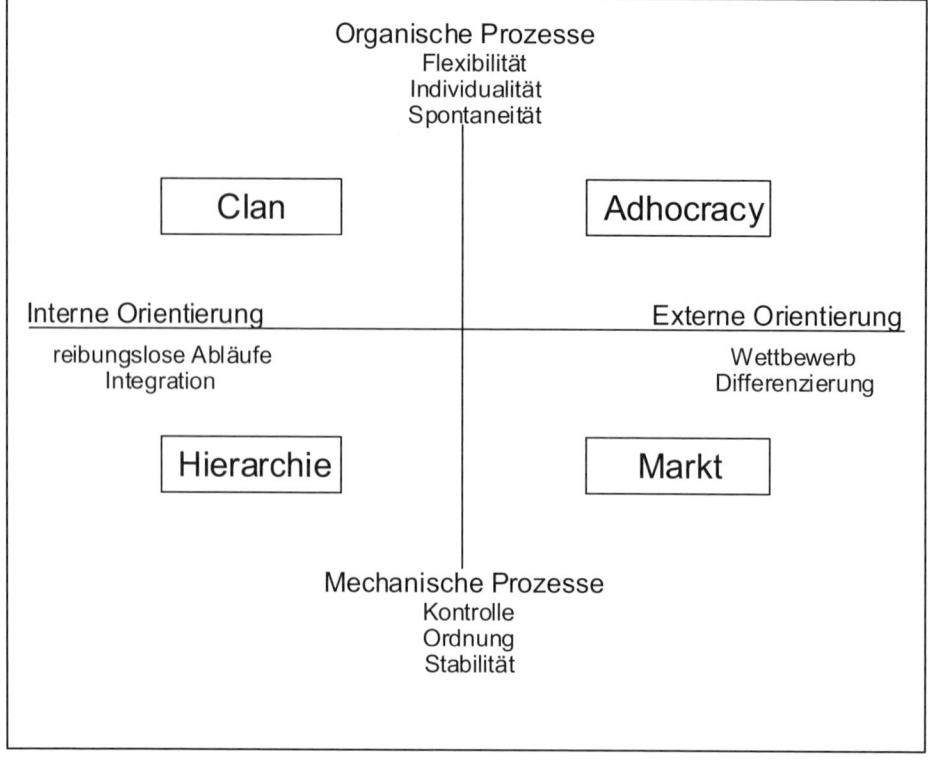

Nach vier Wochen legen Sie Frau Integra folgende Aufzeichnungen für die Unternehmen Rabou, Nestola, Alpram und Oremo vor:

Rabou, Frankreich:

- Gründung des Unternehmens erfolgte 1976 in Lyon.

- Die Tür zu den Geschäftsführern steht immer offen; die Mitarbeiter haben jederzeit freien Zugang.

- Alle Mitarbeiter duzen sich.

- Durchschnittliche Zugehörigkeit der Mitarbeiter zum Unternehmen beträgt 18,6 Jahre.

- Gearbeitet wird in Großraumbüros.

- Entscheidungen werden grundsätzlich im Team getroffen; die Meinung jeder einzelnen Person wird explizit eingefordert und abgewägt.

- Bei akuten Problemen lassen die Mitarbeiter die operative Arbeit liegen und diskutieren an einem großen Tisch über mögliche Lösungen.

- Informationen werden auch in der Kantine beim Mittagessen ausgetauscht.

- Man fühlt sich wie in einer „großen Familie".

Nestola, Belgien:

- Gründung des Unternehmens erfolgte 1995 in Brüssel.

- Der Geschäftsführer ist immer in Hektik und „rennt" durch die Firma; am Wochenende geht er zum Fallschirmspringen.

- Alle Mitarbeiter inkl. Geschäftsführer duzen sich; es herrscht eine „lässige" Arbeitsatmosphäre.

- In den letzten 4 Jahren wurden 8 neue Produkte erfolgreich im Markt platziert (Branchendurchschnitt: 3,4).

- Mitarbeiterauszeichnungen für innovative Ideen, die das Unternehmen umsetzt.

- Mitarbeiter im Kundenkontakt treffen Entscheidungen größtenteils alleine.

- Bei der Personalbeschaffung wird großer Wert darauf gelegt, dass die Person vielseitige Interessen hat.

- Keine festen Arbeitszeiten (außer bei Mitarbeitern in direktem Kundenkontakt).

Alpram, Österreich:

- Gründung des Unternehmens erfolgte 1982 in Bregenz.

- Der Geschäftsführer hat Maschinenbau und BWL studiert und arbeitet jeden Tag bis mindestens 23 Uhr.

- Die Mitarbeiter lassen sich Termine geben, um mit ihrem Chef zu sprechen.

- Den Mitarbeitern werden Zielvorgaben am Anfang eines Jahres gegeben, für deren Erreichung sie belohnt werden.

- Gearbeitet wird in Büros mit 1-3 Mitarbeitern.

- Feste Arbeitszeiten für Mitarbeiter und Kleiderordnung mit Casual Friday.

- Die Führungskräfte delegieren kleine Aufgaben, i. S. v. kurzfristig planbaren Aufgaben, an ihre Mitarbeiter, damit die Zielerreichung jederzeit überprüft werden kann.

- Das Call-Center ist 24 Stunden/Tag besetzt.

Oremo, Deutschland:

- Gründung des Unternehmens erfolgte 1953 in Böblingen.

- Der Geschäftsführer kommt jeden Morgen pünktlich um 7:30 Uhr ins Büro.

- Der Geschäftsführer schreibt seinen Mitarbeitern für jeden Vorgang ein kurzes Memo.

- Jeder Mitarbeiter hat mindestens zwei Ordner mit Richtlinien und Vorgehensweisen in seinem Schrank.

- Bei der Einstellung der Mitarbeiter in Führungspositionen wird darauf geachtet, dass die Person ein langfristiges Commitment zum Unternehmen aufweist.

- Die Mitarbeiter im Call-Center geben oftmals nur vage Aussagen gegenüber dem Kunden ab und rufen ihn nach Rücksprache mit dem Vorgesetzen zurück.

- Dreimal pro Jahr findet ein gemeinsamer Ausflug statt bzw. wird auf dem Unternehmensgelände „gefeiert"; die Ansprache des Geschäftsführers kennen die Mitarbeiter auswendig.

Frau Integra bittet Sie, die vier Unternehmen in die von Ihnen ausgewählte Unternehmenskultur-Typologie einzuordnen und Ihre Wahl kurz zu begründen.

Aufgabe 25-2:
KUNDENORIENTIERUNG DER UNTERNEHMENSKULTUR – EBENEN DER UNTERNEHMENS-KULTUR

Sie haben vor kurzem als Marketingmanager im Unternehmen „CrazyShoes", einem Hersteller von junger, trendiger Schuhmode, angefangen zu arbeiten. Ein Grund, weshalb Sie dorthin gewechselt sind, war die Begeisterung für das Produkt selbst: Sie tragen sehr gerne Schuhe von „CrazyShoes". Da Sie neu im Unternehmen sind und somit unvoreingenommen die Lage beurteilen können, bittet Sie der Geschäftsführer, sich einmal genau mit der Verankerung der Marktorientierung im Unternehmen auseinanderzusetzen.

Sie wissen aus Ihrem Studium, dass sich verschiedene Ebenen der Unternehmenskultur unterscheiden lassen. Dabei wird häufig differenziert zwischen:

- Werte,

- Normen und

- Artefakte.

Eine Studentin, die soeben in Ihrer Abteilung ein Praktikum begonnen hat, interessiert sich sehr für Ihre Arbeit: Sie erklären Ihr das 3-Ebenen-Modell und welche Aspekte hinter den einzelnen Ebenen stehen. Zudem erläutert sie, was sich hinter der Ebene „Verhaltensweisen" verbirgt. Daraufhin schlägt die Studentin vor, dass sie die Aufgabe übernimmt, die Marktorientierung des Unternehmens zu beurteilen. Nachdem sie eine Woche lang durch das Unternehmen gestreift ist, legt sie Ihnen eine Liste vor, auf der ihrer Meinung nach alle Punkte zusammengetragen sind, die für die Beurteilung der Marktorientierung von „CrazyShoes" wichtig sind. Damit hat sie Recht; dennoch hat sie die Punkte nicht den einzelnen Ebenen der Unternehmenskultur zugeordnet.

Diese Aufgabe übernehmen nun Sie, indem Sie die nachfolgend aufgeführten Aspekte den einzelnen Ebenen zuordnen. Außerdem sollten Sie Ihrer Praktikantin erklären, welche Dimensionen von Werten und Normen unterschieden werden können.

Notizen der Praktikantin:

- In unserem Unternehmen wird erwartet, dass regelmäßig abteilungsübergreifende Besprechungen stattfinden.

- Herr Frech und die Leiterin des Call-Centers (Frau Motz) haben seit einiger Zeit ein persönliches Problem miteinander. Frau Motz weist ihre Mitarbeiter an, nicht mehr Informationen als nötig an Herrn Frech und seine Mitarbeiter weiterzuleiten.

- In unserem Unternehmen wird die Sicherung von Wissen bezüglich der Marktbearbeitung kontrolliert.

- Der Mitarbeiter des Monats wird regelmäßig ausgezeichnet. Wer zwei Mal pro Jahr als Mitarbeiter des Monats ausgezeichnet wird, bekommt 20% des Gehalts an Prämienauszahlung.

- In unserem Unternehmen wird erwartet, dass die Aktivitäten der Marktbearbeitung über verschiedene Abteilungen hinweg koordiniert werden.

- Im Call-Center werden die Informationen in ein Beschwerdemanagement-System eingegeben. Die entsprechenden Programme sind auf den PCs der anderen Abteilungen nicht installiert. Die Informationen/Beschwerden werden also über Papier weitergegeben.

- Die Individualität jedes einzelnen Mitarbeiters wird als Wettbewerbsvorteil angesehen.

- Zweimal wöchentlich zwischen 14:00 und 14:30 Uhr treffen sich die Mitarbeiter des Call-Centers und der F&E-Abteilung zu einem informellen Informationsaustausch. In dieser Zeit werden die Kundenanfragen von einem automatischen Anrufbeantworter entgegengenommen.

- Offenheit nimmt in der Kommunikation innerhalb des Unternehmens einen zentralen Stellenwert ein.

- Man erwartet von den Mitarbeitern im Kundenkontakt ein hohes Maß an fachlicher und sozialer Kompetenz.

- Wir streben an, proaktiv Informationen an Kollegen und Mitarbeiter weiterzugeben.

- In unserem Unternehmen erwartet man, dass die Qualität aus der Sicht des Kunden beurteilt wird (z.B. durch Kundenzufriedenheitsmessungen).

- Der Kundenparkplatz ist 500 m vom Hauptsitz des Unternehmens entfernt.

- In unserem Unternehmen wird kontrolliert, ob zwischen verschiedenen Abteilungen ein einheitlicher Informationsstand bezüglich der Marktbearbeitung vorliegt.

- Wir möchten die Besten in unserer Branche sein und den Kunden qualitativ hochwertige Schuhmode bieten, die ihren Bedürfnissen genügen und ihnen gefallen.

- In unserem Unternehmen wird auf ein „Wir"-Gefühl unter den Mitarbeitern besonders großen Wert gelegt.

- Eine Mitarbeiterin in der Telefonzentrale spricht sehr „breiten" Dialekt.

- In unserem Unternehmen strebt man nach einer hohen Mitarbeiterzufriedenheit.

- Im Unternehmen kursiert das Gerücht, dass Herr Schnellfuß (der Geschäftsführer) zu Terminen mit Kunden (Schuhhändlern) grundsätzlich zu spät kommt.

- In unserem Unternehmen wird auf die Weitergabe von Informationen besonders viel Wert gelegt.

- In jeder Abteilung gibt es Diskussionstische, an denen sich die Mitarbeiter zum Kaffee und informellen Informationsaustausch treffen.

- Die Zusammenarbeit zwischen den einzelnen Abteilungen wird besonders betont.

- Ein Call-Center-Mitarbeiter sagte nach einem langen Gespräch mit einem Kunden, der sich über die Qualität der Schuhsohlen beschwert hat, zu seinem Kollegen: „Mann o Mann, die regen einen aber richtig auf – soll er doch zum Schuster gehen und sich neue Sohlen draufkleben lassen."

- Die Kunden (Schuhgeschäfte) werden zu jeder Saison mit Infopost versorgt.

- In unserem Unternehmen legt man sehr großen Wert auf fehlerfreies Arbeiten.

- In unserem Unternehmen legt man sehr viel Wert auf Teamarbeit.

- In der F&E-Abteilung wird jeder Schuh mit 20 Testpersonen auf Passgenauigkeit (Spreiz-/ Senk-/Knickfuß) und Bequemlichkeit getestet, bevor er zur Serienproduktion freigegeben wird.

- Fachliche Kompetenz steht in unserem Unternehmen an höchster Stelle.

- Die Vorgesetzten in unserem Unternehmen legen großen Wert auf hochwertige Arbeitsergebnisse.

- Bei einer Besprechung der Marketingabteilung sagt der Vertriebsleiter (Herr Frech) zu einem seiner Mitarbeiter, der gerade über den Internetvertrieb der Wettbewerber berichten will: „Wir machen den Quatsch sowieso nicht mit – was die Wettbewerber machen, hat uns noch nie interessiert."

Aufgabe 25-3:
KUNDENORIENTIERUNG DER FÜHRUNGSSYSTEME – KUNDENORIENTIERUNG DES ORGANI-SATIONSSYSTEMS

Sie sind Consultant in einer großen Beratungsgesellschaft. In ihrem Projekt geht es darum, die Organisationsstruktur des Kunden, einem Unternehmen aus der Konsumgüterindustrie, zu analysieren. Der Ansprechpartner beim Kunden, Herr Griesig, legt Ihnen stolz folgende Organisationsstruktur seines Unternehmens vor.

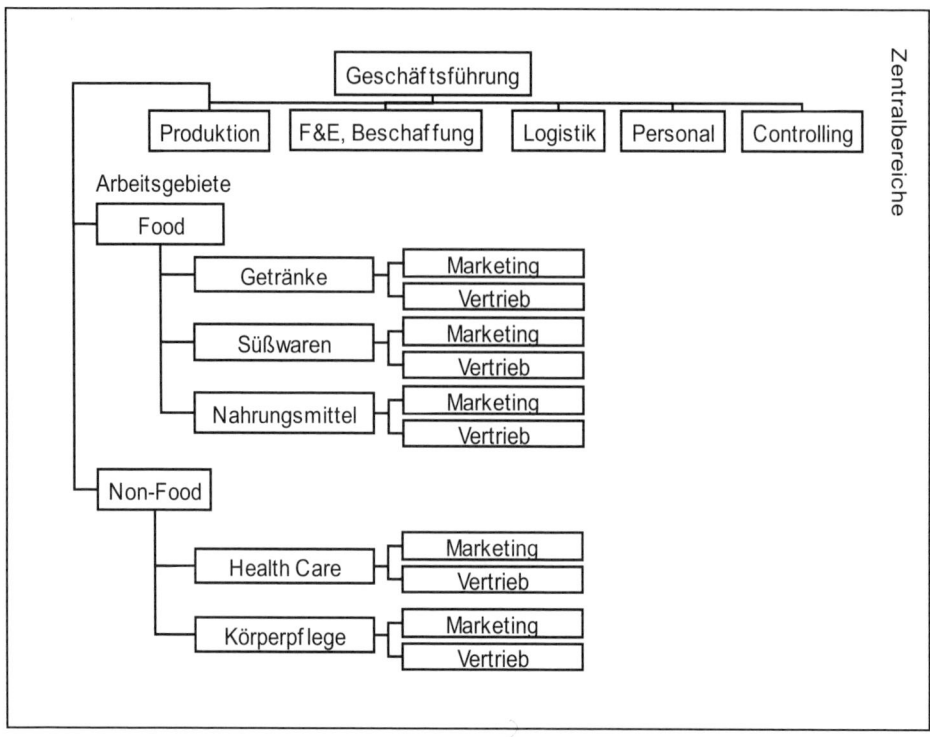

Es ist zu beachten, dass der Konsumgüterhersteller zwei grundlegend verschiedene Kundengruppen hat: Einerseits den Endverbraucher und andererseits die direkten Kunden, also Handelsketten, über die die Produkte an den Konsumenten vertrieben werden. Herr Griesig erklärt Ihnen (was Sie sich schon gedacht hatten), dass sich die Marketingabteilungen der jeweiligen Produktgruppen primär mit dem Endverbraucher auseinandersetzen. Die Vertriebsabteilungen hingegen kümmern sich um die Handelsketten. Außerdem merkt Herr Griesig an, dass insbesondere fünf Handelsunternehmen wichtig sind, da mit diesen 65% des Umsatzes erzielt wird.

Nach einem kurzen Blick auf die Grafik erkennen Sie, dass diese Organisationsstruktur den Marktherausforderungen nicht gerecht wird. Sie werden in ihrer Meinung bestärkt, als Herr Griesig durchblicken lässt, dass es immer wieder zu Beschwerden der Handelsunternehmen kommt.

Erklären Sie Herrn Griesig stichwortartig, was verändert werden sollte, damit sein Unternehmen marktorientierter werden kann, insbesondere vor dem Hintergrund, dass die Handelsketten in den letzten Jahren ihre Machtposition immer stärker ausgebaut haben.

25.2 Lösungshinweise

Lösungshinweise zur Aufgabe 25-1:
KUNDENORIENTIERUNG DER UNTERNEHMENSKULTUR – DIMENSIONSORIENTIERTE AN-
SÄTZE DER UNTERNEHMENSKULTUR (MM: Abschnitt 25.1)

Einordnung der Firmen in die Unternehmenskultur-Typologie:

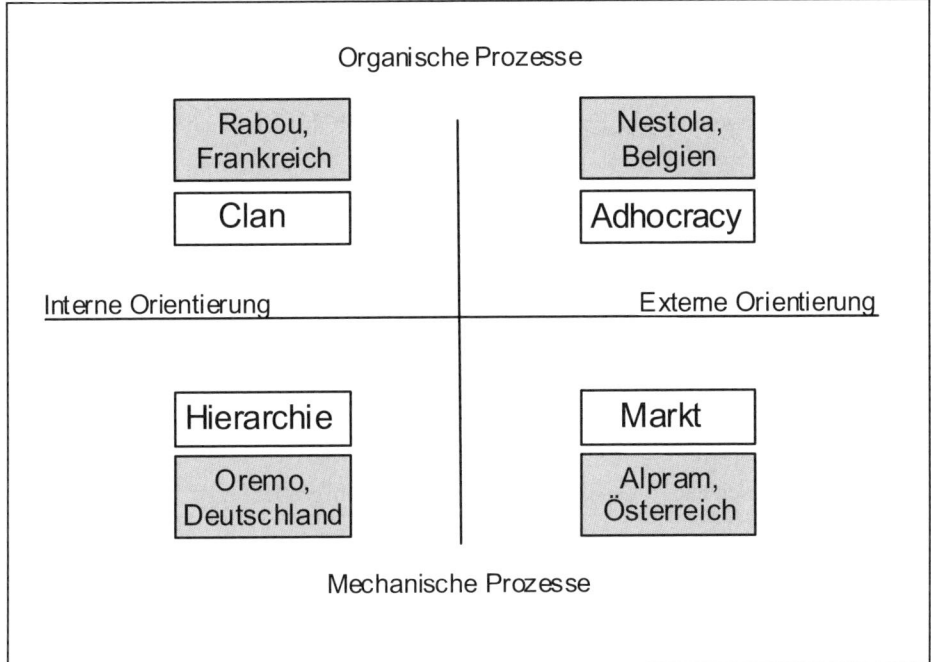

Begründung für die vorgenommene Einordnung:

	… gekennzeichnet durch:	
Clan-Kultur …	Interne Orientierung: Reibungslose Abläufe, Integration	Organische Prozesse: Flexibilität, Individualität, Spontaneität
Adhocracy-Kultur …	Externe Orientierung: Differenzierung, Wettbewerb	Organische Prozesse: Flexibilität, Individualität, Spontaneität
Markt-Kultur …	Externe Orientierung: Differenzierung, Wettbewerb	Mechanische Prozesse: Kontrolle, Ordnung, Stabilität
Hierarchie-Kultur …	Interne Orientierung: Reibungslose Abläufe, Integration	Mechanische Prozesse: Kontrolle, Ordnung, Stabilität

Lösungshinweise zur Aufgabe 25-2:
KUNDENORIENTIERUNG DER UNTERNEHMENSKULTUR – EBENEN DER UNTERNEHMENS-
KULTUR (MM: Abschnitt 25.1)

Werte: Das ist die grundlegendste Ebene. Es geht um grundsätzliche Zielsetzungen auf relativ hohem Abstraktionsniveau.

Vision/Leitsatz: Wir möchten die Besten in unserer Branche sein und den Kunden qualitativ hochwertige Schuhmode bieten, die ihren Bedürfnissen genügen und ihnen gefallen.

- Offenheit der internen Kommunikation:

  - Offenheit nimmt in der Kommunikation innerhalb des Unternehmens einen zentralen Stellenwert ein.

  - In unserem Unternehmen wird auf die Weitergabe von Informationen besonders viel Wert gelegt.

  - Wir streben an, proaktiv Informationen an Kollegen und Mitarbeiter weiterzugeben.

- Qualität und Kompetenz:

  - In unserem Unternehmen legt man sehr großen Wert auf fehlerfreies Arbeiten.

  - Fachliche Kompetenz steht in unserem Unternehmen an höchster Stelle.

  - Die Vorgesetzten in unserem Unternehmen legen großen Wert auf hochwertige Arbeitsergebnisse.

- Abteilungsübergreifende Zusammenarbeit:

  - Die Zusammenarbeit zwischen den einzelnen Abteilungen wird besonders betont.

  - In unserem Unternehmen legt man sehr viel Wert auf Teamarbeit.

- Wertschätzung der Mitarbeiter:

  - In unserem Unternehmen wird auf ein „Wir"-Gefühl unter den Mitarbeitern besonders großen Wert gelegt.

  - In unserem Unternehmen strebt man nach einer hohen Mitarbeiterzufriedenheit.

Normen: Hierbei handelt es sich um explizite oder implizite Regeln über erwünschte oder unerwünschte Verhaltensweisen. Dabei findet sich ein höherer Grad der Konkretisierung als bei den Werten.

- Offenheit der internen Kommunikation:
  - In unserem Unternehmen wird erwartet, dass regelmäßig abteilungsübergreifende Besprechungen stattfinden.
  - In unserem Unternehmen wird die Sicherung von Wissen bezüglich der Marktbearbeitung kontrolliert.

- Qualität und Kompetenz:
  - Man erwartet von den Mitarbeitern im Kundenkontakt ein hohes Maß an fachlicher und sozialer Kompetenz.
  - In unserem Unternehmen erwartet man, dass die Qualität aus der Sicht des Kunden beurteilt wird (z.B. durch Kundenzufriedenheitsmessungen).

- Abteilungsübergreifende Zusammenarbeit:
  - In unserem Unternehmen wird kontrolliert, ob zwischen verschiedenen Abteilungen ein einheitlicher Informationsstand bezüglich der Marktbearbeitung vorliegt.
  - In unserem Unternehmen wird erwartet, dass die Aktivitäten der Marktbearbeitung über verschiedene Abteilungen hinweg koordiniert werden.

- Wertschätzung der Mitarbeiter:
  - Die Individualität jedes einzelnen Mitarbeiters wird als Wettbewerbsvorteil angesehen.

Artefakte: Im Gegensatz zu den Werten und Normen sind diese direkt wahrnehmbar.

- Erzählungen:
  - Im Unternehmen kursiert das Gerücht, dass Herr Schnellfuß (der Geschäftsführer) grundsätzlich zu spät zu Terminen mit Kunden (Schuhhändlern) kommt.

- Sprache:
  - Ein Call-Center-Mitarbeiter sagte nach einem langen Gespräch mit einem Kunden, der sich über die Qualität der Schuhsohlen beschwert hat, zu seinem Kollegen: „Mann o Mann, die regen einen aber richtig auf – soll er doch zum Schuster gehen und sich neue Sohlen draufkleben lassen."
  - Bei einer Besprechung der Marketingabteilung sagt der Vertriebsleiter (Herr Frech) zu einem seiner Mitarbeiter, der gerade über den Internetvertrieb der Wettbewerber berichten will: „Wir machen den Quatsch sowieso nicht mit – was die Wettbewerber machen, hat uns noch nie interessiert."

- Rituale:
  - Zweimal wöchentlich zwischen 14:00 und 14:30 Uhr treffen sich die Mitarbeiter des Call-Centers und der F&E-Abteilung zu einem informellen Informationsaus-

tausch. In dieser Zeit werden die Kundenanfragen von einem automatischen Anrufbeantworter entgegengenommen.

- Die Kunden (Schuhgeschäfte) werden zu jeder Saison mit Infopost versorgt.

- Der Mitarbeiter des Monats wird regelmäßig ausgezeichnet. Wer zwei Mal pro Jahr als Mitarbeiter des Monats ausgezeichnet wird, bekommt 20% des Gehalts an Prämienauszahlung.

- Arrangements:

  - Im Call-Center werden die Informationen in ein Beschwerdemanagement-System eingegeben. Die entsprechenden Programme sind auf den PCs der anderen Abteilungen nicht installiert. Die Informationen/Beschwerden werden also über Papier weitergegeben.

  - In jeder Abteilung gibt es Diskussionstische, an denen sich die Mitarbeiter zum Kaffee und informellen Informationsaustausch treffen.

  - Der Kundenparkplatz ist 500 m vom Hauptsitz des Unternehmens entfernt.

Verhaltensweisen:

- Herr Frech und die Leiterin des Call-Centers (Frau Motz) haben seit einiger Zeit ein persönliches Problem miteinander. Frau Motz weist ihre Mitarbeiter an, nicht mehr Informationen als nötig an Herrn Frech und seine Mitarbeiter weiterzuleiten.

- In der F&E-Abteilung wird jeder Schuh mit 20 Testpersonen auf Passgenauigkeit (Spreiz-/Senk-/Knickfuß) und Bequemlichkeit getestet, bevor er zur Serienproduktion freigegeben wird.

- Eine Mitarbeiterin in der Telefonzentrale spricht sehr „breiten" Dialekt.

Lösungshinweise zur Aufgabe 25-3:
KUNDENORIENTIERUNG DER FÜHRUNGSSYSTEME – KUNDENORIENTIERUNG DES ORGANISATIONSSYSTEMS (MM: Abschnitt 25.2)

Mögliche Ansatzpunkte:

- Marketing und Vertrieb auf einer höheren hierarchischen Ebene anordnen; etwa direkt unter der Geschäftsleitung.

- Koordinatoren einsetzen, die die Markt- und Kundenaktivitäten für die beiden Aufgabengebiete (über die Unterkategorien hinweg) steuern.

- Am besten ist der Einsatz von fünf Kundenbetreuungsteams, die sich ausschließlich mit ihrem Kunden (Handelsunternehmen) beschäftigen und als zentrale Anlaufstelle für diesen dienen (Key Account Management).

- Einführung eines Trade Marketing, das sich um Marketingaktivitäten gegenüber dem Handel kümmert.

- Einführung von Produktmanagern bzw. Category Managern, die sich um die Koordination der Marketingaktivitäten innerhalb eines Arbeitsgebietes kümmern.

Beispielhafte Organisationsstruktur, die einige der oben genannten Punkte beinhaltet:

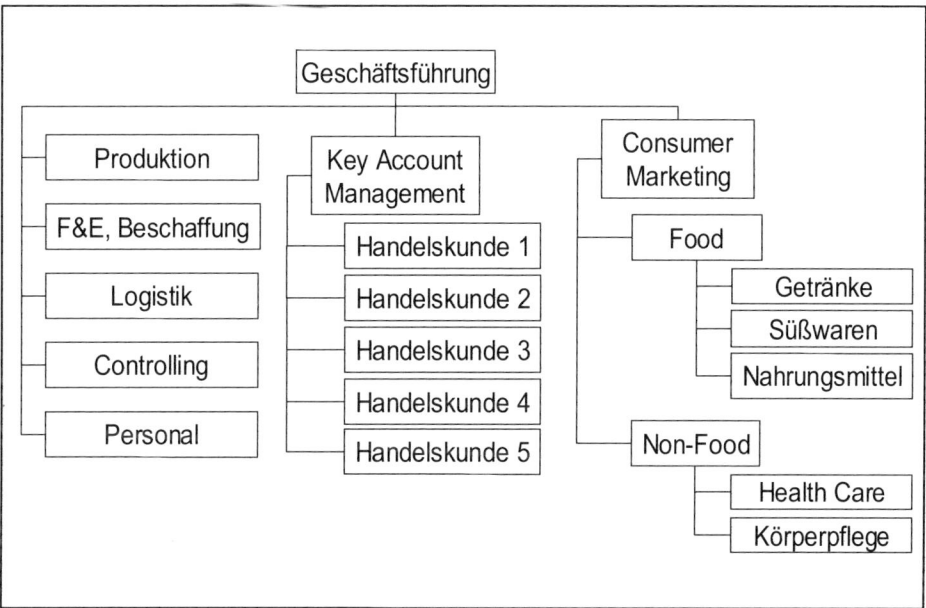

26. Marktorientierung in verschiedenen Unternehmensbereichen

26.1   **Aufgaben**...**318**

Aufgabe 26-1:   Marktorientierung in Forschung und Entwicklung –
Interne und externe Kundenorientierung von F&E..............318

Aufgabe 26-2:   Marktorientierung in Forschung und Entwicklung –
Spannungsfelder zwischen F&E und Marketing/Vertrieb ...318

Aufgabe 26-3:   Marktorientierung im Personalbereich –
Interne und externe Kundenorientierung im Personal-
bereich 319

26.2   **Lösungshinweise**...**320**

Lösungshinweise zur Aufgabe 26-1 320

Lösungshinweise zur Aufgabe 26-2 321

Lösungshinweise zur Aufgabe 26-3 322

26.1 Aufgaben

Aufgabe 26-1:
MARKTORIENTIERUNG IN FORSCHUNG UND ENTWICKLUNG – INTERNE UND EXTERNE KUNDENORIENTIERUNG VON F&E

Der Bohrmaschinenhersteller „Power-Drill" ist neuerdings Marktführer in seinem Bereich. Nun möchte „Power-Drill" den Tätigkeitsbereich F&E erweitern, um die Entwicklung voranzutreiben und sich somit die Nachhaltigkeit der Marktführerschaft zu sichern. In der Vergangenheit orientierte sich die F&E-Tätigkeit ausschließlich an den Kundenbedürfnissen.

a) Differenzieren Sie zwischen interner und externer Kundenorientierung und nennen Sie jeweils zwei Beispiele in Bezug auf „Power-Drill".

b) Was wird in diesem Zusammenhang unter dem Begriff „Overengineering" verstanden?

Aufgabe 26-2:
MARKTORIENTIERUNG IN FORSCHUNG UND ENTWICKLUNG – SPANNUNGSFELDER ZWISCHEN F&E UND MARKETING/VERTRIEB

Ein Pharmaunternehmen möchte sein Medikament „Smart-Insulin" revolutionieren. Durch eine Innovation soll insbesondere die Lebensqualität von zuckerkranken Kindern gesteigert werden. Dies soll durch eine neuartige Darreichungsform erreicht werden.

Nach Jahren der Forschung bringt das Unternehmen „Insulin-Breath" auf den Markt. Diese ermöglicht die Aufnahme von Insulin durch Inhalation. Das von den Patienten benötigte Hormon wird vor jeder Einnahme in Pulverform in einen vasenförmigen Kunststoffbehälter gegeben. Durch diesen kann das Insulin über die Atemwege aufgenommen werden. Das Pharmaunternehmen erhofft sich dadurch einen Jahresumsatz von mindestens 2 Mrd. EUR, schließlich sollen sich die Investitionen in Forschung und Entwicklung möglichst schnell amortisieren.

„Insulin-Breath" kostet doppelt so viel wie „Smart-Insulin". Für die Krankenkassen steht der Zusatznutzen für die Patienten in keiner Relation zu den damit verbundenen Zusatzkosten. Daher stufen sie das Produkt als „unwirtschaftlich" ein und schließen es von der Erstattung aus. Folglich müssen Patienten, die sich für „Insulin-Breath" entscheiden, für die Kosten selbst aufkommen.

Darüber hinaus besteht der begründete Verdacht, dass das Produkt durch die erhöhte Konzentration des Insulins krebsfördernd ist und damit mit der Inhalation des Insulins einschlägige gesundheitsgefährdende Nebenwirkungen einhergehen.

Schließlich ist der vasenförmige Kunststoffbehälter relativ groß und sperrig und erfordert vor jeder Einnahme eine erneute Befüllung. So nimmt das Produkt „Insulin-Breath" viel Raum in Anspruch und macht die Insulinverabreichung zu einer „öffentlichen Angelegenheit".

Bereits nach kurzer Zeit muss das Medikament wegen mangelnder Akzeptanz bei den Kunden (Krankenkassen, Ärzte, Patienten) wieder vom Markt genommen werden. Den Verantwortlichen wird nun von den Abteilungen Marketing und Vertrieb Ignoranz der Tatsachen vorgeworfen. Schließlich warnte man schon vorab vor diesen Risiken.

Warum könnten Spannungen zwischen den Abteilungen Forschung und Entwicklung und Marketing und Vertrieb entstanden sein? Zeigen Sie dies anhand von zwei möglichen Spannungsfeldern auf.

Aufgabe 26-3:
MARKTORIENTIERUNG IM PERSONALBEREICH – INTERNE UND EXTERNE KUNDENORIENTIERUNG IM PERSONALBEREICH

Als Praktikant bei dem Reiseveranstalter „Up'n away" haben Sie insbesondere Gefallen am Personalbereich gefunden. Ihr Engagement und Interesse bleiben nicht unbemerkt. Der Geschäftsführer möchte Sie daher im Bereich der Personalgewinnung einbinden.

Für das kommende Jahr soll ein Reiseverkehrskaufmann eingestellt werden. Dazu sollen Sie den Prozess von der Stellenausschreibung bis hin zum Bewerbungsgespräch maßgeblich mitgestalten. Dabei steht die Kundenorientierung im Mittelpunkt jeglicher Aktivität.

Zeigen Sie Maßnahmen auf, die in diesem Zusammenhang von Bedeutung sind und differenzieren Sie zwischen interner und externer Kundenorientierung.

26.2 Lösungshinweise

Lösungshinweise zur Aufgabe 26-1:
MARKTORIENTIERUNG IN FORSCHUNG UND ENTWICKLUNG – INTERNE UND EXTERNE
KUNDENORIENTIERUNG VON F&E (MM: Abschnitt 26.2)

---

a) Jeder Funktionsbereich kann auf zwei Arten zu den marktorientierten Aktivitäten des Unternehmens beitragen:

- Zum einen erbringt ein Funktionsbereich direkt Aktivitäten für die Kunden. Kundenkontakte sind nicht auf Marketing und Vertrieb beschränkt. Insbesondere im Business-to-Business-Marketing sprechen häufig Spezialisten auf der Anbieterseite direkt mit den Spezialisten auf der Kundenseite.

- Zum anderen erbringt ein Funktionsbereich indirekt Aktivitäten für die Kunden, indem er die Funktionsbereiche unterstützt, die direkten Kundenkontakt haben.

Es ist daher für die Umsetzung der Marktorientierung im Unternehmen zweckmäßig, den Begriff der Kundenorientierung zu differenzieren – in eine Orientierung am externen Kunden und eine Orientierung an Marketing und Vertrieb als internen Kunden.

Beispiele für externe Kundenorientierung in F&E:

- Einbezug von Kunden in die Ideengewinnung, vor allem von sog. Lead Usern, die bereits Erfahrungen mit allgemeinen, zukünftigen Trends im Markt gemacht haben und von den verbesserten Produkten profitieren würden. Dies kann beispielsweise durch Befragung oder Workshops mit den Lead Usern umgesetzt werden.

- F&E entwickelt das Produktdesign, so dass dem Kunden eine große Bandbreite an Varianten geboten werden kann. Dabei bleibt der Kern des Produktes einheitlich. Eine kostengünstige Individualisierung differenziert im weiteren Verlauf beispielsweise zwischen den Bedürfnissen von Hobbyhandwerkern und professionellen Handwerkern.

Beispiele für interne Kundenorientierung in F&E:

- Optimierung der internen Austauschbeziehungen, in dem F&E den regelmäßigen Kontakt zu Marketing und Vertrieb pflegt. Dies verbessert den Wissensstand von F&E über die Prozesse und Aufgaben in Marketing und Vertrieb und sensibilisiert für die Herausforderungen und Probleme in der Marktbearbeitung. Beispielsweise wird eine geplante Qualitätsverbesserung der Produkte von den Kunden nur in geringem Maße wahrgenommen, womit Kostennachteile entstehen würden.

- So kann der Vertrieb eine Bohrmaschine nur dann pünktlich ausliefern, wenn er das Produkt rechtzeitig von der Logistik erhält, und kann nur dann sein Nutzenversprechen gegenüber dem Kunden einhalten, wenn die Produktion die Qualitätsanforderungen erfüllt.

b) Von **„Overengineering"** wird im Allgemeinen gesprochen, wenn die Produkteigenschaften über die Bedürfnisse und Zahlungsbereitschaften der Kunden hinaus entwickelt werden.

Lösungshinweise zur Aufgabe 26-2:
MARKTORIENTIERUNG IN FORSCHUNG UND ENTWICKLUNG – SPANNUNGSFELDER ZWISCHEN F&E UND MARKETING/VERTRIEB (MM: Abschnitt 26.2)

Mögliche Spannungsfelder:

- Qualitätsniveau:

  - Forschung und Entwicklung: Eine neue Lebensqualität für Kinder soll erreicht werden; insbesondere Spritzen sollen der Vergangenheit angehören.

  - Marketing und Vertrieb: Die Kostennachteile überwiegen mögliche Steigerungen der Lebensqualität. Die hohen Kosten der Forschung und Entwicklung müssen zunächst wieder erwirtschaftet werden, was in der Umsetzung schwierig wird, wenn sich die Krankenkassen gegen die Erstattung von „Insulin-Breath" aussprechen.

- Produkteigenschaften:

  - Forschung und Entwicklung: Mit dieser Innovation im Hinblick auf die Darreichungsform kann die Marktführung erlangt werden; neue zukunftsweisende Wege werden beschritten.

  - Marketing und Vertrieb: Durch die erschwerte Handhabung (vasenförmiger Behälter, Befüllung mit Pulver vor jeder Einnahme) wird die Steigerungen der Lebensqualität (durch den Verzicht von Spritzen) erheblich beeinträchtigt. Außerdem ist es insbesondere Kindern kaum möglich, sich das Insulin unterwegs zu verabreichen. Neben dem Transport wird die Krankheit durch das Inhaliergerät öffentlich und damit die Intimsphäre des Betroffenen unter Umständen verletzt. Die Kosten stehen daher in keiner Relation zum Nutzen.

Lösungshinweise zur Aufgabe 26-3:
MARKTORIENTIERUNG IM PERSONALBEREICH – INTERNE UND EXTERNE KUNDENORIENTIERUNG IM PERSONALBEREICH (MM: Abschnitt 26.6)

Mögliche Maßnahmen:

- Der Personalbereich entwickelt auf Basis der durch Marketing und Vertrieb gestellten Anforderungen geeignete Stellenprofile und -ausschreibungen (→ interne Kundenorientierung).

- Bei der Auswahl der Bewerbungsschreiben und in den Vorstellungsgesprächen partizipiert neben dem Personalchef eine Führungskraft des entsprechenden Funktionsbereichs (spezialisierter Ansprechpartner) an der Entscheidung (→ interne Kundenorientierung).

- Durch geeignete Maßnahmen (z.B. Assessment-Center, Rollenspiele) wird bei der Auswahl neuer Mitarbeiter überprüft, ob diese über eine kundenorientierte Einstellung verfügen (→ externe Kundenorientierung).

- Es erfolgt die Entwicklung eines intelligenten Entlohnungs- und Anreizsystems für den neuen Mitarbeiter (→ interne Kundenorientierung).

27. Gestaltung von Veränderungsprozessen zur Steigerung der Marktorientierung

27.1   Aufgaben..**324**

Aufgabe 27-1: Instrumente des Change Managements 324

Aufgabe 27-2: Phasenmodell des Change Managements auf
organisationaler Ebene..324

Aufgabe 27-3: Phasenmodell des Change Managements auf
individueller Ebene...324

27.2   Lösungshinweise...**325**

Lösungshinweise zur Aufgabe 27-1 325

Lösungshinweise zur Aufgabe 27-2 326

Lösungshinweise zur Aufgabe 27-3 326

27.1 Aufgaben

Aufgabe 27-1:
INSTRUMENTE DES CHANGE MANAGEMENTS

Ein mittelständisches Kreditinstitut möchte sich im inzwischen herrschenden Verdrängungswettbewerb behaupten. Das Ziel besteht darin, binnen drei Jahren Marktführer in der Region zu sein. Der Vorstand ist der Ansicht, dass dies durch eine Steigerung der Marktorientierung innerhalb der gesamten Unternehmung zu schaffen sei.

Veranschaulichen Sie mit welchen Instrumenten dieser Veränderungsprozess umgesetzt werden kann.

Aufgabe 27-2:
PHASENMODELL DES CHANGE MANAGEMENTS AUF ORGANISATIONALER EBENE

Das Unternehmen „Strohtrocken" ist für die Buchhaltung anderer Firmen zuständig. Um sich an die Entwicklung anzupassen, soll nun eine neue Software die einzelnen Arbeitsschritte erleichtern und optimieren. Die Mitarbeiter verstehen nicht, weshalb das Veränderungsvorhaben vonnöten ist.

Von grundlegender Bedeutung für das Verständnis von Veränderungsprozessen sind Phasenmodelle. Nennen Sie die einzelnen Phasen des Phasenmodells „Veränderungsprozess auf organisationaler Ebene" (in Anlehnung an Lewin 1963) und erklären Sie diese kurz.

Aufgabe 27-3:
PHASENMODELL DES CHANGE MANAGEMENTS AUF INDIVIDUELLER EBENE

Grenzen Sie die Phasen auf individueller Ebene voneinander ab.

27.2 Lösungshinweise

> **Lösungshinweise zur Aufgabe 27-1:**
> INSTRUMENTE DES CHANGE MANAGEMENTS
> (MM: Kapitel 27)

Mögliche Instrumente:

- Zunächst wäre eine Kunden- und Mitarbeiterbefragung sinnvoll, um Stärken und Schwächen aufzeigen zu können. Diese können sodann dem weiteren Prozess als Ansatzpunkte für Verbesserungen dienen und somit geeignete Maßnahmen erarbeitet werden. Zudem wird sowohl dem Kunde als auch dem Mitarbeiter bereits durch die Befragung das Gefühl gegeben, dass seine Meinung und seine Bedürfnisse dem Institut von Bedeutung sind.

- Im nächsten Schritt kann durch gemeinsame Veranstaltungen und Workshops das Instrument Team Building zum Einsatz gebracht werden. Das Ziel hierbei ist, die Kommunikation und Motivation abteilungsübergreifender Teams zu verbessern. So können beispielsweise Verbesserungsvorschläge von den einzelnen Mitarbeitern vorgebracht und zeitnah in Teams deren Möglichkeiten zur Umsetzung herausgearbeitet werden (z.B. Modifizierung interner Auszubildendenplan).

- Durch die Bildung von Teams mit Entscheidungsautonomie wird sichergestellt, dass die erarbeiteten Lösungen nachhaltig innerhalb des Instituts umgesetzt werden (z.B. Auszubildende-Beauftragte).

- Seminare und Schulungen stellen ein weiteres Instrument des Change Managements dar. Mitarbeiter werden über Neuerungen informiert und können sich untereinander austauschen. Somit wird die Qualifikation der Mitarbeiter umgesetzt und sichergestellt.

- Zudem können Coaches individuell auf die einzelnen Bedürfnisse und Probleme der Mitarbeiter und Führungskräfte eingehen. Fehlen beispielsweise einem Mitarbeiter die für seine Tätigkeit notwendigen Kenntnisse im Bereich Steuern, so kann gezielt auf die jeweilige Problematik in einem persönlichen Coaching eingegangen werden.

- Durch Intranetforen haben die Mitarbeiter die Möglichkeit, neue Verbesserungsvorschläge zeitnah einzustellen und darüber zu diskutieren. Der Veränderungsprozess kann so beschleunigt werden.

- Verbesserungsvorschläge können aber auch durch eine Mitarbeiterzeitschrift verbreitet werden. Diese kann neben den Fakten auch durchaus persönliche Erfahrungsberichte, unterhaltende und amüsante Erlebnisse mit Kunden oder Kollegen enthalten, um eine angenehme Atmosphäre innerhalb des Betriebs zu schaffen.

Lösungshinweise zur Aufgabe 27-2:
PHASENMODELL DES CHANGE MANAGEMENTS AUF ORGANISATIONALER EBENE
(MM: Kapitel 27)

Phasen des Phasenmodells:

- Unfreeze: In einer ersten Phase geht es darum, die Veränderung der Organisation durch Überwinden der „Restraining Forces" zu initiieren und damit den stabilen Zustand der Organisation „aufzubrechen" („Unfreeze"). Eine zentrale Herausforderung besteht in dieser Phase darin, die Mitarbeiter von der Notwendigkeit der Veränderung (z.B. hin zu mehr Marktorientierung) und den hieraus resultierenden Vorteilen zu überzeugen.

- Change: In einer zweiten Phase findet dann die Veränderung der Organisation statt („Change"). Hier werden die Strukturen, Systeme und Prozesse der Organisation neu gestaltet. In dieser Übergangsphase fällt die Leistungsfähigkeit der Organisation gegenüber dem Ausgangsniveau vor der Veränderung in der Regel zunächst einmal deutlich ab. Folglich liegt eine wichtige Herausforderung für das Management in dieser Phase darin, einer möglichen Verunsicherung der Mitarbeiter entgegenzuwirken und die Organisation auf dem angestrebten „Veränderungskurs zu halten".

- Refreeze: In einer dritten Phase sind die angestrebten Veränderungen realisiert worden. Die Organisation weist erneut einen stabilen Zustand auf, in dem die neuen Strukturen, Systeme und Prozesse etabliert sind („Refreeze"). Diese Phase ist idealerweise dadurch gekennzeichnet, dass die Leistungsfähigkeit der Organisation auf einem Niveau stabilisiert werden konnte, das über dem Ausgangsniveau vor der Veränderung liegt. Eine zentrale Herausforderung besteht hier darin, zu verhindern, dass die Mitarbeiter in alte Denk- und Verhaltensweisen zurückfallen.

Lösungshinweise zur Aufgabe 27-3:
PHASENMODELL DES CHANGE MANAGEMENTS AUF INDIVIDUELLER EBENE
(MM: Kapitel 27)

Phasen auf individueller Ebene:

- 1. Schock: Die bisherigen Sichtweisen stehen in krassem Widerspruch zur kommunizierten Veränderungsnotwendigkeit. Beispielsweise wird im Rahmen einer Kundenzufriedenheitsmessung eine sehr niedrige Kundenzufriedenheit festgestellt, obwohl man bisher das Unternehmen und die eigenen Handlungsweisen als sehr kundenorientiert angesehen und daher eine hohe Kundenzufriedenheit erwartet hatte.

- 2. Verneinung: Der postulierte Veränderungsbedarf wird abgelehnt. Beispielsweise könnte die Forderung zur Steigerung der Kundenzufriedenheit abgelehnt werden unter Hinweis auf mögliche methodische Fehler in der Kundenzufriedenheitsstudie.

- 3. Einsicht: Die ablehnende Haltung zur Veränderung wird aufgeweicht und die Einsicht in die Notwendigkeit zur Veränderung steigt. Beispielsweise könnte der Mitarbeiter sich nun eingestehen, dass tatsächlich Probleme im Hinblick auf die Zufriedenheit der Kunden vorliegen.

- 4. Akzeptanz: Der Mitarbeiter akzeptiert die Notwendigkeit zur Veränderung der Organisation und ist bereit, alte Denk- und Verhaltensweisen aufzugeben. Beispielsweise könnte der Mitarbeiter nun akzeptieren, dass sein bisheriges Verhalten im Rahmen der Interaktion mit Kunden zu wenig kundenorientiert war.

- 5. Ausprobieren: Der Mitarbeiter probiert neue Denk- und Verhaltensweisen und beurteilt deren Wirkung. Beispielsweise könnte der Mitarbeiter ausprobieren, wie Kunden auf sein geändertes Interaktionsverhalten reagieren.

- 6. Erkenntnis: Die alten Denk- und Verhaltensweisen werden als nicht mehr zeitgemäß erkannt. Beispielsweise realisiert der Mitarbeiter, dass sein geändertes Interaktionsverhalten zu einer höheren Kundenzufriedenheit führt.

- 7. Integration: Die neuen Denk- und Verhaltensweisen werden in die täglichen Arbeitsabläufe integriert. Beispielsweise gewöhnt sich ein Mitarbeiter die neuen Verhaltensweisen im Kundenkontakt dauerhaft an.

Stichwortverzeichnis

Ablauforganisation 226, 229 f.

Absatzhelfer 191

Absatzmittler 108, 191 f.

Aktivierung 17

Amoroso-Robinson-Relation 160

Analyse: Means-End- 10, 17

Anbieter 3

Arithmetisches Mittel 59, 75 f.

Artefakte 307, 313

ASSESSOR 127 ff., 137, 140; Präferenzmodell 128 ff., 139 f.; Trial-
   Repeat/Modell 128, 138, 140, 142

Attraktionsmodell 207

Aufbauorganisation 226, 230

Ausstattungspolitik 231

Balanced Scorecard 294, 298

Bass-Modell 132, 144 f.

Bedürfnis 4, 10 f., 17;

Beschwerdemanagement 71, 212, 217,
   307, 314

Bestimmtheitsmaß 61, 79 f., 90

Bivariate Regressionsanalyse 60 f., 76,
   79

Bivariate Verfahren 59 ff.

Breite des Vertriebsweges 191 f.

Business-to-Business-Marketing 242
   ff.: Besonderheiten des 242; Geschäftstypen des 243

Buying Center 26, 29

Call Center 189, 212

Carry-Over-Effekt 163

Change Management 324 ff.

Clusteranalyse 68, 82, 84

Complete-Linkage-Verfahren 68, 84

Conjoint-Analyse 126, 135 f.

Controlling 186, 310, 315

Coupons 127

Cournot-Preis 164, 206

Cross-Selling 212 ff.

Customer Lifetime Value 283, 290

Data Warehouse 275, 277

Deckungsbeitrag 33, 36, 276, 283, 289

Dienstleistung 225

Dienstleistungsqualität 266 ff.: Analyse der 225 ff.; Messung der 224 ff.

Differenzierungsstrategie 267

Diffusion 132; Bass-Modell 132, 144
   ff.

Direktmarketing 180

Dorfman-Steiner-Theorem 203, 208

Economies of Scale 108, 267

Einzelhandel 32, 192

Elastizität: -sinteraktion 202, 204 ff.;
   Preis- 152f., 159 ff.; Werbe- 171,
   176, 208

Emotion 17,

Entscheidungsregeln bei Ungewissheit
   32, 35

Entscheidungsfelder des Beschwerdemanagements 212

Entscheidungsmatrix 33, 35, 122

Entscheidungsregeln 32, 35, 116 f.

Entscheidungsregeln bei Ungewissheit
   32, 35

Entscheidungstheorie 32 ff.

Erfahrungskurvengesetz 96, 99

Erfahrungskurvenmodell 95, 99

Erfolgsfaktorenforschung 94 f., 99 f.

Erzählungen 313

Event 313

Exploratorische Faktorenanalyse 83

Faktorenanalyse 83: exploratorische
   83

Fishbone-Analyse 225 f.

Fluktuationsmatrix 20

Fragebogen 53, 55, 60, 71 f.
Fragezeichenkunden 287
Führungstechnik 296 f., 302
Fünf-Kräfte-Modell 104 f., 108

Gegenhypothese 80 f.
Gravitationsmodell (von Huff) 236
Grenzkosten 206
Gutenberg-Modell 153, 162

Handelsmarketing 233 ff.: instrumen-
    telle Besonderheiten des 235 f.
Handelsspanne 235, 237
Handelsunternehmen 282, 310, 315
Häufigkeiten 59, 74 f.
Häufigkeitsverteilung 54, 59, 74
Hurwicz-Regel 33, 35, 122

Indirekter Vertrieb 185, 190 ff.
Industrieökonomie 40, 43
Informationsbedarf 29
Informationssystem: Marketing- und
    Vertriebs- 273 ff.
Informationsverarbeitung 13
Innovationsmanagement 126 ff.
Interaktionseffekt 202 ff.
Interdependenzanalyse 82
Intermedienverteilung 172, 178
Internationales Marketing 252 ff.
Investitionsrechnung 129 ff.
Involvement 12, 18, 180

Kalkulationszinssatz 143
Korrelationskoeffizient 61, 76, 89, 95,
    99
Kapitalwert 131 f., 142 ff.
Kausalanalyse 71 f.
Key Accounts 185, 193
Kommunikationsbudget 170 ff.: Bud-
    getallokation im 170 ff.
Kommunikationspolitik 6, 44, 170 ff.
Konditionierung 19
Konsument 10 ff.

Koordination 267: Ablauforganisation
    226, 229 f.; Aufbauorganisation
    226, 230
Korrelationsanalyse 60, 76
Korrelationsmatrix 69
Kosten: Einzel- 248; Gemein- 248;
    Grenz- 206; Lagerhaltungs- 187 f.,
    194 ff.; variable 143, 155, 171, 214
    ff., 282, 289
Kostenführerschaftsstrategie - [Kosten-
    führerschaft 267]
Kunde 3
Kundenbeschwerde 225
Kundenbeziehungsmanagement   212
    ff., 274
Kundenbindung 61, 108, 276
Kundenkontakt 278, 305, 308, 313
Kundenorientierung:
    der Unternehmenskultur 304 ff.;
    des Organisationssystems 309 ff.
Kundenrückgewinnung 215 ff.

Lagerbestand 33, 186 f.
Lagerhaltungspolitik 186 ff.
Laplace-Regel 33, 36, 116, , 122
Lebensstil 17, 274, 276
Lebenszyklusmodell 96, 100, 118
Lernrate 96, 99
Lerntheoretische Ansätze 13
Lineare Optimierung 33 ff.
Losgrößenmodell 196

Management-by-Delegation 296, 302
Management-by-Information 297, 302
Management-by-Motivation 296, 302
Management-by-Objectives 296, 302
Marke: internationale Standardisierung
    270
Markentreue 16, 23
Marketing 2 ff.: Handels- 234 ff.; Zum
    Verständnis des Begriffs 2 ff.
Marketing- und Vertriebscontrolling
    280 ff.
Marketing- und Vertriebsinformations-
    system 277: Komponenten 277

Marketingmix 2 ff., 201 ff., 211 ff., 223, 231, 241: Besonderheiten von Dienstleistungen 226; Erweiterung für Dienstleistungen 226; Optimierung des 203

Marketingstrategie 3 ff., 113 ff.; internationale 252 ff.

Markov-Modell 14 ff.

Markt 2 ff.

Marktabgrenzung 2

Marktanalyse 41, 103 ff.

Marktanteil 14 f., 20 ff., 50, 54, 65, 82, 94 f., 98, 104, 113 ff.

Marktattraktivitäts/Wettbewerbs-positions-Portfolio 114

Markteinführung 65, 95, 128, 132, 141, 146, 255

Markteinführungsstrategie 128

Marktforschung 50 ff.

Marktorientierung 5; im Personalbereich 319; in Forschung und Entwicklung 318

Marktsegmentierung 68, 89, 135

Marktwachstums/Marktanteils-Portfolio 114

Maximax-Regel 33, 35

Maximin-Regel 33, 35

Means-End-Analyse 10, 17

Median 59, 75 f.

Mediaplanung 171 ff.

Messen 179, 266

Messung 50, 54, 59, 181, 223 ff.

Mitarbeiterführung 226, 230

Mittelwerttest 62

Modell: ASSESSOR- 127 ff., 137, 140; Gravitations-(von Huff) 236; Gutenberg- 153, 162; Losgrößen- 196; Markov- 14ff.; Präferenz- 128 ff., 139f.; Trial-Repeat 128, 138, 140, 142

Modus 59, 75

Monopol 44

Motivation 17: der Mitarbeiter 231, 296

Nachfrager 3 ff., 20, 184, 190 f., 213

Nash-Gleichgewicht 42, 47

Netzplantechnik 133, 147 f.

Normen 253, 257, 307, 312, 313

Nullhypothese 80 f.

Oligopol 44

Optimalitätsinteraktion 202, 206

Optimierungsverfahren 33 ff.

Organisationale Kaufverhalten 26

Organisationale Kunden 28

Overengineering 318, 321

Parameter von Häufigkeitsverteilungen 59 ff.

Personalbereich: Kundenorientierung 319 ff.; Marktorientierung 319 ff.

Personalbeurteilung 294, 298

Personalführung 296, 302

Personalpolitik 231

Personalwesen 294 f, 298 ff.

Persönlicher Verkauf 186, 193; Verkaufstechniken 7, 64

PIMS-Projekt 94, 98, 118

Poka-Yoke-Verfahren 230

Polypol 44

Portfolio 113 ff.; Portfolio-Analyse 280, 285

Präferenzmodell 128 ff., 139 f.

Preis; Cournot- 164, 206; Referenz- 167

Preis-Absatz-Funktion 152 ff.; dynamische 154; lineare 152, 158; multiplikative 153

Preisänderung 6, 154

Preisbereitschaft 64, 68, 82, 86, 89, 156, 261

Preisbestimmung 6, 155 ff.: Preisbündelung 156

Preisdifferenzierung 6, 155, 164 f., 261

Preisdurchsetzung 6, 185

Preiselastizität 152 f., 159 ff.

Preispolitik 6, 40, 135, 151 ff.

Produktionskosten 234

Produktpolitik 5, 125 ff.

Profilmethode 235 ff.
Prozesskostenrechnung 283, 288
Prozesspolitik 227, 231 f.

Qualität;
    Dienstleistungs- 224 ff.
Qualitätsmanagement 230, 281
Quantil 81
Reaktionsfunktion 202 ff.
Referenzpreis 167
Regressionsanalyse 60 ff., 69 f., 76,
    78f., 82, 89, 96, 132
Regressionsmodell 70, 89 f., 94, 98
Reliabilität 50, 54
Rituale 313
ROI 94 f., 98 f.

Savage-Niehans-Regel 33, 36
Schnittstellenmanagement 230, 267,
    271
Scoringmodelle 129, 141
SERVQUAL-Ansatz 224, 228
Signifikanztest 63, 81
Signifikanzniveau 63, 73, 80, 90
Sonderpreisaktion 6, 156 f., 166 f.
Spezialisierung 264 ff.: innerhalb von
    Marketing und Vertrieb 264; pro-
    duktorientierte 269; regionenorien-
    tierte 269
Spezifität 189 f.
Spieltheoretische   Erklärungsansätze
    41, 45
Sponsoring 175, 179
Standardisierung 112, 229, 255, 260,
    270
Standortanalyse 235, 238
Stichprobenauswahl 50, 54
Structure-Conduct-Performance-
    Paradigma 43
SWOT-Analyse 106 f., 111
Systemgeschäft 247

Tausenderkontaktpreis 170 f., 177 f.
Theorie: Entscheidungs- 32 ff.;
Transaktionskosten 234, 237

Trial-Repeat-Modell 128, 138, 140,
    142
TV-Werbespot 172 f., 179
Typologie: Unternehmenskultur 306,
    311

Umweltzustände 33, 35
Ungewissheit 32, 35
Univariate Verfahren 59 ff.
Unsicherheit 116, 281, 287
Unternehmensanalyse 106, 111
Unternehmenskultur 226, 230 ff., 243,
    304 ff.: Dimensionen 304; Typolo-
    gie 306, 311

Validität 50, 54
Varianz 59, 66, 70, 80, 82f., 89 f.
Varianzanalyse 82
Verkaufsförderung 32f., 35, 175, 179,
    193, 266
Vertikales Marketing 193
Vertriebsaußendienst 184, 296, 301
Vertriebscontrolling 334
Vertriebsinnendienst 189, 296, 301
Vertriebslogistik 186 ff.
Vertriebspolitik 6, 184 ff.
Vertriebsweg 6, 185 ff.: Breite des
    191 f.; Tiefe des 191

Werbeelastizität 171, 176, 208
Werbewirkungsfunktion: degressive
    ohne Sättigungsmenge 176 f.
Werte 60 f., 65, 71, 83, 89, 96, 99, 116,
    122, 207 f. , 300, 307, 312 f.
Wettbewerber 3, 14 ff., 20 ff., 40 ff.,
    94 f., 98, 107, 110 f., 114, 118, 170,
    214 f., 224 ff., 229, 235, 238, 253 f.,
    257, 259, 276, 309, 313

Zeitungen 171, 175, 178
Zielfunktion 33, 36 f.
Zielgruppe 6, 64, 129, 174, 175, 180 f.,
    213 ff., 255 f., 260 f.
Zielobjekte 3

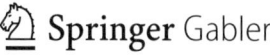
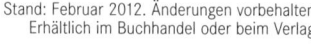

Excellence in Marketing, Sales & Pricing

Homburg & Partner ist eine 1997 gegründete internationale Managementberatung mit Büros in Mannheim, München, Zürich und Boston. Unser Ziel ist es, Ihren Erfolg im Markt messbar zu erhöhen. Der Schwerpunkt der Beratung liegt auf den Themenfeldern:

- Marketing
- Sales
- Pricing
- Market Research

Die Kernkompetenzen basieren auf der weltweiten Beschaffung von Informationen über Märkte, Kunden und Wettbewerber sowie auf der Entwicklung und Implementierung innovativer Markt- und Vertriebskonzepte zur Steigerung von Wachstum und Profitabilität.

Mit unserer klaren Positionierung und spezifischen Expertise in zehn Branchenkompetenzzentren sowie einem eigenen, weltweit agierenden Research-Team hat sich Homburg & Partner seit der Gründung kontinuierlich weiterentwickelt und ein jährliches Wachstum von durchschnittlich 20 Prozent erzielt. Beleg ist der Titel der besten Marketing- und Vertriebsberatung der aktuellen unabhängigen Studie „Hidden Champions im Beratungsmarkt" des Wirtschaftsmagazins Capital.

Kontakt:

Homburg & Partner	Tel.: +49-621-1582-0
Willy-Brandt-Platz 5-7	Fax: +49-621-1582-102
68161 Mannheim	www.homburg-partner.com
Deutschland	contact@homburg-partner.com

Homburg & Partner
Excellence in Marketing, Sales & Pricing